ENHANCED DEWATERING AND
END TREATMENT OF MUNICIPAL SLUDGE

城市污泥强化脱水与末端处理

李亚林　李钢　赵由才　编著

化学工业出版社

·北京·

内容简介

本书以城市污泥脱水与处理为主线，介绍了城市污泥的产生，讨论了污泥脱水和末端处理的法规政策，分析了城市污泥强化脱水与末端处理的研究现状、相关技术以及应用工程案例。具体内容包括污泥的来源、成分及性质，污泥深度脱水与末端处理法规政策，污泥的浓缩和调理技术，污泥的脱水技术和脱水污泥末端处理技术，其中对过硫酸盐强氧化新技术、电渗透新技术在强化污泥深度脱水中的应用以及动态仓式好氧堆肥新技术、污泥蒸压砖新技术和热解减排新技术在污泥末端处理中的应用等进行了详细的介绍。

本书具有较强的技术应用性和针对性，可供污泥安全处理处置及资源化等领域的工程技术人员、科研人员和管理人员参考，也可供高等学校环境科学与工程、市政工程及相关专业师生参阅。

图书在版编目（CIP）数据

城市污泥强化脱水与末端处理 / 李亚林，李钢，赵由才编著. —北京：化学工业出版社，2022.8（2023.8重印）
（固体废物处理与资源化技术进展丛书）
ISBN 978-7-122-41062-7

Ⅰ.①城…　Ⅱ.①李…　②李…　③赵…　Ⅲ.①城市-污泥脱水　②城市-污泥处理　Ⅳ.①X703

中国版本图书馆 CIP 数据核字（2022）第 049543 号

责任编辑：刘兴春　卢萌萌
文字编辑：张凯扬　王云霞
责任校对：杜杏然
装帧设计：王晓宇

出版发行：化学工业出版社
　　　　　（北京市东城区青年湖南街 13 号　邮政编码 100011）
印　　装：北京科印技术咨询服务有限公司数码印刷分部
787mm×1092mm　1/16　印张 18　字数 398 千字
2023 年 8 月北京第 1 版第 2 次印刷

购书咨询：010-64518888
售后服务：010-64518899
网　　址：http://www.cip.com.cn
凡购买本书，如有缺损质量问题，本社销售中心负责调换。

定　　价：128.00 元　　　　　　　　　版权所有　违者必究

前言

随着社会经济的高速发展和城市化进程的加速，我国各地新建和改建的城市污水处理厂数量激增。城市污泥是在城市生活和与城市生活活动相关的市政设施运行与维护过程中产生的副产物，由细菌菌体、有机残片和无机颗粒等组成，是一种极其复杂的非均质体，如不对城市污泥进行妥善处理和处置将会对环境造成二次污染。污泥对人类生存环境与经济发展的影响日益突出，其安全处理与处置已成为我国环境领域一项亟待解决的问题。然而，由于污水处理行业长期"重水轻泥"的观念导致我国污水处理厂对污泥的处理重视程度不足，在现阶段污泥处理与处置费用占到废水处理总费用 50%～60% 的前提下，现有污泥处理与处置的情况仍不乐观，而造成这一结果的主要原因是污泥的含水率偏高，无法满足污泥后续处置的技术要求。

目前，传统的污水处理厂通常采用高分子絮凝剂[如聚丙烯酰胺（PAM）]或无机调理剂（如生石灰和氯化铁）对污泥进行调理，再通过带式压滤脱水、离心脱水或隔膜板框压滤脱水，污泥的含水率仅能从 93%～98% 降低至 60%～80%，与污泥处置的含水率要求（填埋低于 60%，自持焚烧低于 50%）仍存在一定差距，因此常需要对脱水污泥进行二次深度脱水，以达到降低含水率的目的。同时，现阶段城市污水处理厂在污泥脱水过程中对污泥的处置和用途大多不明朗，无法对脱水药剂进行比选，造成脱水污泥的性质差异较大，在进行二次深度脱水时极易造成脱水工艺选择不当，进而影响污泥的脱水效果。

近年来，污泥在处置前如何进一步降低其含水率被认为是实现污泥处置的核心问题，也成了国内外学者研究的重点和难点。在传统技术无法满足污泥高效脱水的背景下，新型深度脱水技术的研究与开发层出不穷，相应的末端处理技术也应运而生。基于此，本书以城市污泥的传统和新型脱水技术为切入点，在对目前城市污泥脱水技术研究现状和进展进行综述的前提下，结合笔者及其团队多年来在污泥深度脱水及末端处理技术方面的研究成果，完整系统地对过硫酸盐强氧化污泥深度脱水和电渗透强化污泥深度脱水新技术在污泥深度脱水过程中的影响因素进行了研究和分析总结；在此基础上对城市污泥的末端处理技术，尤其是污泥动态仓式好氧堆肥新技术、污泥蒸压砖新技术和热解减排新技术等末端处理的研究成果进行了阐述。

本书在编著过程中注重内容的全面性和前瞻性，较为系统地对近年来污泥强化脱水和末端处理技术进行了介绍；同时理论联系实际，采用了大量的文献和翔实的数据资料，结合部分工程实例对城市污泥的强化脱水与末端处理技术进行了深入的研究和具体的分析。通过对国内外最新研究现状的搜集，结合笔者团队常年在城市污泥脱水及末端处理的研究成果和工程案例的分析，为从事污泥安全处理处置及资源化等领域的工程技术人员、科研人员和管理人员提供理论依据、技术参考和案例借鉴，也为高等学校环境科学与工程、市政工程及相关专业师生提供参考资料。

本书编著的具体分工如下：第 1 章～第 7 章由河南工程学院的李亚林副教授编著，第 8 章和第 9 章由河南工程学院的李钢副教授编著，同济大学的赵由才教授对全书的编著进行了整体指导，河南工程学院固体废物资源化与土壤修复科研课题组的刘蕾老师和史丹老师参与了本书部分章节的资料搜集和文字整理工作；河南工程学院"玩固π"新工科科创团队的王恩赐、韩欣宏、黄文宝、孙猛、李鹏、关明玥、孙丽莉、刘浩钊和何海洋同学参与了本书的文字整理、图形绘制和校对工作。同时，本书也得到了教育部中西部高等学校青年骨干教师国内访问学者项目（19042）、教育部产学合作协同育人项目（202101256020）、河南省科技攻关项目（212102310064）和河南省高等学校青年骨干教师培养计划（2019GGJS239）的资助。另外，本书在编著过程中参考了一些科研、设计、教学以及生产单位等同行的资料，也得到了相关高校和企业单位提供的项目案例资料，在此一并表示衷心的感谢。

限于编著者水平及编著时间，书中不足和疏漏之处在所难免，敬请读者提出修改建议。

编著者

2022 年 2 月

目录

第 1 章
概论   1

1.1 城市污泥的来源、成分及性质   2
1.1.1 城市污泥的来源   2
1.1.2 城市污泥的成分   3
1.1.3 城市污泥的性质   4

1.2 城市污泥深度脱水与末端处理法规政策   6
1.2.1 城市污泥脱水处理法规政策   6
1.2.2 城市污泥末端处理法规政策   7

1.3 城市污泥处理技术   21
1.3.1 污泥调理技术   21
1.3.2 污泥浓缩技术   21
1.3.3 污泥脱水技术   22
1.3.4 脱水污泥末端处理技术   22

第 2 章
城市污泥的浓缩和调理技术   23

2.1 城市污泥中水分存在形式及去除方法   24

2.2 城市污泥的浓缩技术   26
2.2.1 重力浓缩   27
2.2.2 离心浓缩   28
2.2.3 气浮浓缩   29

2.3 城市污泥的调理技术   31
2.3.1 物理调理   32
2.3.2 化学调理   35
2.3.3 生物调理   39
2.3.4 联合调理   40

第 3 章
城市污泥的脱水技术　　42

3.1 城市污泥传统脱水技术　　43
3.1.1 城市污泥的自然干化　　43
3.1.2 城市污泥的机械脱水　　46

3.2 城市污泥强化脱水技术　　51
3.2.1 城市污泥的超声脱水技术　　51
3.2.2 城市污泥的热水解脱水技术　　54
3.2.3 城市污泥的化学强氧化脱水技术　　58
3.2.4 城市污泥的电脱水技术　　65

第 4 章
过硫酸盐强氧化新技术在强化
污泥深度脱水中的应用　　68

4.1 过硫酸盐强氧化污泥深度脱水的基本原理　　69
4.1.1 过硫酸盐强氧化对污泥脱水的作用原理　　69
4.1.2 骨架构建体对污泥脱水的作用原理　　70
4.1.3 过硫酸盐氧化-骨架构建体协同对污泥脱水的作用原理　　71

4.2 试验材料与方法　　71
4.2.1 试验污泥来源及性质　　71
4.2.2 试验药品　　72
4.2.3 试验方法　　73

4.3 操作参数对污泥脱水的影响　　77
4.3.1 过硫酸盐相关参数对脱水效果的影响　　77
4.3.2 硫酸亚铁相关参数对脱水效果的影响　　78
4.3.3 石灰相关因素对脱水效果的影响　　83
4.3.4 粉煤灰相关因素对脱水效果的影响　　84
4.3.5 优化参数对脱水效果的影响　　86
4.3.6 污泥调理脱水的机理解析　　94

4.4 典型应用案例分析   **97**

4.4.1 新疆某纺织工业城污泥脱水项目   97

4.4.2 上海某污水处理厂污泥脱水项目   98

4.4.3 武汉某污水处理厂污泥脱水项目   99

第 5 章
电渗透新技术在强化污泥深度脱水中的应用   101

5.1 电渗透污泥深度脱水的基本原理   **102**

5.1.1 单独电渗透污泥脱水的作用原理   102

5.1.2 电渗透–过硫酸盐氧化协同污泥脱水的作用原理   103

5.2 试验材料与方法   **104**

5.2.1 试验污泥来源及其性质   104

5.2.2 试验药品   105

5.2.3 试验装置   105

5.2.4 试验方法   106

5.3 操作参数对污泥脱水效果的影响   **109**

5.3.1 电压梯度对污泥脱水效果的影响   109

5.3.2 机械压力对脱水效果的影响   113

5.3.3 污泥厚度对脱水效果的影响   117

5.3.4 过硫酸盐用量对脱水效果的影响   120

5.3.5 优化参数对脱水效果的影响   124

5.4 污泥脱水能耗分析   **136**

5.4.1 试验流程及电渗透脱水能耗评价方法   137

5.4.2 不同脱水条件对污泥脱水效果和能耗的影响   137

5.5 典型应用案例分析   **142**

5.5.1 徐州某污水处理厂污泥电渗透干化工艺   142

5.5.2 北京某污水处理厂污泥电渗透处理工艺   143

5.5.3 南京某环保公司电渗透污泥深度脱水工艺   144

5.5.4 咸宁某电渗透污泥高干脱水项目   145

第 6 章
脱水污泥末端处理技术　　147

6.1 末端处理传统技术　　148
6.1.1 卫生填埋　　148
6.1.2 厌氧消化　　151
6.1.3 好氧消化　　159

6.2 末端处理新技术　　163
6.2.1 污泥的土地利用处理技术　　163
6.2.2 污泥的建材利用处理技术　　166
6.2.3 污泥的能源利用处理技术　　170

第 7 章
动态仓式好氧堆肥新技术在污泥末端处理中的应用　　175

7.1 动态仓式好氧堆肥技术的基本原理　　176
7.1.1 污泥堆肥技术的基本作用原理　　176
7.1.2 好氧堆肥技术的作用原理　　176
7.1.3 动态仓式好氧堆肥的作用原理　　178

7.2 试验材料与方法　　179
7.2.1 试验污泥来源及其性质　　179
7.2.2 其他主要原料及试验药剂　　179
7.2.3 试验装置　　180
7.2.4 试验方法　　180

7.3 动态仓式好氧堆肥控制参数研究　　182
7.3.1 堆肥污泥的前处理　　182
7.3.2 堆肥污泥含水率的控制　　187
7.3.3 填料的选择与混掺方式　　188
7.3.4 堆肥过程中各参数的变化　　189

7.4 堆肥后污泥中重金属形态、含量分析   **192**

7.4.1 污泥中重金属含量的变化   193

7.4.2 堆肥过程中重金属的总量变化   193

7.4.3 堆肥过程中重金属的形态变化   194

7.4.4 小结   197

7.5 堆肥后污泥肥效分析   **197**

7.5.1 堆肥中养分含量的变化   197

7.5.2 堆肥产品的腐熟度判定   198

7.5.3 种子发芽试验   198

7.6 典型应用案例分析   **199**

7.6.1 唐山城市污泥无害化处置工程   199

7.6.2 沈阳某污水处理厂污泥处理工程   200

7.6.3 洛阳两期污泥处理工程   202

第 8 章
污泥蒸压砖新技术在污泥末端处理中的应用   206

8.1 制砖技术的基本原理   **207**

8.2 试验材料与方法   **207**

8.2.1 试验材料来源及其性质   207

8.2.2 试验方法   209

8.3 污泥制砖控制参数研究   **213**

8.3.1 脱水污泥含水率对制砖的影响   213

8.3.2 蒸养条件对制砖性能的影响   214

8.3.3 混料掺比对制砖性能的影响   215

8.4 污泥砖的耐久性分析   **216**

8.5 典型应用案例   **219**

8.5.1 浙江某环保公司掺烧污泥烧结制砖工艺   219

8.5.2 南京某建筑材料公司污泥干化烧结制功能砖工艺   220

8.5.3 盐城某污水处理厂污泥深度脱水制砖工程   221

8.5.4 宝鸡某污水处理厂污泥焙烧制砖工程   222

第 9 章
热解减排新技术在污泥 **224**
末端处理中的应用

9.1 脱水污泥末端热解减排的原理 225

9.2 试验材料与方法 228
9.2.1 试验污泥来源及其性质 228
9.2.2 试验原料 229
9.2.3 试验药品及仪器 231
9.2.4 试验装置 232
9.2.5 试验方法 232

9.3 不同添加剂对污泥热解的影响 234
9.3.1 添加煤的污泥热解试验 234
9.3.2 添加石英砂的污泥热解试验 238
9.3.3 添加煤矸石的污泥热解试验 244
9.3.4 添加碳酸钙的污泥热解试验 248

9.4 不同工况下污泥能量回收的计算比较 252
9.4.1 污泥热解过程中能耗问题的讨论 252
9.4.2 几种工况下污泥热解的能量回收计算比较 254
9.4.3 小结 255

9.5 典型应用案例分析 255
9.5.1 浙江某环保公司污泥干化-热解工艺 255
9.5.2 山东某环保公司污泥高温高压密闭热水解工艺 256
9.5.3 郑州某机械设备公司污泥热解工艺 257
9.5.4 长沙某污水处理厂污泥热水解工艺 258

参考文献 **260**

第**1**章

概论

- ▶ 城市污泥的来源、成分及性质
- ▶ 城市污泥深度脱水与末端处理法规政策
- ▶ 城市污泥处理技术

随着社会经济水平大幅度提高和城市生活质量的改善,世界各地新建和改建的城市污水处理厂数量激增,城市污泥的产量也随之增加。城市污泥的成分非常复杂,富含无机物、有机物和重金属,还含有大量细菌、真菌和病毒等多种微生物,含水量相对较高,且呈现胶状结构,易发生膨胀;此外,一些大颗粒物质难以有效降解,絮体和胶质颗粒物质导致污泥难以脱水,如果得不到妥善的处理处置将会对环境造成二次污染。

城市污泥作为一种可回收利用的资源,其中含有大量可资源化物质,如植物所需的营养物质(氮、磷、钾)、有机物和水分等,从污泥中提取有用的物质有可能成为满足当前和未来能源需求的可持续解决方案。污泥的处理处置应遵循"四化"(减量化、稳定化、无害化、资源化)原则,通过采取有效措施,达到节能减排、资源化利用的目的。在中国,2015 年产生了 861 万吨污泥;美国 2017 年产生了约 1260 万吨污泥;在欧盟,2019 年的污泥产量约为 1000 万吨,10 年间增长了 54% 以上。鉴于全球污泥产量巨大且不断增加,除了传统的下水道管理框架外,污泥的材料回收和能源回收对于未来的可持续发展至关重要。

本章主要是对城市污泥的基本介绍,概述城市污泥的来源、成分及性质,介绍城市污泥的相关政策以及处理技术,使读者对城市污泥有基本的了解。

1.1 城市污泥的来源、成分及性质

城市污泥是指在城市生活和与城市生活活动相关的市政设施运行与维护过程中产生的固体、半固体或液体残留物,由细菌菌体、有机残片和无机颗粒等组成,是一种极其复杂的非均质体。城市污泥的来源、成分和性质主要是由污水的处理方式决定,同时还与污水的处理工艺和污泥脱水程度等因素有着密切的联系。

1.1.1 城市污泥的来源

污水处理过程中产生的城市污泥主要有以下 4 种来源(杨传玺 等,2019):

① 由格栅过滤和沉砂池沉淀产生的栅渣和无机颗粒物,污泥的产生量和物化性质受污水水质和沉砂池的设计运行情况影响;

② 由初次沉淀池(初沉池)产生的以浮渣和粗大颗粒为主的污泥,污泥产量与悬浮物、沉淀效率和排泥浓度有关;

③ 由二次沉淀池(二沉池)产生的富含微生物的剩余活性污泥,产量取决于污水生物处理工艺和排泥浓度;

④ 由化学沉淀池产生的化学污泥,污泥性质取决于混凝剂的种类,污水中的悬浮物含量和药剂投加量影响污泥的产生量。

1.1.2　城市污泥的成分

通常情况下，城市污泥的主要成分包括有机物、无机物和微生物，各种成分所含的主要物质如表 1-1 所列。

表 1-1　城市污泥各种成分所含的主要物质

污泥成分	主要物质
有机物	糖类、纤维素、木质素、蛋白质、脂质、腐殖质等
无机物	氮、磷、钾、重金属等
微生物	阿米巴虫、太阳目虫、草履虫、栉毛虫、轮虫、寡毛虫、线虫、钟虫等

其中，污泥的主要集中来源为污水处理厂的初沉池和二沉池，由多种微生物形成的菌胶团与其吸附的有机物和无机物组成，成分复杂，含有大量水分、有机质和氮、磷等营养物质，有机质含量占其干基质量的 50% 以上；此外，还含有难降解有机物、重金属、盐类以及少量的病原微生物和寄生虫等。

一般而言，按污水处理工艺的不同，污泥可分为以下 4 类。

（1）初沉污泥

初沉污泥来自污水处理的初沉池，是从初次沉淀池排出的沉淀物，污水处理厂初沉池的排泥系统是指利用重力沉淀作用去除水中的悬浮污染物，是污水处理的一个重要环节。目前，新建和改扩建的初沉排泥系统中常增加污泥浓度计接入 PLC 系统，以提高该城镇污水处理厂自动化控制程度（任丽艳 等，2021）。

初沉污泥中所含的水分主要是空隙水和毛细水，水分易通过浓缩和机械脱水的方法去除。

（2）剩余污泥

剩余污泥来自污水生物处理系统的二沉池或生物反应池，主要是指活性污泥系统中从二次沉淀池（或沉淀区）排到系统外的活性污泥。在生化处理的过程中，活性污泥中的微生物以废水中的有机物质为营养元素，其中一部分有机物质被氧化以提供微生物生命活动所需的能量，另一部分则被微生物利用以合成新的细胞质，从而使微生物繁衍生殖。在微生物新陈代谢的同时，又有一部分老的微生物死亡，故产生了剩余污泥。

剩余污泥颗粒吸附水和内部水含量较高，富含有机物，同时含有细菌、病毒、重金属等有害物质，散发恶臭气味，挥发性固体含量高，几乎都是有机物。水分经过浓缩和机械脱水不易去除，若处置不合理会对环境产生二次危害（沈怡雯 等，2021）。

（3）消化污泥

消化污泥又称熟污泥，是在好氧或厌氧条件下进行消化，使污泥中的挥发性固体含量降低到 40% 以下，形成相对不易腐烂、不发恶臭的污泥，其含水率大约为 95%，较易脱水。

初沉污泥、剩余污泥和混合污泥进行厌氧消化时在产气速率、产气量和消化性能上表现出的相互关系是：混合污泥＞初沉污泥＞剩余污泥。在确定城市污水污泥处理方式的同时，初沉污泥（或混合污泥）比单独的剩余污泥更适宜采用厌氧消化工艺，无初次沉淀池污水处理厂的剩余污泥宜选用其他工艺处理（戴前进 等，2007）。

（4）化学污泥

化学污泥是用混凝、化学沉淀等化学方法处理废水时所产生的污泥。例如，用混凝沉淀法去除污水中的磷；投加硫化物去除污水中的重金属离子和酸碱中和反应等过程生生的污泥。

用化学强化以及处理工艺处理城市污水所产生的化学污泥，其成分除了包含原污水中大部分的胶态和悬浮态的污染物外，还含有一定量的絮凝剂，而且污泥的产量明显增大。

污泥产量可以通过工艺计量学做初步估算，在初沉池投加化学药剂，初沉池产泥量将增加50%～100%；如果设置后续生物处理，则全厂污泥增加60%～70%。在二沉池投药，全厂污泥量将增加10%～25%。一般生化污泥的生成率约为40%，污泥含水率在98%以上；而强化絮凝污泥生成率为45%～50%，污泥含水率为92%～95%。虽然强化絮凝生成的污泥量略大于生化处理工艺，但污泥易于脱水，且不需要添加有机高分子絮凝剂，污泥可以直接填埋或加以综合利用。

1.1.3　城市污泥的性质

由于污泥的来源众多，城市污泥性质也具有典型的差异性，这些性质主要包括物理性质、化学性质和卫生学指标3个方面。

1.1.3.1　物理性质

（1）含水率

污泥含水率是指单位质量污泥所含水分的质量分数。污水处理不同阶段产生的污泥，含水率也不同，其中初沉污泥的含水率通常为97%～98%，活性污泥的含水率为99.2%～99.8%，污泥浓缩之后含水率为94%～96%。根据工艺的差异脱水后污泥含水率可以降低到80%，甚至60%以下。

通常情况下，污泥的含水率也决定了污泥的存在形态。含水率在85%以上时污泥呈流态，含水率在65%～85%时呈塑态，含水率低于60%时呈固态。

（2）脱水性能

污泥的含水率一般较高，体积较大，不利于运输、贮存以及其他处理与处置方法，必须对其进行脱水处理。目前，在污泥脱水工艺中污泥比阻（specific resistance of sludge，SRF）和毛细吸水时间（capillary suction time，CST）是最常用的两个脱水性能评价指标。

SRF 是指单位质量的污泥在一定压力下过滤时单位过滤面积上的阻力，SRF 越大，过滤性能越差。一般认为 SRF 小于 $1×10^{11}$m/kg 的污泥易于脱水，大于 $1×10^{11}$m/kg 的污泥难以脱水。CST 是用来衡量污泥中水分扩散快慢的一项指标，是指污泥在特殊滤纸上渗透 1cm 所需要的时间，以秒计。CST 值越小，说明污泥的过滤性能越好。一般 CST 值小于 20s 时脱水较容易。

1.1.3.2　化学性质

（1）挥发性固体

挥发性固体（volatile suspended solids，VSS）表示的是污泥中有机物的含量，又称为灼烧减量，是将污泥中的固体物质在 550～600℃高温下焚烧时以气体形式逸出的那部分固体量，常用 g/L 作为单位或用质量分数（%）表示。VSS 代表了污泥中有机物的含量，决定了污泥的热值和可消化性，是污泥的一项重要化学性质。

（2）热值

污泥的热值主要取决于污泥中有机物含量的高低，是污泥焚烧处理时的重要参数。污泥含水率对热值有很大影响，一般含水率越高，热值越小。各类污泥的热值如表 1-2 所列。

表 1-2　各类污泥的热值

污泥类型	热值[①]/（MJ/kg）
初沉污泥	15～18
初沉污泥与剩余活性污泥混合	8～12
厌氧消化污泥	5～7

① 以干污泥计。

热值是燃料焚烧最重要的参数，其中污泥中的碳（C）、氢（H）和氧（O）等元素的浓度与热值有很强的关系（Thipkhunthod et al.，2005）。燃烧热是一类热力学测试指标，其测试手段相对较容易，根据进出生物反应器有机物的燃烧热值能从宏观上反映污水和污泥的含能水平以及能量富集情况。

从能量平衡角度考虑，若采用焚烧方式处理脱水污泥，目前我国 80%以上的城市污泥都存在能量亏损问题（蔡璐 等，2010），因此热值可以用来指导污泥处置与利用技术的选择。

（3）植物营养元素

污泥中含有常量营养元素，主要包括氮、磷、钾，还有一些微量元素，如铁、锌、铜、镁、钼、硼、钠、钒、氯等，都是植物生长所需要的营养物质。

（4）有毒有害物质

污泥中含有营养成分的同时，不可避免也含有一些有害成分，如各种病原菌、寄生虫卵以及铜、铝、锌、铬、砷、汞等重金属和多氯联苯、多环芳烃等，这些物质如果随污泥进入环境，进而进入人类食物链，在人体内逐渐积累，当其浓度高于机体代谢的极限时，将会对人类健康造成极大的危害。在一些案例中，作物或地下水中重金属浓度高，在人体中积聚导致严重疾病。此外，以铜、铅和锌为基础的重金属化合物具有一定的沸点，在中等温度下易挥发，在焚烧过程中会变成气态并扩散到大气中，造成大气污染。

1.1.3.3　卫生学指标

污泥的卫生学指标包括粪大肠菌群菌值、细菌总数、寄生虫卵含量和蛔虫卵死亡率等。其中粪大肠菌群菌值和蛔虫卵死亡率是污泥土地利用卫生安全性最主要的 2 项指标，粪大肠菌菌群值指的是检测出一个大肠埃希菌（又称大肠杆菌）所需样品的最小数量，粪大肠菌群菌值越高，表明数量越少，无害化效果也越好；蛔虫卵比血吸虫卵、钩虫卵等具有更强的活力，因此蛔虫卵的死亡可以间接证实其他虫卵的死亡。

1.2　城市污泥深度脱水与末端处理法规政策

污泥处理是水污染控制和水环境保护的重要组成部分，如果污泥处理不当，不仅会使生态环境遭到破坏，也会威胁人类身体健康，从长期来看更会对一个国家的经济发展产生影响。为此，各国都相继出台了一些法律法规、政策和标准来规范污泥处理处置及资源化利用。

1.2.1　城市污泥脱水处理法规政策

城市污泥含水率较高，不利于运输和后续资源化利用，为了更好地实现污泥的综合利用以及最终处置，"脱水干化"深度减量是污泥处理的重要基础。近年来，我国对污泥脱水程度及处理后污泥含水率的相关规定如表 1-3 所列。

表 1-3　我国对污泥脱水程度及处理后污泥含水率的相关规定

污泥处置分类	标准号	标准	规定
污泥填埋	HJ 564—2010	《生活垃圾填埋场渗滤液处理工程技术规范(试行)》	渗滤液处理过程中产生的污泥宜与城市污水处理厂污泥一并处理,当进入垃圾填埋场填埋处理或者单独处理时含水率不宜大于 80%

污泥处置分类	标准号	标准	规定
污泥填埋	GB 16889—2008	《生活垃圾填埋场污染控制标准》	厌氧产沼等生物处理后的固态残余物、粪便经处理后的固态残余物和生活污水处理厂污泥经处理后的固态残余物少于60%，可以进入生活垃圾填埋场填埋处置
	GB/T 23485—2009	《城镇污水处理厂污泥处置 混合填埋用泥质》	污泥用于混合填埋时，其含水率应不超过60%；用作垃圾填埋场覆盖土时，其含水率应小于45%
污泥土地利用	建城〔2009〕23号	《城镇污水处理厂污泥处理处置及污染防治技术政策（试行）》	高温好氧发酵后的污泥含水率应低于40%
	GB 18918—2002	《城镇污水处理厂污染物排放标准》	污泥应进行脱水处理，脱水后污泥含水率应小于80%；用于好氧堆肥时，含水率应小于65%
	GB/T 23486—2009	《城镇污水处理厂污泥处置 园林绿化用泥质》	污泥园林绿化利用时含水率应小于40%
	CJ/T 362—2011	《城镇污水处理厂污泥处置 林地用泥质》	污泥用于林地时含水率应不超过60%
	GB/T 24600—2009	《城镇污水处理厂污泥处置 土地改良用泥质》	污泥用于土地改良时含水率应小于65%
	GB 4284—2018	《农用污泥污染物控制标准》	污泥产物农用时含水率应不超过60%
	CJ/T 309—2009	《城镇污水处理厂污泥处置 农用泥质》	污泥农用时含水率应不超过60%
污泥建筑材料利用	GB/T 25031—2010	《城镇污水处理厂污泥处置 制砖用泥质》	污泥用于制砖时含水率应不超过40%
	CJ/T 314—2009	《城镇污水处理厂污泥处置 水泥熟料生产用泥质》	污泥用于水泥熟料生产时含水率应不超过80%
污泥焚烧	GB/T 24602—2009	《城镇污水处理厂污泥处置 单独焚烧用泥质》	污泥单独焚烧利用时，自持焚烧含水率应小于50%，助燃焚烧和干化焚烧含水率应小于80%，其中干化焚烧含水率指污泥进入干化系统的含水率
	HJ-BAT—002	《城镇污水处理厂污泥处理处置污染防治最佳可行技术指南（试行）》	污泥用作土壤改良剂、肥料或作为水泥窑、发电厂和焚烧炉燃料时，需将污泥含固率提高至80%~95%
其他处置	GB/T 24188—2009	《城镇污水处理厂污泥泥质》	城镇污水处理厂污泥的含水率应小于80%
	GB 50014—2021	《室外排水设计标准》	采用好氧发酵的污泥含水率不宜高于80%

1.2.2 城市污泥末端处理法规政策

目前，各国针对城市污泥采用的末端处理工艺差异较大，相对应的法规政策和标准也有较大差异。笔者对欧盟、美国和日本出台的一些涉及污泥处理处置的法律法规及相关标准进行介绍，并对我国现阶段污泥处理处置有深远借鉴意义的法规和标准进行重点阐述。

1.2.2.1 国外污泥处理处置现状及法律法规

（1）欧盟

目前，欧洲主要采用土地利用和焚烧两种方法处理处置污泥，但欧盟各国对这两种方法颁布的法律法规及标准存在明显差异。

1）土地利用

1986 年，欧盟颁布了《污泥农业利用指导规程》（The Sewage Sludge Directive，86/278/EEC），并分别在 1991 年、2003 年和 2009 年进行了 3 次修订。总体上，《污泥农业利用指导规程》鼓励将污泥用于农业，并防止污泥对土壤、动植物和居民产生影响。

86/278/EEC 规定各国标准不得低于该标准的要求，以此约束各成员国，其基本规定为：

① 禁止未经处理的污泥直接农用，污泥必须经生物、化学或热处理来降低危害；

② 在水果或蔬菜正在生长或收获前的 10 个月内禁止施用，以避免残留病原体的潜在健康风险；

③ 3 周内禁止动物进入施用污泥的牧地；

④ 按照污泥氮磷等营养物含量和土壤背景值确定污泥施用量，避免流失后污染地下水。

为促进规范化土地利用，欧盟全面修订了《污泥农业利用指导规程》，目前对污泥重金属、持久性有机物、病原体、有机物稳定性和营养物指标限值分别提出了 2 个征求意见方案，在成员国中征求意见。同时对污泥利用土壤中重金属限值、土地利用过程中种植农作物类型与污泥施肥周期、污染物检测频率等也提出 2 个征求意见方案，其中对污泥重金属提出的限值要求如表 1-4 所列。

表 1-4 欧盟《污泥农业利用指导规程》中重金属限值

重金属指标	Cd	Cu	Ni	Pd	Zn	Hg	Cr
污泥限值/（mg/kg）	20~40	1000~1750	300~400	75~1200	2500~4000	16~25	暂不定
土壤限值/（mg/kg）	1~3	50~140	30~75	50~300	150~300	1~1.5	暂不定
年施用量/[kg/（hm²·a）]	0.15	12	3	15	30	0.1	暂不定

注：$1hm^2 = 10000m^2$。

欧盟在 2006 年对《污泥农业利用指导规程》展开评估，并颁布了土壤保护对策，以保证在营养物最大程度被循环利用的基础上，进一步限制有害物质进入土壤，防止污泥农业利用过程中对环境及周围居民造成不利影响。

之后，欧盟在 2007~2010 年再次对《污泥农业利用指导规程》进行了全面评估，结论为：自该指导规程实施以来，没有科学文献能够证明污泥农用将导致环境问题或对人类健康有害。大部分成员国制定了比《污泥农业利用指导规程》更严格的法规和标准，难以判定其作用。部分欧盟成员国制定的相关法律法规，如表 1-5 所列（European Commission，2010）。

表1-5 农业污泥中镉、铜、汞、镍、铅和锌的限值 单位：mg/kg[以干物质（DM）计]

国家/地区		Cd	Cu	Hg	Ni	Pb	Zn
欧盟指令 86/278/EEC		20～40	1000～1750	16～25	300～400	750～1200	2500～4000
奥地利	下奥地利	2	300	2	25	100	1500
	上奥地利	10	500	10	100	400	2000
	布尔根兰	10	500	10	100	500	2000
	福拉尔贝格	4	500	4	100	150	1800
	施泰尔马克	10	500	10	100	500	2000
	克恩顿州	2.5	300	2.5	80	150	1800
比利时（佛兰德）		6	375	5	50	300	900
比利时（瓦隆）		10	600	10	100	500	2000
保加利亚		30	1600	16	350	800	3000
塞浦路斯		20～40	1000～1750	16～25	300～400	750～1200	2500～4000
捷克共和国		5	500	4	100	200	2500
丹麦		0.8	1000	0.8	30	120	4000
爱沙尼亚		20	1200	20	400	900	3500
芬兰		3	600	2	100	150	1500
法国		20	1000	10	200	800	3000
德国（BMU 条例，2002）		10	800	8	200	900	2500
德国（拟议新限额）		2	600	1.4	60	100	1500
希腊		40	1750	25	400	1200	4000
匈牙利		10	1000	10	200	750	2500
爱尔兰		20	1000	16	300	750	2500
意大利		20	1000	10	300	750	2500
拉脱维亚		10	800	10	200	500	2500
立陶宛		通过土壤中的限制调节 PTE					
卢森堡		20～40	1000～1750	16～25	300～400	750～1200	2500～4000
马耳他		5	800	5	200	500	2000
荷兰		1.25	75	0.75	30	100	300
波兰		10	800	5	100	500	2500
葡萄牙		20	1000	16	300	750	2500
罗马尼亚		10	500	5	100	300	2000
斯洛伐克		10	1000	10	300	750	2500

续表

国家/地区	Cd	Cu	Hg	Ni	Pb	Zn
斯洛文尼亚	2	300	2	70	100	1200
西班牙	40	1750	25	400	1200	4000
瑞典	2	600	2.5	50	100	800
英国	通过土壤中的限制调节 PTE					
欧洲范围	0.5～40	75～1750	0.2～25	30～400	40～1200	100～4000

其中实施比指导规程更为严格限制的成员国有奥地利、比利时、捷克共和国、丹麦（关于 Zn）、芬兰、德国、荷兰、斯洛文尼亚和瑞典。与污泥指令限值相近的成员国有塞浦路斯、爱沙尼亚、法国、希腊、匈牙利、卢森堡、爱尔兰、意大利、拉脱维亚和西班牙。

关于经过污泥处理的土壤中潜在有毒元素（PTE）的最大允许浓度，克恩顿州 pH 限值为 5.0～5.5，比利时、佛兰德斯、丹麦、芬兰、拉脱维亚及马耳他 pH 限值为 5～6，荷兰和瑞典制定了更低的限值。对于其他国家或地区，限值接近指导规程的标准，希腊和西班牙将限值设定在污泥指令建议的最高范围内；保加利亚、葡萄牙和西班牙对土壤 pH 值有固定的限值；芬兰、法国、匈牙利、意大利、卢森堡、佛兰德斯和奥地利等其他国家也对一定时期（3～10 年）的重金属负荷量进行了限制；波兰和德国也根据其颗粒大小在土壤中建立或提出了限值；塞浦路斯对经过污泥处理的土壤和污泥制定了与污泥指令相同的 PTE 限值。

由于某些特定的 Mo 物质会产生毒性作用，施泰尔马克和匈牙利已将 Mo 浓度限制纳入其法规。在新的指南修订过程中，欧盟认为：污泥农用过程中重金属污染对环境和人类健康的不利影响可能会随着污泥中重金属浓度的降低而逐年下降，制约污泥农用的效应降低；此外，应该在新的指南中予以调整 Cu 和 Zn 对污泥农用的不利抑制，因为有相关研究表明 Cu 和 Zn 是植物生长的必需元素。

目前，Cr 在塞浦路斯、爱尔兰和意大利尚未受到监管，指导规程尚未规定的 Cr、As、Mo、Co 和 Se 的限值如表 1-6 所列。

表 1-6　农业污泥中铬、砷、钼、钴和硒的限值　　单位：mg/kg［以干物质（DM）计］

	国家/地区	Cr	As	Mo	Co	Se
奥地利	下奥地利	50	—	—	10	—
	上奥地利	500	—	—	—	—
	布尔根兰	500	—	—	—	—
	福拉尔贝格	300	—	—	—	—
	施泰尔马克	500	20	20	100	—
	克恩顿州	100	—	—	—	—

续表

国家/地区	Cr	As	Mo	Co	Se
比利时（佛兰德）	250	150	—	—	—
比利时（瓦隆）	500	—	—	—	—
保加利亚	500	—	—	—	—
塞浦路斯	—	—	—	—	—
捷克共和国	200	30	—	—	—
丹麦	100	25	—	—	—
爱沙尼亚	1200	—	—	—	—
芬兰	300	—	—	—	—
法国	1000	—	—	—	—
德国（BMU 条例，2002）	900	—	—	—	—
德国（拟议新限额）	80	—	—	—	—
希腊	500	—	—	—	—
匈牙利	1000-1[Cr（Ⅵ）]	75	20	50	100
爱尔兰	—	—	—	—	—
意大利	—	—	—	—	—
拉脱维亚	600	—	—	—	—
立陶宛	1000～1750	—	—	—	—
卢森堡	800	—	—	—	—
马耳他	75	15	—	—	—
荷兰	500	—	—	—	—
波兰	1000	—	—	—	—
葡萄牙	500	—	—	—	—
罗马尼亚	1000	20	—	—	—
斯洛伐克	150	—	—	—	—
斯洛文尼亚	1500	—	—	—	—
西班牙	100	—	—	—	—
瑞典	—	—	—	—	—

注："—"表示未做限定或未明确指明限值。

　　欧盟各国在污泥农用过程中有机污染物方面也做出了不同的限制，英国研究表明污泥中 PCDD/Fs（polychlorinated dibenzo-*p*-dioxin）、PCBs（polychlorinated biphenyls）、PAHs（polycyclic aromatic hydrocarbon）和 POPs（persistent organic pollutants）的通量相比于大气污染沉降到土壤的通量可以忽略，但由于环境中 POPs 含量逐年增加，且毒性增强，故在污泥农用过程中应对 POPs 类物质予以重视，防范其可能造成的环境及健康风险。奥地利、捷克共和国、丹麦、法国、德国和瑞典（European Commission，2000）规定的污水污泥中某些微量有机污染物的限值，如表 1-7 所列。

表 1-7　用于农业污泥的特定微量有机污染物限值　　　单位：mg/kg［以干物质（DM）计］

国家/地区	可吸收卤化物（AOX）	邻苯二甲酸二（2-乙基己基）酯（DEHP）	阴离子表面活性剂（LAS）	壬基酚/壬基酚乙氧基化物（NP/NPE）	多环芳烃（PAHs）	多氯联苯（PCBs）	多氯代二噁英/苯并呋喃（PCDD/Fs）	其他
欧盟（2000）①	500	100	2600	50	6②	0.8③	100	
欧盟（2003）①			5000	450	6②	0.8③	100	
下奥地利	500					0.2④	100	
上奥地利	500					0.2④	100	
布尔根兰						0.2④	100	
克恩顿州	500				6	1	50	
丹麦（2002）		50	1300	10	3②			
法国					氟代乙烯，4 苯（并）氟代乙烯，2.5 苯并芘，1.5	0.8③		
德国（BMU 条例，2002）	500					0.2⑤	100	MBT+OBT⑦，0.6
德国（BMU 条例，2007）⑥	400				苯并芘，1	0.1⑤	30	Tonalid⑧，15 Glalaxolide⑨，10
瑞典				50	3②	0.4③		
捷克共和国	500					0.6		

① 表示驳回提议（欧盟委员会，2000 年）。
② 表示辛烯、腈、菲、荧蒽、芘、苯并(b+j+k)荧蒽、苯并(a)芘、苯并二甲苯、吲哚(1, 2, 3-c, d)芘总和。
③ 表示 7 个同系物：PCB 28，52，101，118，138，153，180。
④ 表示 6 个同系物：PCB 28，52，101，138，153，180。
⑤ 表示每个同系物。
⑥ 表示德国新拟限制法令（BMU 条例，2007）。
⑦ 表示 MTB+OBT，即 2-巯基苯并噻唑+2-羟基苯并噻唑。
⑧ 表示 1-(5, 6, 7, 8-四氢-3, 5, 5, 6, 8, 8-六甲基-2-萘基)-乙酮。
⑨ 表示吐纳麝香，即 1-(5, 6, 7, 8-四氢-3, 5, 5, 6, 8, 8-六甲基-2-萘酚)乙醇。

在这个问题上还未达成统一的方法：英国、美国和加拿大声称，会考虑典型微量有机污染物浓度对土壤质量、人类健康或环境的影响；丹麦、芬兰、法国、意大利、卢森堡和波兰也对病原体给予了一些关注，如表 1-8 所列（Leblanc et al., 2009；Millieu et al., 2010；Sede et al., 2002）。

表 1-8　污水污泥中病原体的最大浓度标准

国家	沙门菌	其他病原体
丹麦[①]	不能检测出	粪便链球菌＜100/g
法国	8MPN/10g DM	大肠菌群，3MPN/10g DM
		蠕虫卵，3/10g DM
芬兰（539/2006）	不能在 25g 内检测到	大肠埃希菌＜1000 CFU
意大利	1000MPN/g DM	
卢森堡		肠杆菌，100/g，具有可感染性的无卵蠕虫
波兰	如果含有，则不能用于农业	

① 仅用于高级处理污泥。

2）焚烧技术

西方国家将废物焚烧发电（waste to energy，WTE）技术列为清洁能源开发技术予以财政补贴，曾出台多项政策，欧盟制定了《废弃物焚烧准则草案》（Draft Directiveon Inceineration of Waste，94/08/20）。该准则对各种污染物排放浓度设定了排放限值，如表 1-9 所列。

表 1-9　《废弃物焚烧准则草案》对大气污染物排放限值规定（日均值）

检测项目	浓度/（mg/m³）
烟尘	10
总有机碳	10
HCl	10
HF	1
SO_2	50
NO 和 NO_2，已建的超过 6t/h 焚烧厂或新建焚烧厂的 NO_2	200[①]
NO 和 NO_2，已建的不超过 6t/h 焚烧厂的 NO_2	400[①]

① 截至 2007 年 1 月 1 日，且不违反国家相关法律规定，NO 排放限值不适用于只焚烧危险废物的焚烧厂。

现有焚烧厂在下列情况下对 NO_x 无排放限值要求：

① 截至 2008 年 1 月 1 日，处理能力为 6t/h，预计日平均浓度不超过 500mg/m³；

② 截至 2010 年 1 月 1 日，处理能力＞6t/h 且≤16t/h，预计日平均浓度不超过 400mg/m³；

③ 截至 2008 年 1 月 1 日，处理能力＞16t/h 且＜25t/h，不排放废水，预计日平均浓度不超过 400mg/m³。

《废弃物焚烧准则草案》对焚烧过程中大气中重金属排放限值做出了如表 1-10 的规定，采样时间应＞30min 且＜8h。表 1-10 中 A 栏的 NO$_x$ 浓度预计半小时均值不超过 600mg/m³，B 栏的 NO$_x$ 浓度预计半小时均值不超过 400mg/m³ 时，NO$_x$ 浓度无排放限值要求。

《废弃物焚烧准则草案》对焚烧过程中大气中二噁英和呋喃的排放限值规定为：采样时间为 6～8h，浓度限值为 0.1mg/m³。烟气中 CO 的排放浓度日均值限值为 50mg/m³，10min 平均值限值为 150mg/m³，半小时平均值限值为 100mg/m³。

表 1-10　《废弃物焚烧准则草案》对大气重金属排放限值规定（均值）

重金属	浓度/（mg/m³）	
	A 栏	B 栏
Cd Tl（铊）	共 0.5	共 0.1
Hg	0.05	0.1
Sb As Pb Cr Co Cu Mn Ni V	共 0.5	共 1.0

注：截至 2007 年 1 月 1 日，1996 年 12 月 31 日前建的焚烧厂和只焚烧危险废物的焚烧厂。

3）填埋技术

1999 年，欧盟颁布了《污泥管理规范》（1999/31/EC）以及《欧盟填埋指导准则》（European Landill Dirctive），主要是控制污泥填埋工艺的使用。

（2）美国

1993 年，美国联邦政府首次制定了《污水污泥利用或处置标准》（40 CFR Part 503），并分别于 2001 年和 2007 年进行了修正。该标准涉及污泥土地利用、填埋及焚烧 3 方面，总体上该法规鼓励污泥农业利用，其中填埋执行原有废弃物填埋法规。在制定污泥处理处置政策过程中，美国政府认为生物固体若符合法规要求，则可以作为肥料循环利用，改善并维持土壤肥力，从而对植物生长起促进效果。

在土地利用方面，40 CFR Part 503 关于污泥质量的规定主要对重金属和病原体两个方面做出了相关限制。在重金属浓度控制指标中，不仅有日均限值，还有月均限值、年污染负荷和年累积量限值，如表 1-11 所列。

表 1-11　《污水污泥利用或处置标准》（40 CFR Part 503）规定农用污泥重金属限值

污染物	日均限值/（mg/g）	月均限值/（mg/g）	年污染负荷/[kg/（hm²·a）]	年累积量限值/（kg/hm²）
As	75	41	2.0	41
Ca	85	39	1.9	39
Cu	4300	1500	75	1500
Pb	840	300	15	300
Hg	57	17	0.85	17
Mu	75	420	21	420
Ni	420	100	5.0	100
Se	100	2800	140	2800

在病原体控制方面，40 CFR Part 503 按污泥含有的病原体数量分为 A 级和 B 级污泥，并执行不同的处理工况，如表 1-12 所列。

表 1-12　《污水污泥利用或处置标准》按病原体数量规定的 A 级和 B 级污泥处理工况

A 级污泥（能有效降低病原体数量）	B 级污泥（能进一步降低病原体数量）
（1）污泥好氧消化——市政污泥通过热空气或者氧气搅拌维持稳定的反应温度及水力停留时间；好氧消化在 40d 水力停留时间下运行应控制在 20℃，而在 60d 水力停留时间下运行应控制在 15℃； （2）空气干化——将市政污泥在沙床或者铺设好的凹池里干燥，时间最少需要 3 个月，在此阶段污泥堆体的温度应保持在 0℃ 以上； （3）污泥厌氧消化——控制在厌氧条件下反应，污泥在 15d 水力停留时间下必须控制在 35～55℃ 下运行，而在 20℃ 条件下运行需 60d； （4）污泥堆肥——使用内置式通风管、固定式曝气管或者添加草料共同堆肥方式，使得污泥堆体温度能够在 40℃ 以上保持 5d，或者在超过 55℃ 条件下每天最低保持 4h，并保持 5d 连续运行； （5）石灰稳定——在污泥中加入适量的石灰使得污泥的 pH 值在 2h 后达到 12.0 以上	（1）污泥堆肥——使用内置式通风管、固定式曝气管方式，使得污泥堆体温度能够在 55℃ 以上至少保持 3d，在使用添加草料共同堆肥条件下在 55℃ 以上保持 15d 以上连续运行；在 55℃ 条件下运行过程中，至少需要翻转 5 次； （2）空气干化——使用热气体直接或者间接干燥法将市政污泥的含水率降低至 10% 以下。控制待干化污泥颗粒的温度超过 80℃，或者与污泥接触后空气的温度高于 80℃； （3）热处理——将液体污泥在特殊设备里加热至 180℃ 或者更高温度，时间持续 30h； （4）高温好氧消化——市政污泥通过热空气或者氧气搅拌维持稳定的反应温度及水力停留时间。好氧消化温度控制在 55～60℃，反应时间持续 10d 以上； （5）β 射线照射——将市政污泥在室温条件下使用β射线照射，辐射强度至少 1.0Mrad； （6）γ 射线照射——将市政污泥在室温条件下使用γ射线照射，如 Co60 和 Ce137，在室温条件下辐射强度至少为 1.0Mrad； （7）加热杀菌法——维持污泥温度在 70℃ 以上至少达到 30min

其中 A 级污泥是经灭菌处理，细菌或病毒无法检出，且达到环境允许标准的污泥，可用作肥料、园林植土、生活垃圾填埋坑覆盖土等。B 级污泥规格较低，其含有细菌或病毒，粪大肠菌群浓度一般小于 $2×10^8$MPN/g TS（干质量）或小于 $2×10^8$CFU/g TS，不会对居民和环境造成影响，但只能作为林业用土而不能用于改良粮食作物耕地。

在污泥填埋焚烧方面，40 CFR Part 503 对污泥单独填埋做了具体规定，包括总体要求、污染物限值、管理条例、监测频率记录和报告制度等，焚烧产生的烟气控制按美国烟气污染控制法案的控制标准执行，针对不同类型焚烧炉尾气，规定了砷（As）、铍（Be）、镉（Cd）、铬（Cr）、铅（Pb）、汞（Hg）、镍（Ni）等 7 种重金属排放浓度限值，其中 As、Cd、Ni、Cr 浓度限值如表 1-13 所列。

表 1-13 焚烧处置污染物排放指标

焚烧炉类型	焚烧尾气污染物浓度限值/（mg/m³）			
	As	Cd	Ni	Cr
带湿式洗涤器的流化床				0.65
带湿式洗涤器和湿式静电除尘器的流化床	0.023	0.057	2.0	0.23
带湿式洗涤器的其他类型焚烧炉				0.064
带湿式洗涤器和湿式静电除尘器的其他类型焚烧炉				0.016

注：1. 有关 Be 和 Hg 的指标应遵照 40 CFR Part 61 规定执行。
2. 有关 Pb 的指标根据国家空气质量标准规定计算确定。

事实证明，40 CFR Part 503 并未对公众健康造成危害。但是美国国家科学院建议美国环境保护署（EPA）应对 40 CFR Part 503 法案定期跟踪、监测、评价，特别是污泥中的有机化学污染物和病原体。

需要说明的是，2011 年 3 月 21 日，美国联邦政府专门发布了污水污泥焚烧新排放标准和法案——*Standards of Performance for New Stationary Sources and Emission Guidelines for Existing Sources：Sewage Sludge Incineration Units*（40 CFR Part 60）[EPA-HQ-OAR-2009-0559]，该法案涉及美国 204 套多膛炉和流化床焚烧炉，包括 9 项大气污染指标：Cd、Pb、Hg、HCl、CO、NO、SO_2、PM、PCDD/Fs。对比可以发现，40 CFR Part 60 [EPA-HQ-0AR-2009-0559]对污泥焚烧的控制远严于 40 CFR Part 503。通过本法案的实施，美国当时期望到 2015 年，每年减排 1.81kg 汞、1.7t 镉、1.5t 铅、450t 酸气、58t 颗粒物；另外也呼吁公众停止使用焚烧技术，采用循环再生利用技术。

（3）日本

日本制定了多部与污泥有关的法律法规、管理办法以及操作标准，主要包括《污泥绿农地使用手册》《污泥建设资材利用手册》《废弃物处理法》等。其中，日本建设部制定的《污泥绿农地使用手册》，主要用于促进污泥景观利用。1999 年日本约有 60.6%的污泥使用在农业和景观方面，在污泥再利用方面的执行上日本制定了相当严格的重金属限值标准，以规范污泥作为农地使用。

日本关于填埋污泥中的污染物限值做出了非常严格的规定，除对重金属限制外，还包括烷基汞化合物、苯及其他多种有机物指标。

日本是全世界最早进行焚烧炉灰渣和熔融渣回收再利用的国家。1991 年，日本建设部制定了《污泥建设资材利用手册》，推广污泥回收再利用工作。

1.2.2.2　国内污泥处理处置现状及法律法规

由上述可见，欧美及其他发达国家在污泥处理处置方面制定的相关规定主要包括：土地利用、填埋、制作建筑材料和焚烧 4 大类型。然而，由于历史原因、工艺限制及经济制约，目前在我国城市污泥处理普遍采取的方法仍是弃置或者填埋处理，随着我国人们环保意识的不断增强、法律法规的逐渐完善以及"资源化"理念的兴起，对城市污泥的处理和处置进行了多方面的尝试；其中在污泥混合燃烧方面已积累了初步经验，但污泥单一焚烧仍处于起步阶段。国内虽有污泥农业利用成型的范例，但是污泥用于肥料生产仍面临出路等诸多问题。

为了全面推动我国城镇污泥处理处置的规范化开展，以指导全国城镇污水处理厂污泥处理处置设施更加合理地进行规划建设，不断提高污泥处理处置的管理水平，全面推进我国城镇污水处理厂污泥处理处置工作，我国在近 30 年（特别是近 6 年）制定了大量的污泥处理处置相关的法律法规和技术标准，极大地推动了污泥处理处置工作的进程。

（1）法律法规

目前，我国已制定的污泥处理处置方面的法律法规或技术指南有 3 项，如表 1-14 所列。有关部门针对我国污泥处理处置的实际需求，结合相关政策要求以及现有污泥处理处置设施的运行实践，制定了相关的规范和指南。这些指南借鉴国际污泥处理处置的成功范例，以期指导我国更加合理地进行规划建设城镇污水处理厂污泥处理处置设施，且明确了相关建设和管理技术要求，为污泥处理处置技术方案选择提供可靠依据，促进我国污泥处理处置管理水平不断提高，全面推进我国城镇污水处理厂污泥处理处置工作，以防危害环境和人类健康。

我国环境保护及制定环境单行法的核心是 1989 年开始实施的《中华人民共和国环境保护法》，该法是我国的环境保护基本法，也为污泥环境污染防治提供了基本的法律依据，同时明确了我国基本的环保制度即环境影响评价和"三同时"制度的法律地位。此外，我国分别于 1993 年和 1996 年颁布了《废物进口环境保护管理暂行规定》及《关于废物进口环境保护管理暂行规定的补充规定》，有效截断了包括污泥在内的境外废物向国内非法转移的通道。

（2）相关标准

为了推动污泥的处理处置，国家发展和改革委员会组织修订《城市污水处理厂污泥处理处置项目建设标准》。生态环境部从监管的职能出发，也在修订关于城镇污水处理厂污泥处理处置的政策技术指南、规范和标准。

目前我国制定的与污泥处理处置有关或涉及污泥处理处置的国家标准有 16 项，其他行业标准和协会标准共 5 项，如表 1-14 所列。

表 1-14　我国目前制定的有关或涉及污泥处理处置的政策及标准中限制性指标及限制值表

类别	标准号	名称	制定年份	主要内容
法律法规或技术指南	—	《城镇污水处理厂污泥处理处置及污染防治技术政策（试行）》	2009	明确了我国城镇污泥处理处置的技术要求，为污泥处理处置方案选择提供依据
	—	《城镇污水处理厂污泥处置技术指南（试行）》	2011	明确了我国城镇污泥处理处置设施的规划、建设和管理的技术要求
国家标准	GB 4284—2018	《农用污泥中污染物控制标准》	2018	污泥产物农用时，其含水率应不超过60%。其标准规定了城镇污水处理厂污泥农用时的污染物控制指标、取样、检测、监测和取样方法。适用于城镇污水处理厂污泥在耕地、园地和牧草地时的污染物[如镉、汞、铅、铬、砷、镍、锌、铜、矿物油、苯并[a]芘和多环芳烃，共 11 项控制项目的控制。卫生学指标、理化指标及其他要求。其中卫生学指标中蛔虫卵死亡率≥95%，粪大肠菌群值≥0.01，标准中说明污泥产物农用时，年用量累计不应超过 7.5t/hm²（以干基计），连续使用不应超过 5 年
	GB 18918—2002	《城镇污水处理厂污染物排放标准》	2002	该标准在 4.3 条款中规定：城镇污水处理厂的污泥应进行稳定化处理，稳定化处理后的污泥应做有机物降解率（%）、含水率（%）、蛔虫卵死亡率（%）和粪大肠菌值（%）。其中好氧堆肥做稳定值，并做粪大肠菌值，脱水后污泥含水率小于 80%；好氧堆肥时，含水率应小于 65%；该标准将《农用污泥中污染物控制标准》中的污染物限值从 14 项，增加了 3 项有机物控制指标，并将镉和锌的控制标准放宽
	GB 50014—2021	《室外排水设计标准》	2021	采用好氧发酵的污泥含水率不宜高于 80%。新版规范聚焦行业关注点，以类出水工程系统为基础，明确了水系统和污水系统组成和设计要求，针对排水管渠、泵站、污水再生水处理以及污泥处理处置各组成部分进行了补充和修订，为工程技术人员提供参考
	GB/T 23484—2009	《城镇污水处理厂污泥处置 分类》	2009	规定了"城镇污水""城镇污水处理厂""污泥处理""污泥处置""污泥焚烧"等术语的定义，并按照污泥的最终消纳方式对污泥进行了分类，包括污泥土地利用（农用、园林绿化、土地改良）、污泥填埋（单独填埋、混合填埋、特殊填埋）、污泥建筑材料利用（制水泥添加剂、制砖、制轻质骨料、制其他建材）、污泥焚烧（单独焚烧、与垃圾混合焚烧、利用火力发电厂焚烧、利用工业锅炉焚烧）4 大类和 14 个应用范围
	GB/T 24188—2009	《城镇污水处理厂污泥泥质》	2009	该标准中所制定的控制项目为 4 项，包括 pH 值（5～10）、含水率（<80%）、类大肠菌群值（<10⁸MPN/kg 干污泥）；选择性控制项目为 11 项，包括总镉（<20mg/kg）、总汞（<25mg/kg）、总铅（<1000mg/kg）、总铬（<1000mg/kg）、总砷（<75mg/kg）、总镍（<200mg/kg）、总锌（<4000mg/kg）、总铜（<1500mg/kg）、矿物油（<3000mg/kg）、挥发酚（<40mg/kg）、总氰化物（<10mg/kg）

续表

类别	标准号	名称	制定年份	主要内容
国家标准	GB/T 23485—2009	《城镇污水处理厂污泥处置 混合填埋用泥质》	2009	基本指标为3项：污泥含水率（≤60%），pH值（5～10）和混合比例（≤8%）；安全指标为11项；覆盖土的性质规定中，基本指标为4项：含水率（≤45%），臭气浓度（≤2级（六级臭度））．施用后蠕虫密度[＜5只（笼·d）]和横向剪切强度（＞25kN/m²）和污泥卫生学指标为2项：粪大肠菌群菌值（＞0.01）和蛔虫卵死亡率（＞95%）
	GB/T 23486—2009	《城镇污水处理厂污泥处置 园林绿化用泥质》	2009	在理化指标中，pH的范围更为细化，分为碱性土壤和酸性土壤；含水率要求更为严格（≤40%）．在养分指标中，总养分（总氮＋五氧化二磷＋总氧化钾）≥3，有机质含量≥20%．在卫生学指标与《城镇污水处理厂污泥处置 混合填埋用泥质》（GB 18918—2002）相同
	GB/T 24602—2009	《城镇污水处理厂污泥处置 单独焚烧用泥质》	2009	污泥单独焚烧利用时，自持焚烧含水率应＜50%，助燃焚烧含水率应＜80%，其中干化焚烧含水率应＜80%，其中14个项目与《城镇污水处理厂污泥处置 单独焚烧用泥质》中污泥农用的14项整制用的14项污染物排放限值，增加了挥发酚和总氰化物2项．包括粪大肠菌群菌值、细菌总数和蛔虫卵死亡率、新增细菌总数包括总氮（以N计）、总磷（以P₂O₅计）、总钾（以K₂O计）和有机质含量
	GB/T 24600—2009	《城镇污水处理厂污泥处置 土地改良用泥质》	2009	理化指标包括：pH值和含水率2项．其中，pH值为5.5～10，含水率＜65%．污泥土地改良利用时，其污染物指标共14项，包括总镉、总汞、总铅、总砷、总铬、总铜、总镍、总锌、总硼、矿物油、可吸附有机卤化物、多氯联苯、挥发酚和总氰化物
	GB/T 25031—2010	《城镇污水处理厂污泥处置 制砖用泥质》	2010	基本指标包括：pH值（5～10）、含水率（≤40%）．污染物浓度限值的规定基本与《城镇污水处理厂污泥处置 单独焚烧用泥质》（干污泥）（I_{Ra}≤1.0，I_r≤1.0）．污染物浓度限值较为严格，只是部分分项目较为严格（干污泥），总汞为＜5mg/kg干污泥．卫生学指标与《城镇污水处理厂污泥处置 混合填埋用泥质》相同
城建行业污泥处理处置标准	CJ/T 508—2016	《污泥脱水用带式压滤机》	2016	规定了污泥脱水用带式压滤机（以下简称"带式压滤机"）的术语和定义、型式、型号和基本参数、要求、试验方法、检验规则、标志、包装、运输和贮存．适用于给水排水工程中带式压滤机的制造和检验
	CJ/T 221—2005	《城市污水处理厂污泥检验方法》	2005	对24项污泥指标（包括物理、化学及微生物指标）的分析技术操作进行了规定，共包含54个检测方法
	CJ 131—2009	《城镇污水处理厂污泥处理技术规程》	2009	对污泥处理处置的方案选择、方案要求进行了规定，对包括堆肥、石灰稳定、热干化、焚烧的运行参数和运行管理进行了说明

续表

类别	标准号	名称	制定年份	主要内容
城建行业污泥处理处置标准	CJ/T 309—2009	《城镇污水处理厂污泥处置 农用泥质》	2009	污泥农用时，其含水率应不超过60%。化学污染物包括总砷、总镉、总铬、总汞、总铅、总镍、总锌、苯并[a]芘和矿物油共10项；物理性质包括水分（游离水）、粒径和杂物3项；生物性有害物质指标包括蛔虫卵死亡率、粪大肠菌群菌值和种子相对发芽率3项；污泥的养分特性包括有机质含量和酸碱度pH值3项
	CJ/T 314—2009	《城镇污水处理厂污泥处置 水泥熟料生产用泥质》	2009	理化指标包括pH值（5.0～13.0）、含水率（≤80%），当从窑头喷嘴添加污泥时，污泥含水率应≤12%，颗粒粒径＜5mm，污染物指标共8项，包括镉、汞、铅、铬、砷、镍、锌、铜
	CJ/T 362—2011	《城镇污水处理厂污泥处置 林地用泥质》	2011	理化指标包括pH值（5.5～8.5）、含水率（≤60%）、粒径（≤10mm）、杂物（≤5%）4项；养分指标包括有机质含量和氮磷钾含量；卫生学指标包括蛔虫卵死亡率和粪大肠菌群菌值；污染物指标共11项；此外，对种子发芽指数、累计施用污泥量、连续施用年限等提出了要求
环保行业标准	HJ/T 242—2006	《环境保护产品技术要求 污泥脱水用带式压榨过滤机》	2006	规定了污泥脱水用带式压榨过滤机的定义、分类命名、要求、试验方法、检验规则标志、包装、运输和贮存等要求。本标准适用于污泥脱水的压榨式过滤机械
	HJ/T 335—2006	《环境保护产品技术要求 污泥浓缩带式脱水一体机》	2006	规定了污泥浓缩带式脱水一体机的定义、分类与命名、要求、试验方法、检验规则及标志、包装、运输和贮存等要求。本标准适用于污水处理用的污泥浓缩带式脱水一体机
中国工程建设协会标准	CECS 250：2008	《城镇污水污泥流化床干化焚烧技术规程》	2008	为污泥的接收、储运、干化、焚烧及烟气净化、灰渣处置等提供了具体的技术指标，适用于以流化床干化焚烧方法集中处置污泥的新建、改建和扩建工程

需要指出的是，2007 年之前我国制定的与污泥处理处置完全相关的技术标准仅有《农用污泥中污染物控制标准》《城镇污水处理厂污染物排放标准》《城市污水处理厂污水污泥排放标准》《有机肥料》《城镇污水处理厂附属建筑和附属设备设计标准》《城市生活垃圾堆肥处理厂技术评价指标》《带式压滤机污水污泥脱水设计规范》《环境保护产品技术要求　污泥脱水用带式压榨过滤机》8 项，其中大部分为污水和污泥的排放标准，环境保护产品技术要求涉及污泥最终出路的土地利用、填埋、焚烧、制建材等较少。

此外，《城镇污水处理厂污泥处理处置及污染防治技术政策（试行）》《城镇污水处理厂污泥处理处置技术指南（试行）》等制定时间较晚，使得大部分泥质标准制定时未充分与我国规划的污泥处理处置技术路线的选择相匹配，在某些程度上制约了污泥的最终安全处置，但对我国城镇污泥处理处置技术路线具有指导意义。

1.3　城市污泥处理技术

城市污泥处理的主要目的是减少污泥量并使其稳定，便于污泥的运输和最终处置。目前常用的污泥处理技术主要包括污泥调理技术、污泥浓缩技术、污泥脱水技术以及脱水污泥末端处理技术等。

1.3.1　污泥调理技术

城市污泥因为本身的比阻较大，其过滤脱水性能较差，直接进行浓缩和脱水较为困难。污泥调理是污泥浓缩和脱水前常采用的一种预处理方式，这类预处理技术可以改变污泥的结构，调整污泥胶体粒子群的排列状态，克服存在于其间的典型排斥作用和水合作用，从而增强污泥胶体粒子的凝聚力并减小其与水的亲和力，增大颗粒粒度，进而改善污泥的沉降性能以及脱水性能等物化性质，提高后续的污泥浓缩和脱水效果。

目前常用的污泥调理技术主要有物理调理、化学调理、生物调理以及联合调理。

1.3.2　污泥浓缩技术

污泥浓缩的目的是减小污泥体积，以便后续的单元操作。通过浓缩，污泥含水率可以从 99% 下降至 95%，体积将减少到原来的 1/5。

目前常用的污泥浓缩技术主要有重力浓缩、离心浓缩和气浮浓缩。

城市污泥的调理技术和浓缩技术的相关内容将在本书的第 2 章进行详细阐述。

1.3.3　污泥脱水技术

污泥经浓缩处理后仍具有较高的含水率，含水率在 95% 左右，需进行脱水处理。经脱水处理后，污泥含水率可以从 95% 下降到 80%。

目前常用的脱水处理传统技术主要是自然干化和机械脱水，其中以机械脱水中的压滤技术应用最广，主要包括带式压滤脱水及板框压滤脱水，近年来考虑到设备成本问题，板框压滤的使用率正逐年上升。另外还有真空脱水和离心脱水两种方法，这两种方法不是很常见，主要是因为这两种方法的成本相对来讲比较高，导致污泥处理成本大幅度提高。

随着污泥脱水技术的发展，传统的污泥脱水技术的弊端逐渐显现，新的脱水处理技术应运而生，常用的有超声脱水技术、热水解脱水技术、强氧化脱水技术和电脱水技术等。

城市污泥的脱水技术相关内容将在本书的第 3 章进行详细阐述。

1.3.4　脱水污泥末端处理技术

城市污泥经过调理、浓缩和脱水处理后，污泥的含水率、体积均会有较大程度的下降和减少，但这些技术并没有真正解决污泥的出路问题；污泥处理工艺的差异性，导致污泥中仍然存在大量的病原菌、寄生虫卵以及有机污染物，造成二次污染的风险依然很大。同时，污泥中含有丰富的有机物、营养元素及部分无机物，可以通过脱水污泥末端处理技术实现污泥的增值转化和利用。

目前，常用的脱水污泥末端处理传统技术有卫生填埋、厌氧消化和好氧消化，新型技术包括土地利用、建材利用和能源利用等。

脱水污泥末端处理技术的相关内容将在本书的第 6 章进行详细阐述。

第**2**章

城市污泥的浓缩和调理技术

- ► 城市污泥中水分存在形式及去除方法
- ► 城市污泥的浓缩技术
- ► 城市污泥的调理技术

城市污泥的处理处置方法中，农用、填埋和焚烧等都是国内外常用的工艺，在相对应的标准规范中均包含对污泥含水率的要求，然而目前传统污水处理厂产生的污泥含水率为96%～99%，传统的脱水方法仅能将含水率降低到80%左右，仍无法满足后续处理处置中关于含水率的要求。目前，如何降低污泥含水率是公认实现污泥高效处理处置与资源化再利用的关键所在。

实现污泥含水率降低的方法主要包括自然沉降、机械脱水、热干化等，其中机械脱水方法可分为离心脱水、真空抽滤脱水和压力过滤脱水3种，压力过滤脱水方法由于其良好的工程适应性常用于污水处理厂等大规模污泥处理。然而，由于污泥表面电荷和胞外聚合物（extracellular polymeric substances，EPS）的存在，污泥直接进行机械脱水效果不佳，造成了昂贵的运输成本和处置成本。为获得较好的污泥脱水效果，通常需要在污泥进行机械脱水前对污泥进行浓缩和调理，改变污泥的性质和状态，从而改善污泥的脱水性能。

本章首先介绍了城市污泥中水分的存在形式，以此了解城市污泥中水分的分类，从而引出城市污泥的浓缩和调理技术，介绍了不同的浓缩和调理技术主要去除城市污泥的水分类型，同时综述了城市污泥浓缩技术和调理技术的研究进展。

2.1　城市污泥中水分存在形式及去除方法

污泥是由菌胶团和悬浮固体组成的胶体结构，污泥颗粒表面存在很强的持水性的各种荷电离子、微生物和代谢过程中分泌于细胞体外的众多胞外聚合物等。污泥颗粒相互聚集形成污泥絮团，与水有很强的亲和力，因此污泥脱水的困难程度与污泥中水的存在形式密切相关。

20世纪90年代，Smollen（1990）首次指出对污泥中水分的研究需要将污泥脱水方式和污泥中水分的分布联系起来，并根据水分与污泥结合键能的强弱将污泥中水分大致分为4种类型，即化学结合水、物理机械固定水、物理化学结合水和自由未结合水。

之后，Colin和Gazbar（1995）根据污泥中水分的存在形式简单地将其划分为自由水和结合水两大类，即通常所说的"二分法"。其中，自由水是指活性污泥中未跟絮体颗粒作用而发生改变的水，其含量一般占活性污泥中总含水量的65%～85%；结合水是指与污泥絮体颗粒发生物理或化学作用的水，此类水含量虽然较小但很难被去除。

在此基础上，Vesilind和Hsu（1997）根据干燥曲线，采用"四分法"将活性污泥中的水分为了4类，具体定义及去除方法如表2-1所列。

表 2-1 "四分法"污泥水分定义及去除方法

水分类型	定义	去除方法
自由水	不附着于污泥固体的水,与活性污泥颗粒无作用力的水分包括无毛细管作用力的孔隙水	重力浓缩分离
间隙水	滞留在絮体结构内并与絮体一起运动的水,或可能滞留在生物体之间的水	絮体破碎或细胞破坏;离心机等机械脱水装置去除
表面水或邻近水	与固体颗粒有关的水,凭借水分子的分子结构吸附或黏着于活性污泥颗粒表面	不能通过离心或其他机械手段去除
结合水或水合水	与污泥颗粒发生化学结合的水	破坏污泥颗粒

相关理论研究领域中对污泥中水分的研究往往采用的是 Vesilind 提出的"四分法",但在实际研究中,由于缺乏对多种水分的准确定量方法,只能采用"二分法"简单分为自由水和结合水。这种研究对象的双重标准,在应用中会造成理论与实际测量的脱节,因此一些研究者在"四分法"的污泥水分分类基础上提出了不同的水分分类方法。

Kopp 和 Dichtl(2001)指出污泥中的各类水主要通过它们与固体的物理结合的类型和强度来区分。结合力可以理解为污泥颗粒与吸附水分子之间的吸引力,据此可以将污泥中的水分分为 4 种不同类型,即不与污泥颗粒结合的自由水、由污泥絮体之间的毛细管力结合的间隙水、由黏着力结合的表面水和胞内水。自由水在个体污泥颗粒之间自由运动,不被它们吸附,不与它们结合,也不受毛细管力的影响;间隙水在污泥颗粒与污泥絮体的微生物的间隙中,其在物理上受到活性毛细管力的束缚;表面水覆盖了污泥颗粒的整个表面,在几层水分子中受到吸附和黏着力的束缚,不能自由移动;胞内水也被认为是表面水的一部分,在胞外聚合物中与化学键结合,胞内水只能与表面水一起测定,通常称为结合水含量。

汤连生等(2017)据污泥中的水分与固体颗粒和气体的接触关系以及水分脱除难易程度重新将污泥中的水分划分为重力水、封闭水、包裹水和内质结合水 4 种类型。

① 重力水(gravity water):不受污泥固体颗粒束缚,能够自由流动的水,占比 47.6%。重力水具有排水通道,是污泥中最容易脱除的一部分水,通过过滤或者沉淀,就能够从固体中分离,不需要对其施加外力或提供能量,属于"零能耗水"。

② 封闭水(pent-up water):存在于固体颗粒间隙或缝隙的水分,占比 31.7%。封闭水不受固体颗粒的作用力影响,但由于排水通道被堵住,只能在颗粒间自由流动,通过机械力的作用,可以打通排水通道,使其从污泥中脱除。

③ 包裹水(coating water):包裹在絮团、细胞内部的水分,占比 17.5%。包裹水在絮团和细胞内部,被有机质膜包裹,不具有排水通道,利用机械脱水不能有效脱除,但可以通过扩散渗析的方式,让水分从浓度低的一侧移动到浓度高的一侧,从而实现脱水目的。

④ 内质结合水(bonding water):与污泥固体颗粒紧密结合的多层水膜,占比 3.2%。结合水与固体颗粒紧密结合,很难脱除。

目前,为了进一步研究污泥中的水分与脱水方式之间的关系,被众多研究者采用最

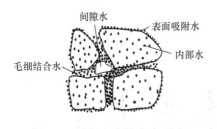

图 2-1 污泥中水的存在形式

多的"四分法"是将污泥中水分分为：间隙水、毛细结合水、表面吸附水和内部水 4 种形态。这种划分形式也是目前最常用的污泥水分划分方式，其示意如图 2-1 所示（金儒霖，2017）。

① 间隙水（interstitial water）：亦称游离水、自由水，指存在于污泥颗粒间隙中的水，约占污泥水分总量的 70%。被污泥颗粒包围着的间隙水，并不是与污泥颗粒直接结合，作用力弱，因此从理论上来说这部分水分较易分离，在重力作用下一部分间隙水就能被分离出来，浓缩时主要去除自由水。

② 毛细结合水（capillary bound water）：指存在于污泥颗粒间的毛细管中的水，约占污泥水分的 20%。由毛细现象形成的毛细结合水，受到液体凝聚力和液固表面附着力作用。要分离出毛细结合水需要有较高的机械作用力和能量用来破坏毛细管表面张力和凝聚力，可以用与毛细水表面张力相反的作用力，例如离心力、负压抽真空、电渗力或热渗力等，常用离心机、真空过滤机或高压压滤机来去除这部分水。

③ 表面吸附水（surface adsorbed water）：是由于表面张力的作用吸附存在于污泥颗粒表面的水分，约占 7%。由于污泥颗粒小，具有极强的表面吸附力，表面吸附水较难去除，不能用普通的浓缩或脱水方法去除，常用混凝方法去除（加入电解质混凝剂，以达到凝结作用而易于使污泥固体与水分离），也可以用加热法去除。

④ 内部水（Internal water）：存在于污泥中微生物细胞内部的水分，约占 3%。这部分水用机械方法是不能脱除的，但可用生物法（好氧堆肥化、厌氧消化等）使细胞进行生化分解，或采用高温加热法或冷冻法破坏细胞膜，使内部水变成外部液体从而得以去除。

4 种水分的结合强度依次为：间隙水＜毛细结合水＜表面吸附水＜内部水。一般的重力浓缩法和机械方法仅能去除污泥中的间隙水和部分毛细结合水，吸附水和内部水无法用机械方法去除。研究污泥深度脱水，重点是研究对吸附水和内部水的去除，有效改变污泥的物理、化学和生化学等特性是去除这两部分水的重要方法。

2.2　城市污泥的浓缩技术

污泥浓缩是通过去除污泥颗粒间的自由水，达到减容的目的，从而降低后续构筑物规模或处理单元的压力，以便达到节约污泥处理成本的目的。

通常浓缩技术可将城市污泥的含水率降到 85%（含水状态）。含水率在 70%～75%时，污泥呈柔软状态，不易流动；含水率降到 60%～65%，污泥几乎成为固体；含水率低到 35%～40%时，呈聚散状态（以上是半干化状态）；含水率进一步降低到 10%～15%则呈粉末状。

污泥浓缩方法主要有重力浓缩、气浮浓缩和机械浓缩 3 大类，而机械浓缩又包括离心浓缩、带式浓缩和转鼓浓缩等方式。

2.2.1　重力浓缩

2.2.1.1　重力浓缩的原理

重力浓缩是污泥在重力场作用下自然沉降的分离方式，利用污泥中固体颗粒与水之间的密度差来实现污泥浓缩，是污泥中的固体颗粒在重力作用下沉淀和进一步浓缩的过程（胡锋平 等，2004），不需要外界能量的干预，是一种最节能的污泥浓缩方法，其本质上是一种压缩沉淀工艺。

2.2.1.2　重力浓缩的分类及适用性

重力浓缩主要有连续式和间歇式两种，其中，间歇式重力浓缩法主要用于小型污水处理厂，连续式重力浓缩法主要用于大、中型污水处理厂（胡祝英 等，2008）。

重力浓缩比较适合于单独处理初沉污泥，初沉池的污泥相对平均密度为 1.02～1.03，初沉池污泥采用重力浓缩，含水率一般可从 97%～98% 降至 95% 以下；而对于相对密度较低的剩余活性污泥，其相对平均密度为 1.0～1.005，一般不易实现重力浓缩；初沉污泥与剩余活性污泥混合后进行重力浓缩，含水率可由 99%～99.4% 降至 97%～98%。

2.2.1.3　重力浓缩的优缺点

重力浓缩具有贮存污泥能力强、工艺技术简单、运行成本低、运行管理方式简便、动力消耗小等优势，并且重力浓缩技术已经成熟且趋于完备，被国内外广泛应用。

重力浓缩工艺技术存在以下问题（吴雪茜 等，2017）：

① 停留时间较长，不进行曝气搅拌时污泥容易腐败发臭，环境观感较差；

② 浓缩池中的污泥往往会发生厌氧消化，污泥上浮，影响浓缩效果；

③ 厌氧消化过程所产生的 H_2S 会造成轴承及搅拌栅腐蚀，管理维护困难；

④ 浓缩效率相对较低，处理高含水率污泥须以高运行负荷为代价，导致成本较高；

⑤ 厌氧贮存条件下，好氧过程中所吸附的磷会释放到液相的污水中。

目前，重力浓缩仍是我国城市污水处理厂污泥浓缩的主要技术手段，其工艺构造简单，运行管理方便，在污水处理中所占比重依旧很高。

重力浓缩技术成熟并趋于完备，但随着城镇生活污水总磷排放标准升高，传统重力浓缩工艺受到挑战，如何避免重力浓缩过程中磷的释放成为该技术的一个研究重点。

王莉等（2011）以厌氧-缺氧-好氧（A^2/O）系统处理城市生活污水产生的富磷剩余污泥，通过对重力浓缩前后污泥中阳离子和磷酸盐分布的变化进行了研究，发现在重力浓缩过程中污泥中的磷酸盐不断释放，在浓缩结束时释磷量达到 5.51mg/g，浓缩前后污泥的性质未发生改变。

在传统重力浓缩技术的基础上，有研究者发明了防释磷污泥浓缩技术（黄秋丽，2016），该技术通过增强污泥浓缩过程中对氧化还原电位的控制，防止浓缩过程出现污泥厌氧释磷，用于现有污水处理厂污泥处理系统，在脱水前增加防释磷污泥浓缩塔即可实现改造；污泥浓缩后配合厢式压滤机脱水，可使脱水污泥含水率降低到50%以下。

目前，重力浓缩法因其释磷、占地面积大、卫生条件差、浓缩效果不好等缺点，在污水处理厂中将会逐步被取代。因此，重力浓缩这一技术需在其原有基础上对其进行合理的创新，寻找最合适的方法尽可能消除技术弊端。

2.2.2 离心浓缩

2.2.2.1 离心浓缩的原理

离心浓缩技术属于机械浓缩，它是利用污泥中固体和液体之间离心力的不同而进行固液分离，从而达到污泥浓缩的目的。离心力是离心浓缩的动力，是重力的 500～3000 倍。

2.2.2.2 离心浓缩机的分类及适用性

离心浓缩工艺始于 20 世纪 20 年代初，当时采用的是最原始的框式离心机，经盘嘴式等几代更替，现在通常采用卧螺式离心机。

离心浓缩主要适用于难脱水、含固率低的剩余活性污泥，例如处理剩余污泥及初沉污泥与剩余污泥组成的混合污泥（赵乐乐 等，2016）。

2.2.2.3 离心浓缩的优缺点

污泥离心机能够将污泥的含固率提高到 5%～6%，在浓缩活性污泥时采用离心浓缩技术，一般不需要加入絮凝剂调质，当浓缩污泥含固率＞6%时才加入少量絮凝剂。离心浓缩占地少，且不会产生恶臭，由于浓缩周期短，对于富磷的污泥可以避免磷释放，增强污泥处理系统的除磷能力，并且设备造价低。同时，对于不同性质的污泥，离心浓缩也能较好地适应。

离心浓缩要求专用的离心机，对于相应的技术人员要求较高，产生的噪声较大，固体回收率也较低，而且运行费用和机械维修费用相对较高，能耗较高，总体来说经济性较差。

采用离心浓缩方式处理污泥的情况在国内并不多见，国内采用较多的仍是对传统的离心浓缩处理工艺进行改造。龚卫红等（2013）为了使污泥脱水后符合国家相关部门对填埋污泥含水率的要求，在整个污水处理工艺中，将原有离心脱水系统通过控制系统及设备结构的改造，转变为离心浓缩系统，继续发挥离心机的优势，同时为污泥的进一步处理做准备。

然而，在国际上离心式污泥浓缩处理脱水一体机已经被广泛应用。污泥处理工艺的发展趋势是朝向浓缩和脱水一体化处理，在这种情况下可以发挥出离心浓缩的优点，同时既可以节约建造成本，又可以降低运行成本（陈辉，2002）。

徐卫民（2020）在污泥处理流程中设置了一体化的泥水分离塔，经泥水分离塔处理后，脱水机日处理水量由 2058m³/d 降至 480m³/d 左右，离心脱水机台数由 2 台减为 1 台，单台运行时间从 20h/d 缩短至 10h/d，提高了污泥处理系统的效率。

2.2.3　气浮浓缩

2.2.3.1　气浮浓缩的原理

气浮法是通过某种方法产生大量的微气泡，使其与废水中密度接近于水的固体或液体污染物微粒黏附，形成密度小于水的气浮体，在浮力的作用下上浮至水面形成浮渣，进行固液或液液分离的一种技术。

2.2.3.2　气浮浓缩的分类及适用性

根据气泡产生方式的不同，气浮工艺可分为压力溶气气浮（dissolved air flotation，DAF）、涡凹气浮（cavitation air flotation，CAF）和生物溶气气浮（biolysed air float，BAF）等（Simona et al.，1992）。其中，压力溶气气浮是最常用的方法，也较为广泛地应用于城市污水处理厂剩余活性污泥的浓缩工艺之中，而生物溶气气浮和涡凹气浮鲜有报道。

（1）压力溶气气浮浓缩工艺

压力溶气气浮法是将空气在加压状态下溶解，在常压状态下释放的一种方法，使空气在一定压力状态下溶于水中，在常压状态下可以变成微小气泡释放出来，与絮粒黏附形成带气絮粒上浮（王慧子，2014），采用这种气浮工艺的浓缩效率高，也可以避免污泥中磷的释放，但这种工艺设备较为复杂，一定程度上会增加运行成本。

（2）涡凹气浮浓缩工艺

涡凹气浮系统是通过独特的涡凹曝气机将"微气泡"直接注入污水中，无需事先进行溶气，之后散气叶轮将微气泡均匀地分布于水中，经涡凹曝气机抽真空作用实现污水回流。涡凹气浮浓缩工艺一般具有结构简单、能耗较低和占地小的特点，比较适合低浓度剩余活性污泥的浓缩，但其运行成本较高。

（3）生物溶气气浮浓缩工艺

生物溶气气浮浓缩是通过投加硝酸盐，利用污泥本身的反硝化能力，通过反硝化作用而产生气体使污泥上浮以达到污泥浓缩的目的。生物溶气气浮具有工艺及设备简单、操作简便、能耗较低的优势，但该工艺会受到温度和硝酸盐浓度等因素的影响，污泥停留时长比压力溶气气浮污泥浓缩工艺多。

气浮浓缩一般适用于高有机质活性污泥，以及用于密度较低的亲水性无机污泥（郭文娟 等，2013），另外还适用于污泥颗粒易上浮的疏水性污泥（难沉降的污泥）。

2.2.3.3 气浮浓缩的优缺点

气浮法的优势在于其占地面积较小，固液分离效果较好，得到的浓缩污泥含水率较低，可以使活性污泥的含水率降低至94%～96%，浓缩度高，运行稳定，处理时间较短，并且污泥处于好氧环境，避免了厌氧腐臭和释磷的问题。

气浮工艺设备维护操作复杂和运行费用较高，对短时间内产生的高冲击负荷适应能力差，并且采用气浮浓缩能耗较大，对脱水机械要求较高，因此影响了气浮浓缩的推广使用。气浮法一般适用于人口密度高、土地稀缺的地区。

近年来，有研究者提出采用投资更少、处理成本更低、效率更好的涡凹气浮来代替传统的压力溶气气浮对剩余污泥进行浓缩处理，涡凹气浮技术在污泥浓缩中的研究和应用越来越多，不仅具有节约投资、节约占地、节能降耗和减轻操作强度的优势；同时，其自动化控制水平较高，满足污泥脱水的技术指标。

崔志广等（2007）比较了不同脂肪酸捕收剂对不同的污水处理工艺（奥贝尔氧化沟工艺、传统活性污泥法、倒置 A^2/O 工艺）所产生剩余活性污泥气浮浓缩的影响，发现添加相同脂肪酸捕收剂后，污泥絮体表面变得疏水，有利于泥水分离，这即是捕收剂的作用；3种工艺产生的污泥均可以气浮浓缩，并且降低了污泥的含水率，其中采用倒置 A^2/O 工艺产生的剩余活性污泥浓缩效果最好；添加用量为 75mg/L 的捕收剂时效果最佳，相对应的3种浓缩污泥的含水率分别为97.26%、96.64%、96.44%。

针对加压溶气气浮设备，运行能耗过大是最主要的问题，时玉龙等（2012）对微气泡的形成机理进行分析，认为压力溶气罐内压缩空气向液相中分散气核转化和释放器内分子态溶解空气以气核形式析出是加压溶气系统能耗的关键点。若想在一定程度上解决系统能耗大的问题，需在维持传统的先高压溶气再低压释气微气泡产生机理的前提下，采用加装射流管的第3代压力溶气罐在压力溶气系统中投加表面活性剂。

国内外学者对微气泡表面改性气浮技术机理、效果和影响因素等也进行了大量的研究。

Sugahara 和 Oku（1993）考察过溶气气浮过程中影响污泥浓缩的因素，其所做的批次试验结果证明混凝和曝气作用引起了污泥特性的改变，从而强化了污泥的浓缩；影响污泥浓缩重要的参数是污泥粒径，增大污泥的粒径，浓缩效率将会大大提高。

Park 等（2006）也对气浮工艺气浮活性污泥的增稠特性进行了分析，通过连续气浮试验，考察了初始混合液悬浮固体（mixed liquor suspended solids，MLSS）浓度、气压、表面负载率、气固比、浮选时间等操作参数对浓缩效率的影响，所采用的初始活性污泥浓度为 3000～12000mg/L，浓缩污泥浓度为 6400～28100mg/L。得到的结果是，表面负载率、气固比和浮选时间对污泥浓缩效率影响大，且当进料污泥浓度超过 5000mg/L，浓缩浓度超过 20000mg/L 时，活性污泥的浓缩效率才能提高，此时澄清液中悬浮固体（suspended solid，SS）浓度为 5～10mg/L。

陆莺等（2011）对涡凹气浮技术在污泥浓缩中的应用进行探讨，分析了扬子石化公司水厂净二装置污泥浓缩池改造的工程实例，改造了工程中原有的 2 座平流式污泥浓缩池，将浓缩方式由重力浓缩向气浮浓缩转变，污泥浓缩的工艺选用涡凹气浮系统，气浮浓缩的运行效果比重力浓缩好。

秦尧等（2021）通过对十六烷基三甲基溴化铵（cetyl trimethyl ammonium bromide，CTAB）、壳聚糖和聚二甲基二烯丙基氯化铵（poly dimethyl diallyl ammonium chloride，PDADMAC）3 种表面改性剂的研究，分析了其对溶气气浮微气泡特性的影响。结果表明，微气泡尺寸随溶气压力增加而逐渐减小，最优溶气压力为 0.5MPa；微气泡平均直径随 CTAB 的增加而逐渐减小，微气泡的并聚黏附减少；投加阳离子聚合物可使微气泡间的并聚现象增多，对微气泡直径及上升速度影响微弱。3 种改性剂中，CTAB 在微气泡表面的附着效率最大，PDADMAC 最小。不同改性剂分子在微气泡表面的吸附效率及其产生的电荷量有较大差异，在微气泡表面附着效率最高的表面改性剂为 CTAB，附着效率最低的为 PDADMAC。

总体而言，对于这 3 种浓缩技术，虽然城镇污水处理厂污泥浓缩的主要手段仍是重力浓缩，但由于环境观感较差、污泥释磷等问题，呈现出被气浮浓缩与机械浓缩逐渐取代的趋势，气浮浓缩中的涡凹浓缩技术具有占地面积小、投资费用少等优点，是目前的研究重点，同时也是未来城镇污泥浓缩技术发展的重要方向。

2.3　城市污泥的调理技术

污泥调理是对污泥进行预处理以提高污泥的浓缩脱水效率，常见的调理方法包括物理、化学和生物的方法，原理大多是通过压缩污泥絮体的体积、代谢絮体中的胶体物质以及改变絮体的亲水性等途径，从而减少絮体内部的间隙水和吸附水，进而改善污泥的脱水性能。污泥经调理后，不仅脱水压力大大减小，降低后续处理单元的压力负荷，而且脱水后污泥的含水率也大大降低，以达到预期的污泥处理效果。

污泥絮体与水分之间存在水合作用和静电排斥作用，其阻碍了污泥的深度脱水，采用污泥调理技术的目的便是克服这两种阻碍作用，通过改变污泥的结构改善其特性，增大污泥颗粒，提高其脱水性，促进有机物的水解，同时也达到杀菌的效果，使其易于后续的浓缩和过滤，从而降低操作上的困难程度。常用的污泥调理方法主要有物理调理、化学调理、生物调理以及联合调理。

2.3.1　物理调理

物理调理是一种通过物理方法改变污泥的内部结构，通过破坏污泥中的微生物细胞群体，以降低污泥内部的水合作用，从而释放出部分内部水的调理方法。

对于物理调理技术，常见的调理方法多为通过添加多孔惰性矿物质，例如石灰、飞灰、石膏、煤、稻壳粉、甘蔗渣、木屑、麦糠或者其他含碳材料等，在污泥浓缩过程中添加这些惰性物质作为助凝剂或者构建骨架结构以增强污泥的机械强度，从而降低污泥的可压缩性能和提高固体的可渗透性。同时，这些调理剂能够促进污泥内部形成刚性晶格，刚性晶格能够使污泥被压缩时保持多孔渗透的性质，因此也能够适当提高污泥内部水的释放速率。除此之外，从经济效益上考虑，碳材料类调理剂具有低灰分、高热值和高孔隙率的特点，由此优于以矿物材料为基础的污泥调理剂，其不但可以改善污泥的脱水性能，达到不逊色于其他调理剂的脱水效果，而且此类调理剂也能够有利于后续以焚烧为基础的污泥处理处置形式，具有良好的经济效益。当然还有热水解、生物骨架添加等物理调理技术，这些技术是环境友好型调理技术，但这些预处理方式的研究较少。

传统的物理调理主要包含两种方式，分别是加热调理和冻融调理。加热调理是指通过加热的方式使调理过程达到一定的温度条件，在此条件下能够改变污泥颗粒的结构，破坏并分解污泥内部的细胞，使亲水性有机胶体物质能够水解，降低水合作用，从而使细胞膜中的内部结合水游离出来，以提高污泥内部水分释放速率，改善污泥的脱水性能。冻融调理是采用低温冻融技术形成一种低温冷冻环境，由于污泥具有一定的凝固点，在此环境下能够将污泥冷冻到凝固点以下，使污泥呈现一种冻结的状态，然后再进行融解，以提高污泥沉淀性能和脱水性能。

李玉瑛和李冰（2012）以城市污水处理厂的剩余污泥为研究对象，采用冻融技术对其进行了物理调理，将剩余污泥在-18℃条件下冷冻不同时长并在室温下解冻，研究了在此冷冻-解冻过程后剩余污泥的性质，结果显示：经过冻融过程后，污泥的沉降速度得到提高，原污泥的沉降速度为 0.002mL/s，冻融后上升至 0.442mL/s。由此可见，污泥的沉降性能在冻融后得到显著提高。同时，冻融后污泥脱水性能也得到了明显的改善，以污泥的溶解性化学需氧量（solluted chemical oxigen deman，SCOD）为指标，污泥的原始 SCOD 为（1075±26）mg/L，冻融后增加至（2458±33）mg/L，SCOD 随着冷冻时间的延长而呈现出增加的态势，除此之外，污泥在-18℃条件下冷冻 13h 后，测得泥饼含固率＞30%，含水率降至 63.8%，证明冻融过程的调理达到了良好的脱水效果。

热调法由于需要外加能量才能达到较好的处理效果，因此采用污泥热调理技术需要较高的费用，经济效益较差；也存在一定的能量浪费情况，适用性较差；而冻融调理技术也具有一定的局限性，会受到地域气候等条件的影响，因此也无法大规模推广使用这两种调理技术。

当下众多科研领域内的学者不断探究新的调理技术，其中以超声波调理和微波调理为主导，也有不少研究者极力探究电渗透脱水技术，除此之外，物理范围内的磁场对污泥性质是否存在一定影响也在不断地研究中。

2.3.1.1　超声波调理

超声波调理是指对污泥施加一定频率的超声波，发生雾化、空化、微结构效应和海绵效应，产生大量空化气泡，这些气泡短时间内破裂，一方面对污泥絮体施加了强大的剪切力，另一方面使污泥系统获得瞬时高温，改变污泥中水分与固体颗粒的结合方式，从而提升污泥的脱水性能。

超声波预处理使得污泥絮体和微生物细胞结构破裂，被束缚的水分释放为自由水，降低了脱水难度，同时还能对后续的干燥过程产生有效影响。超声波预处理的施加频率和施加时间都存在阈值，超过阈值后过高的超声波频率和过长的施加时间都会导致污泥脱水性能恶化。其中的原因可能是超声波频率过高或施加时间过长会导致污泥絮体结构瓦解破碎，破坏了其原有的絮凝性，在此情况下的污泥颗粒粒径偏小，比表面积变大，反而吸附更多的水分，造成污泥脱水性能恶化。

Na 等（2014）以毛细吸水时间（capillary suction time，CST）和过滤比阻力（specific resistance to filtration，SRF）为测定指标来研究经过超声波预处理后污泥的脱水情况。结果表明，在高容量供能 E_v（$>5400kJ/L$）下，污泥絮团分解，由于悬浮固体的溶解作用，CST 和 SRF 显著降低，污泥体积与质量之比和含水量的降低与 E_v 成正比。同时，超声波处理的污泥比未处理的污泥有更有效的能源利用，因为污泥絮体中截留的一些水释放后污泥的可压缩性更大，导致超声波处理后的污泥中生物固体含量高。采用超声波焚烧污泥饼，经济效益高，总处理费用可节省 52% 以上。

Cheng 等（2018）为了提高污泥脱水性能，研究采用超声波-聚丙烯酰胺-稻壳联合调理技术（US-CPAM-RH）。US-CPAM-RH 联合处理污泥后，污泥滤饼的 SRF、污泥过滤时间（TTF）和含水率分别显著降低 90.50%、72.78% 和 32.31%，在 US-CPAM-RH 联合污泥处理过程中，超声空化使絮体轻微崩解，使蛋白质和多糖浓度分别提高 79.26% 和 292.11%。

Mojtaba 等（2018）为有效提高污泥脱水性能，综述了可用的脱水方法，并进行了试验，以检验温度、大气压和高能超声的相对影响。高功率超声方法似乎特别有效，所涉及的机制包括雾化、微观结构效应、空化和海绵效应，这些作用都是为了减小内部和外部阻力。利用超声波强化脱水可以在不加热的情况下实现 60% 总固体物（total solid，TS）水平的干燥，结合超声波、振动、电动力学、真空和适宜的温度可以进一步提高脱水效果。

为了探索超声波调理对污泥脱水的增强作用,对该类技术关键机制的研究也被展开。

孙玉琦和罗阳春(2011)通过研究超声波处理对剩余活性污泥脱水性能的影响,分析了声能密度和超声波处理时间两种因素。结果显示,随着声能密度的增加,污泥颗粒粒径逐渐变小,污泥脱水性能也变差;当超声波处理时间逐渐变长,污泥颗粒粒径同样也随之变小,污泥 CST 呈现出先减小后增大的趋势,并且当超声处理时间为 8s 时 CST 达到最小值 75.7s。因此,无论是声能密度增加抑或是超声波处理时间变长都会降低污泥脱水能力。

王彦莹等(2020)通过研究超声波预处理对市政污泥的影响,以声强及氧化性为测定指标,分析了超声波处理对污泥颗粒粒径、泥饼含水率以及分形维数变化的影响。结果表明,在超声处理量为 100mL、所用功率为 450W、处理时间为 150s 时超声波产生 H_2O_2 的含量最高,也就意味着超声的氧化性最强,同时经超声波处理后,污泥的聚集状态发生明显转变,颗粒粒径逐渐变小,当粒径处于 6~7μm 之间时有益于污泥脱水。

2.3.1.2 微波调理

微波调理是指通过施加频率为 300~300000MHz(波长为 1mm~1m)的电磁波辐射快速加热污泥,破坏微生物细胞结构和污泥絮体,从而达到提高污泥脱水性能的效果。污泥中的水分子具有很强的吸收微波辐射的能力,能够实现有效加热升温。

Ja 等(2002)对一种微波热解污泥的新方法进行研究,结果表明如果仅用微波处理未加工的湿污泥,只会对样品进行干燥。然而,如果将污泥与少量合适的微波吸收剂(如热解过程中产生的半焦)混合,可以高达 900℃ 的温度,这样就可以进行热解而不是干燥,同时比较了微波处理与传统电炉处理的碳质固体残渣特性。与常规加热相比,微波加热在干燥或热解程度相似时可节省更多的时间和能量,污泥的微波处理可使其体积减小 80% 以上。

Wojciechowska(2005)研究了污泥在微波预处理的条件下对自身脱水性能的影响,测定了离心污泥滤饼的过滤阻力、毛细吸力时间和干物质含量,对微波处理后的污泥液进行了质量分析。结果表明,微波处理可改善污泥的脱水性能,污泥的微波处理导致污泥液中有机物含量的增加,如果微波处理后再进行聚电解质处理,这种情况可以减弱。

田禹等(2006)探究了微波辐射时长在 130s 内的预处理对后续污泥沉降情况以及过滤后脱水性能的影响,并以污泥 EPS 组分含量的变化情况及其粒度分布为测定指标来探究污泥脱水的相关机理,同时验证微生物 EPS 组分对改善污泥脱水效果的确定性作用,结果发现,微波辐射预处理在短时间内能破坏污泥内部的稳定结构,从而促使污泥内部水分释放,提高污泥脱水能力。此次试验的最适宜条件为污泥在微波功率为 900W 的情况下辐射 50s,污泥沉降比(SV)能够降低 48%,真空抽滤含水率由原泥直接抽滤的 85% 降为 71%。

周翠红等(2013)从多方位研究了微波加热温度及其升温速率对污泥脱水性能的影

响，结果显示出污水处理厂污泥在经过微波调理过程后，随着微波辐射能量的升高，污泥的黏度、SV 以及含水率在一定程度上降低，脱水后所得上清液中的 COD 含量逐渐增加，当微波加热温度处于 60～80℃之间时脱水效果较好，当温度为 70℃时脱水效果最好，污泥含水率最低，为 83.12%。

2.3.2　化学调理

化学调理是指将一定量的调理剂投加于污泥中，使两者充分混合，并在污泥胶体颗粒的表面发生一系列的化学反应，达到中和污泥颗粒所带电荷的目的，从而破坏污泥内部胶体颗粒，降低内部结构的稳定性，增大颗粒之间的凝聚力，使污泥内部分散开的小颗粒聚集在一起而形成大颗粒,进一步促使污泥内部所含水分从污泥颗粒表面释放出来，从而改善污泥脱水效果。

常见的化学调理方式有酸预处理、碱预处理、氧化剂预处理、惰性材料预处理等。其中，酸预处理是指通过创建酸性环境，改变污泥絮体表面电荷，瓦解污泥中的 EPS 和微生物细胞结构，从而改善污泥脱水性能的预处理方法；碱预处理是指通过添加碱溶液溶解细胞壁及细胞中有机成分，从而提升污泥脱水性能的预处理方式；氧化剂预处理是指通过添加氧化剂氧化分解有机物，促进 EPS 分解释放结合水，从而改善污泥脱水性能的预处理方式，常见的氧化剂有过氧化氢、臭氧和过硫酸盐等；惰性材料预处理是指通过添加多孔惰性材料，使污泥絮体形成骨架结构，大幅度降低污泥的压缩性，保证污泥脱水过程的高孔隙，从而改善污泥脱水性能的预处理方式，常见的材料有石膏、煤灰、水泥窑灰和木屑等。

化学调理法的优点是投资成本较低、操作简单以及调理效果稳定等，在实际中应用广泛。常用的化学调理药剂可分为无机调理剂、有机调理剂和复合调理剂 3 大类，通常还加入一定量的助凝剂，如粉煤灰、酸性白土、硅藻土和石灰等，目的是为了增强污泥絮体的强韧程度和提高化学药剂的混凝效果。

2.3.2.1　无机调理剂

无机调理剂一般适用于污泥的真空过滤和板框过滤，无机调理剂主要起电性中和的作用，所以这类调理剂被称为混凝剂，主要有铁盐、铝盐两类金属盐类混凝剂和聚合氯化铝（poly aluminium chloride，PAC）等无机高分子聚合物。无机调理剂用于污泥脱水可以把含水率降到较低的水平，并且能加强絮体的结构，而且价廉易得，因此应用广泛。但无机调理剂存在投加量大、成本高、对设备有腐蚀等缺点，而且产生的渣量大，受 pH 值的影响较大。经无机调理剂处理后污泥量增加，污泥中无机成分的比例提高，污泥的燃烧值降低，不利于污泥焚烧；而加有机调理剂则与之相反。且无机调理剂对过滤速度的提高不如有机调理剂。

Mei 等 （2013）考察了采用 3 种无机混凝剂[FeCl₃、PAC 和高性能聚合氯化铝（HPAC）]进行化学调理后对污泥脱水性能的影响，通过监测污泥絮体不同层的粒径、动力学黏度（KV）、分维数（DF）和胞外多聚物来探究化学调理条件下污泥脱水性能与理化性质的相关性，结果显示，化学调理后絮体粒径和 DF 均增大，说明调理后形成的污泥絮体更大、更致密，与 PAC 和 HPAC 相比，以 FeCl₃ 为无机调理剂形成的絮体较小但很致密。此外，污泥可脱水性与可溶性胞外聚合物（soloble extracellular polymeric substances，SEPS）、外层胞外聚合物（loosely bound extracellular polymeric substance，LB-EPS）和结合型胞外聚合物（tightly bound extracellular polymeric substance，TB-EPS）浓度变化相关性较好，而与 KV、DF、絮体粒径无关。

Yang 等 （2019）研究了典型污泥性质，以固体浓度、碱度和 SEPS 为指标，考察了无机高分子絮凝剂 PAC 化学调理对活性污泥絮凝-脱水行为的影响及其机理解释，结果显示，固体浓度对 PAC 絮凝的污泥絮体性质有重要影响，在固体浓度较高时絮体结构更加致密，EPS 浓度较低。高浓度 SEPS 与 PAC 絮凝后对污泥脱水性能不利，因为 SEPS 会通过络合作用与羟基铝发生作用，从而增加了混凝剂的使用量。此外，羟基铝的优势形态在高碱度下迅速转化为絮凝活性低的非晶态氢氧化物，污泥调理效率会大大降低。

郦光梅等 （2006）以剩余污泥为研究对象，分别研究了以硫酸铝、氯化铝和氯化铁为例的无机低分子调理剂和有机高分子调理剂对其脱水性能的影响，结果表明，相比于有机高分子调理剂，投加无机低分子调理剂也同样能够达到理想的脱水效果，但所需的调理剂投加量较高；投加无机调理剂更有利于降低污泥比阻，从而提高污泥脱水效率；相对于建材化利用的污泥，无机低分子调理剂的适用性更强，经济成本较低，在达到脱水工艺要求的基础上，可以通过调节污泥成分的比例，一定程度上降低污泥的有机物含量，使之满足建材化利用的要求。

张谊彬等 （2017）为考察投加混凝剂的种类及其相应投加量对生活污泥脱水性能的影响，以污泥比阻、滤液 pH 值、泥饼含水率、滤液浊度及色度为相关测定指标，选用聚氯化铁（PFC）、聚合硫酸铁（PFS）、三氯化铁（FC）及聚合氯化铝（PAC）4 种无机调理剂对污泥进行调理，结果显示，通过增加相关调理剂的投加量，测定得到的所有指标显示有效降低；同时当混凝剂投加量占干污泥含量的 27%时，污泥脱水效果达到最好，除此之外，研究另外得出 4 种无机调理剂对污泥的调理效果由低到高的顺序分别为 PFS＜PAC＜PFC＜FC。

由于无机絮凝剂的用量需求很大，脱水后污泥的产量增多，体积增大，同时也提高了污泥内部无机成分的比例，且易对环境产生二次污染，会增加后续工艺处理处置的投资成本，具有应用范围较窄等局限性，其逐渐呈现出一种被有机调理剂所取代的趋势。

2.3.2.2　有机调理剂

有机调理剂种类繁多，常见的有机调理剂主要有改性淀粉絮凝剂、聚丙烯酰胺

（PAM）及其衍生物、壳聚糖等。以离子型为分类标准可将有机调理剂分为 4 种，分别为阳离子型、阴离子型、阴阳离子型、非离子型。PAM 系列的絮凝剂产品是我国常用的有机调理剂，其通过水解作用可产生阴离子型，以引入基团的方式也可制成阳离子型。相较于无机调理剂，有机调理剂的优点在于渣量少、受 pH 值影响小等，但存在的缺点也很明显，例如溶解难、费用高、脱水效果较差等，因此国内外许多学者都一直在寻找更好的替代品。

对于同一种或者性质相似的污泥，有机调理剂与无机调理剂在达到相同的处理效果的前提下，有机调理剂的投加量比无机调理剂少，在一定程度上节约了成本。倘若污泥的最终处理处置形式多采用焚烧类的方法，与无机调理剂相比，通过投加有机调理剂能够保持污泥泥饼的燃烧热值，为焚烧等此类方法提供便利条件，也能够达到更高的固体回收率。然而，在污泥的最终脱水效果方面有机调理剂不如无机调理剂，投加有机调理剂脱水后泥饼的含水率约为 70%，当其用于污泥干化处理仍然需要消耗大量的热量。因此该方面的研究重点便成为研究新型有机技术以及开发出新型有机药剂以进一步降低脱水后污泥泥饼的含水率。目前，虽然有机调理剂在污泥脱水中的应用逐渐广泛，但其絮凝性能会受到众多因素的影响，常见的因素多为 pH 值、分子量、絮凝剂用量、阴阳离子度以及絮凝剂混合搅拌机的转速等，当有机调理剂投加量较少时污泥难以形成絮团，脱水效果较差；当有机调理剂投加量过大时会产生一定的分散作用，降低污泥絮体的稳定性，也不利于提升污泥脱水能力。因此，需进一步研究和探索有机絮凝剂脱水效果的影响因素及作用机理。

Liang 等（2017）研究了两性三元共聚物聚丙烯酰胺-丙烯酰氧乙基三甲基氯化铵-2-丙烯酰胺-2-甲基丙磺酸（PADA）化学调理对污泥脱水性能的影响，以污泥的粒径、分形维数、表面电荷、EPS 和三价金属离子（Al^{3+} 和 Fe^{3+}）为监测指标，同时利用 Pearson 统计分析了污泥脱水与其理化性质的相关性，结果发现两性聚合物 PADA 显著提高了污泥的脱水性能，调理取得较好效果，PADA 对污泥系统 EPS 的去除和金属离子的富集作用明显。

严子春等（2015）选用两种阴阳离子有机絮凝剂，分别是聚二甲基二烯丙基氯化铵（PDADMAC）和阴离子聚丙烯酰胺（APAM），在不同条件下将其投加至污泥中，以过滤时间、pH 值和絮凝剂浓度为自变量因素，探究阴阳离子有机絮凝剂对污泥的脱水效果。结果发现，絮凝剂 PDADMAC 和 APAM 可以明显提高污泥的脱水性能；该离子型有机高分子絮凝剂能够产生高效絮凝反应的主要机理是吸附架桥作用，为主导作用，电中和起到一定的辅助作用。

近年来，国内外对壳聚糖的研究越来越多，其主要来源于甲壳素，甲壳素是一种天然高分子化合物，在自然界中其含量仅次于纤维素，广泛存在于昆虫和甲壳动物的甲壳中。而壳聚糖是一种甲壳素在遇到强碱或经过酶水解作用从而脱去部分或全部乙酰基而产生的反应产物。

Zemmouri 等（2015）为探究壳聚糖作为环境友好型絮凝剂在城市活性污泥化学调理中的潜在应用，比较了壳聚糖与合成阳离子聚电解质和 $FeCl_3$ 的污泥调理效能，对污泥进行条件试验，分析了毛细管抽吸时间、比过滤阻力、滤饼干固含量和滤液浊度，以确定条件——污泥的可滤性、脱水能力和各调理剂的最佳剂量，结果显示三者均可以改善污泥调理后的脱水性能。

封盛等（2005）通过研究多种有机絮凝剂对污泥脱水性能的影响，主要包括壳聚糖、聚合氯化铝、3 种羧甲基壳聚糖（*N*-羧甲基壳聚糖、*O*-羧甲基壳聚糖和 *N,O*-羧甲基壳聚糖）。试验结果显示，相较于另外 2 种有机絮凝剂，当采用羧甲基壳聚糖作为添加剂的絮凝剂对污泥进行脱水时，能够形成较强的絮体结构，稳定性也较高，污泥脱水效果显著。而在选用的 3 种羧甲基壳聚糖中，*N*-羧甲基壳聚糖最终测点污泥的比阻最低，含水率从原始的 99.1% 降至 73%，达到了较好的脱水效果，污泥体积也大幅度减少，降为原来的 1/30，热值也提高至原来的近 40 倍。

邹鹏等（2005）对三氯化铝、阳离子聚丙烯酰胺（CPAM）、壳聚糖以及 2 种絮凝剂复合对污泥脱水性能的影响进行研究，发现壳聚糖能很好地对污泥进行预调理，其调理效果优于无机的三氯化铝，但却差于阳离子聚丙烯酰胺，且壳聚糖和三氯化铝复合能大大提高污泥的脱水性能。

2.3.2.3 复合调理剂

传统单一型调理剂由于自身的局限性往往很难达到脱水要求，针对污泥成分复杂、处理难度大的特点，充分发挥各类调理剂的不同优势，对调理剂进行合理的复合使用，不仅可以降低污泥调理的综合费用，还可以发挥各种调理剂的优点，提高脱水性能。一般采取将无机调理剂相互复合、有机调理剂相互复合、有机和无机调理剂复合等方法。

Jing 等（2020）选用阳离子表面活性剂十六烷基三甲基溴化铵（CTAB）与 Fenton 试剂结合用于污泥脱水，结果表明，Fenton-CTAB 处理对污泥脱水有显著促进作用，在最佳条件下污泥含水率由 79.0% 降至 66.8%。与阳离子聚丙烯酰胺相比，Fenton-CTAB 体系具有较好的污泥脱水性能。同时也研究了 Fenton-CTAB 调节对 EPS 组成和污泥絮体形态的影响。EPS 分解为一些溶解的有机物，紧密结合的 EPS 中蛋白质的释放，促进了结合水向自由水的转化，进一步降低了污泥饼的含水量。

吴幼权等（2009）首先通过接枝共聚反应将壳聚糖与丙烯酰胺合成一种壳聚糖衍生物（CAM），然后选用一种阳离子聚丙烯酰胺与壳聚糖衍生物复合，由此制备出一种复合调理剂，同时对这种复合调理剂进行了微观结构表征，表征手段为扫描电子显微镜分析（SEM）和红外图谱分析（FTIR），以微观结构为基础探讨了其污泥脱水机理，并以污泥沉降性能、滤液浊度和透光率为考察指标研究了复合絮凝剂用量对污泥脱水的影响。结果发现复合絮凝剂 CAM-CPAM 能够达到良好的污泥脱水效果，当其投加量为 30mg/L 时，污泥沉降速率可达 0.55cm/s，透光率＞85%，滤液浊度＜8NTU，脱水率可达 90% 以上。

林霞亮等（2015）将无机混凝剂（PAFC 和 PAC）与壳聚糖（CTS）复合，以探究这种复合调理剂对污泥脱水效果的影响，试验总体结果为复合调理剂作用于污泥脱水，效果显著，明显优于单一混凝剂调理。黄朋和叶林（2014）以壳聚糖/蒙脱土（CTS/MMT）絮凝剂为复合调理剂用于污泥调理，充分利用 2 种物质的作用机理，分别为 CTS 聚电解质的电中和与架桥作用和 MMT 的吸附作用，以此来改善污泥的脱水性能。

2.3.3　生物调理

生物调理法是通过添加活性物质高效地催化污泥中大分子有机物水解为溶解性小分子的主要过程，在此过程中细胞膜被微生物利用，使污泥细小颗粒聚集成絮体，同时大量释放大分子有机物束缚水，是改善污泥脱水性能的主要方式之一，处理方法主要包括好氧消化、厌氧消化和微生物絮凝处理等。现有生物调理法中，生物酶、微生物絮凝剂和生物淋滤是研究热点。

2.3.3.1　生物酶

生物酶调理是指通过向污泥中添加酶或添加能分泌胞外酶的细菌，催化污泥中蛋白质和多糖等有机物成分降解，使其释放出被大分子有机物束缚的水分，从而改善污泥脱水性能的一种调理方式。常见的生物酶主要包括蛋白酶、纤维素酶、淀粉酶、脂肪酶、溶菌酶等，常见的产酶菌主要有柠檬酸杆菌、芽孢杆菌、不动杆菌和代尔夫特菌等。

Pei 等（2010）采用纤维素酶与蛋白酶处理市政污泥，污泥的 CST 升高、固体含量降低，认为是纤维素酶和蛋白酶破坏了多糖和蛋白质的交联结构，从而使生物絮凝作用减弱，污泥颗粒粒径随之减小，从而使污泥脱水性能恶化。结果表明，分别添加纤维素酶和蛋白酶可以提高微囊藻的 CST 值，蛋白酶的增加值也较大。纤维素酶和蛋白酶都能促进活性污泥法固体中多糖和蛋白质的降解，导致污泥粒径变小，脱水性能变差。然而，由于对多糖和蛋白质含量的影响有限，污泥的脱水性能的差异不大。

曹艾清（2017）研究了复合酶对污泥脱水性能的调理效果，发现在生物酶调理过程中，与酸性纤维素酶、中性纤维素酶和酸性蛋白酶相比，中性蛋白酶和中温 α-淀粉酶更为高效，当中性蛋白酶和中温 α-淀粉酶的投加量分别为 0.1g/g TS、0.15g/g TS 时，EPS 中相应多糖（PS）和蛋白质（PN）含量为最低值 12.1mg/g VSS、170.3mg/g VSS。通过响应曲面法（RSM）给出复合酶调理的优化工艺：污泥经 0.13g/g TS 中温 α-淀粉酶作用 1h 后，再投加 0.16g/g TS 中性蛋白酶作用 4h，EPS 中 PS、PN 组分含量分别为最低值 17.88mg/g VSS、218.72mg/g VSS，但污泥絮体的 Zeta 电位和粒度均有减小，导致脱水性能恶化。

2.3.3.2　微生物絮凝剂

微生物调理是指用微生物细胞体或微生物细胞的提取物和代谢产物对污泥进行调

理，通过絮凝作用改善污泥脱水性能的调理方式，现有研究中微生物调理剂常从污泥中筛选、分离，也有采用酱油曲霉发酵制备的。微生物调理剂具有清洁廉价、投加量小和调理效果好的优点，同时还能净化水体和吸附重金属，但是培养条件相对比较严格，适用范围较窄，一般针对特定工业废水或某类污染物质含量比较高的废水有效。微生物絮凝剂是一类由微生物代谢产生的具有絮凝作用的新型高分子絮凝剂，是一种高效、易生物降解的絮凝剂，具有无毒、无二次污染、污泥絮体密实、可生物降解、对环境无害等优点，但其制备成本较高，且针对性不强，目前将其广泛用于调理污泥还有待考察，微生物絮凝剂的开发与应用已成为国内外重点研究的课题。

尚国元等（2021）结合西部高原高寒地区的区域条件，以堆肥温度和发芽指数作为指标，研究微生物菌剂、常规调理剂以及微生物菌剂与常规调理剂混合对当地污泥堆肥的适应性。结果表明：添加微生物菌剂可使污泥的堆肥温度提高 1.7℃，发芽指数提高17.19%；混合使用可使堆肥温度提高 11℃，发芽指数提高 25.17%。

2.3.3.3 生物淋滤

生物淋滤，也称生物沥滤或生物沥浸，生物沥浸法是指通过投加嗜酸菌进行氧化还原反应和酸化作用，一方面通过溶解其中的重金属化合物，有效地去除污泥中的重金属、消除恶臭和杀灭污泥中的病原菌，另一方面在一定程度上提高污泥脱水性能的调理方式。

宋兴伟和周立祥（2008）研究了生物沥浸处理对城市污泥脱水性能的影响，结果表明，生物沥浸可以显著改善城市污泥的脱水性能，以 Fe^{2+} 和 S^0 为复合底物的生物沥浸处理污泥的脱水效果最佳，经过生物沥浸处理后污泥过滤比阻可以从 $1.83×10^9 s^2/g$ 下降至 $0.39×10^9 s^2/g$，可在不加絮凝剂的情况下直接进行机械压滤脱水。污泥在生物沥浸处理后，随着 pH 值的下降，污泥颗粒 Zeta 电位趋近于零，这可能是污泥脱水性能改善的重要原因之一。

何足道等（2019）分别用生物沥浸法、Fenton 法和石灰法对同一批城市污泥进行调理，对比发现，3 种方法均能大幅提高城市污泥的脱水性能，其中石灰法处理污泥，脱水性能最佳。生物沥浸法脱水泥饼中的有机质和养分能最大程度的保留，且有机质（56.9%）、总氮（TN，4.66%）和总磷含量（TP，1.60%）均远高于石灰法处理，且污泥中重金属也能被部分去除（Cr、Mn、Ni、Zn 溶出率分别 18.7%、50.0%、48.7% 和 72.9%）。3 种方法均能导致污泥微生物裂解，从而释放出更多内部水和胞内物质。

2.3.4 联合调理

物理调理工艺相对复杂，操作困难，反应需消耗大量的能量。化学调理因其简单、高效的特点，仍是目前工程中最广泛应用的调理方法，但由于化学调理剂投加量大，且引入金属离子、氯离子等，存在二次污染的风险，提高后续处理处置的难度和成本，使得更新更环保的调理剂研究十分迫切。生物调理，相对于物理调理和化学调理，具有低成本、低能耗、处理量大等优点，能提高对部分污染物的去除效果，促进有机质分解，改善污泥沉降性能，但生物调理加入絮凝剂很容易造成污泥体积膨胀、后续处理处置过程复杂等问题。

基于上述情况，单独使用物理、化学和生物调理都存在一定的缺陷，近年来出现了联合调理技术，相比于单一的调理方法能取得较好的效果。多种调理法联用可以避免单一调理法带来的缺点，实现较好的协同效果，不仅降低了成本，且对污泥脱水性能的改善也更为显著。

Liu 等（2012）将 Fenton 试剂与骨架构建剂联合使用对污泥进行调理，即 F-S 无机复合调理剂，重点研究了其功效和主要操作参数的优化。结果表明，F-S 复合调理剂是替代传统有机聚合物的一种可行的污泥调理剂，尤其是以普通硅酸盐水泥（OPC）和石灰为骨架的调理剂。试验结果表明，Fenton 反应需要足够的反应时间，特别是本研究中需要 80min 才能降解污泥中的有机物。在单因素试验的基础上，确定了最佳工艺条件，SRF 还原率可达 95%。

Ji 等（2016）考察了微波辐照与酸化复合处理对污泥脱水性能的影响及其机理。结果表明，微波-酸联合处理可有效地提高污泥的脱水性能，如毛细吸水时间由 37.7s 降至 9.2s，束缚水含量由（1.96±0.19）g/g 干污泥降至（0.88±0.24）g/g 干污泥。处理后的污泥表现出更强的流动性和更弱的触变性。加热温度和 pH 值对提高污泥脱水性能均有重要作用。较高的温度有利于污泥崩解，但释放出的聚合物导致 Zeta 电位高度负移，降低了污泥的脱水性能。酸化能够降低负 Zeta 电位，增大絮体粒径，最终改善污泥脱水性能。

韩青青（2016）研究了单独超声波调理、单独絮凝剂调理和超声-絮凝联合调理对城市剩余污泥脱水性能的影响。研究结果表明，单独超声波调理和絮凝调理均可降低污泥含水率，然而超声波与絮凝剂共同作用能进一步提高污泥的脱水性能，且发现超声时间在 10min，声能密度为 0.8W/mL 时污泥脱水性能最佳。

王坤等（2021）利用酸-低热法联合调理城市污泥，探究了不同 pH 值、反应温度（<100℃）、反应时间对污泥脱水性能的影响，研究表明，酸-低热联合处理能够有效地破解污泥中的 EPS，显著降低污泥颗粒之间的静电斥力，有利于剩余污泥的絮凝作用，有效地改善剩余污泥的脱水性能，在最佳处理条件（pH = 3、温度 90℃、加热时间 40min）下，污泥真空脱水初始速率可达 20.67mL/min（以 80g 原泥计），污泥含水率可降低至接近 60%，是一种可行的低能耗污泥脱水方法。

李洋洋等（2021）利用微波耦合 Fe^0/H_2O_2（$MW-Fe^0/H_2O_2$）对城市剩余污泥进行联合调理，探讨了初始 pH 值、反应时间、微波功率、H_2O_2 投加量和 Fe^0 投加量等因素对剩余污泥脱水性能的影响，研究结果表明，$MW-Fe^0/H_2O_2$ 对污泥脱水性能的改善效果远远高于 Fe^0/H_2O_2 对污泥脱水性能的改善效果，当初始 pH 值为 3、反应时间为 150s、微波功率为 400W、H_2O_2 投加量为 90mg/g、Fe^0 投加量为 60mg/g 时，污泥的脱水性能达到最佳。

联合调理技术不仅降低了成本，且对污泥脱水性能的改善更为显著，目前联合调理技术绝大多数还处于研究阶段，应用实例并不多见，今后还需要进一步研究。

第**3**章

城市污泥的
脱水技术

▶ 城市污泥传统脱水技术
▶ 城市污泥强化脱水技术

城市污泥的浓缩技术主要去除的是污泥中的间隙水,经过浓缩后的污泥的含水率(质量百分比)可降为 95%～99%,污泥中的固体仅占 1%～5%,但污泥的体积并未得到实质性的减小。通过城市污泥的调理技术对污泥进行预处理后可以在一定程度上改变污泥的结构,调整污泥胶体粒子的排列状态,克服其间存在的典型排斥作用和水合作用,从而增强污泥胶体粒子的凝聚力并减小其与水的亲和力,增大颗粒粒度,进而改善污泥的沉降性能和脱水性能。

然而,无论城市污泥的浓缩技术或是调理技术均是部分改变了污泥中水分的形式,污泥的含水率的降低极其有限,并无法将污泥中的大部分水分脱除,因此需要通过城市污泥的脱水技术进一步去除污泥中的水分,提高污泥的含固率,使其转化为半固态或固态形式,有利于污泥后续的运输和处理。

本章节将重点对城市污泥脱水处理的传统技术和新技术进行讲解,通过对国内外研究者在污泥脱水处理方面研究得出的成果进行归纳,对不同技术的适用范围、最佳操作条件以及处理优缺点进行对比,以期为污泥脱水处理提供技术参考。

3.1　城市污泥传统脱水技术

城市污泥脱水处理传统技术主要包括污泥的自然干化和机械脱水。自然干化技术是最早应用于污泥脱水的一种工艺,虽然这种工艺简便易行,但是易受天气、时间等因素的影响,脱水难度大且效果不理想。目前还在使用的自然干化工艺主要是利用干化原理经过改良后的类似技术。机械脱水作为传统的污泥脱水技术,因其稳定性强、能量消耗相对较低等优点仍在城市污水处理厂中广泛使用。

3.1.1　城市污泥的自然干化

城市污泥的自然干化方式最初常采用污泥干化场(或称晒泥场),是利用天然的蒸发、渗滤和重力分离等作用使泥水分离,达到脱水的目的。一般工艺流程是选择一片空地、土堤隔离,铺垫碎砂石,利用重力沉降、重力过滤和蒸发等物理方式经过几周的时间除去污泥中 25%左右的水分,操作场景如图 3-1 所示。此工艺实施简单,通过自然干化,污泥的含水率可降低至 75%左右,污泥体积大大缩小,干化后的污泥压成饼状,可以直接运输,但自然干化对天气的要求颇为严格,易受气候、天气、土壤类型和土地价格等因素限制,导致处理周期长、人工花费高且处理过程中会散发恶臭,处理后产生的污水会污染周围土壤和附近水源。

目前城市污泥传统意义上的自然干化技术应用不多,主要应用于处理自来水厂污泥。而实际应用中被广泛使用的自然干化技术均是利用自然干化的原理进行改良,主要包括污泥干化床和冰冻-解冻床。

图 3-1　城市污泥的自然干化场景

3.1.1.1　干化床技术在污泥脱水中的应用

干化床技术是传统污泥自然干化的最初形态，一般情况下，干化床污泥脱水的流程是在下部铺一层砂，也可以在砂下再加一层砾石，污泥进入干化床后通常依靠蒸发、渗透和溢流这 3 种脱水机理来实现其水分的去除。干化床的基本构造如图 3-2 所示。

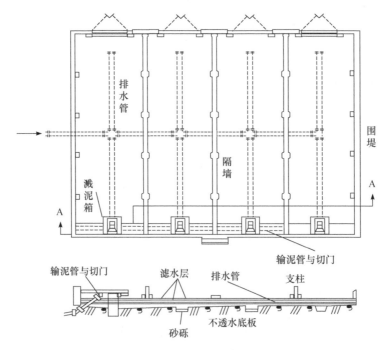

图 3-2　干化床的基本构造

陈成等（2016）以深圳市某污水处理厂的脱水污泥为对象，采用低温干化床对污泥进行二次脱水，研究发现采用低温干化床，将含水率为 76% 的脱水污泥干化至含水率为 40% 的过程中，污泥层厚度、干化温度和翻泥频次是影响干燥速率的主要因素。污泥层厚度越薄，单位面积的处理能力越强，在工程中污泥层最佳铺设厚度宜采用 10cm；温度越高，干燥速率越大，为充分利用太阳能集热器，干化温度宜为 60℃；翻泥可促进污泥水分蒸发，翻泥间隔越长所需能耗越低，但当间隔 6h 时干燥速率最大，间隔 12h 时能耗最低。

张智等（2009）在传统干化床污泥脱水的基础上，将干化床的滤层结构进行了改良，以镇江市征润州污水处理厂含水率为 99.4% 的剩余污泥为研究对象，采用覆膜人工滤层干化床对污泥进行脱水，研究发现覆膜人工滤层干化床对固体物质和细菌的去除率均在 98% 以上，污泥含水率和有机质含量分别降至 85.9%、40%，污泥减容显著，稳定性得到较大改善。

为了更好地实现污泥长期稳定脱水及其他利用价值，国外研究者将水生植物与干化床联用在完成污泥脱水的同时实现了污泥的综合处理，污泥干化芦苇技术是其中应用较为广泛的一种。

污泥干化芦苇技术是将人工湿地技术与污泥干化床技术相结合，湿地植物芦苇可以促进污泥的脱水，将污泥转化为具有农用价值的肥料，将芦苇种植于人工湿地填料层中，污泥间歇分布于湿地表面，污泥中的水分经填料层以及形成的污泥层渗透后，通过位于下层的排水管排出。而污泥中的固体物质被截留在床体表面，通过湿地植物的蒸腾作用和水面蒸发作用进一步脱水。同时，植物可以对污泥中的氮磷等组分有效吸收并转化（孙红杰 等，2013）。

Stefanakis 和 Tsihrintzis（2012）的研究表明经芦苇干化床处理后的污泥减容 95% 以上，最终含固率可达 50%～64%；有机物大量分解，污泥矿化，滤液的化学需氧量也较低。在干化过程中，蒸发作用和排水作用去除的水分占 13%～41%。

Maeseneer（1997）、Kim 和 Smith（1997）对利用芦苇等沼生植物进行污泥脱水的方法进行了阐述，该方法利用芦苇的生长来进行污泥干燥，是一个可持续的系统。其优点是不需要电能也不需要化学物质，污泥固体含量由排出时的 1% 增加到 40%，还可富集过量的重金属；但其缺点是占地面积大，可能引起地下水污染。

孙红杰等（2011）以大连开发区第一污水处理厂含水率为 98.98%～99.47% 的污泥为对象，采用干化床与芦苇床相结合的方式对污泥进行脱水，研究发现具有通风结构的 2 个操作单元的污泥含水率分别可以降低至 65.74% 和 65.28%，不设通风单元的污泥含水率可以降低至 66.63%，设置通风结构较不通风结构的植物对污泥的脱水效果影响略大，但三者差异性并不显著。

3.1.1.2　冰冻-解冻床技术在污泥脱水中的应用

冰冻-解冻床是利用污泥颗粒与冰晶生长过程中高度规则的结构，在没有外力作用时很难容纳其他原子、分子和杂质的特性，使所有水分子在冰冻的过程中聚集、冻结在一起，而在解冻过程中利用分离的原理来实现污泥脱水目的的技术。

通过冰冻-解冻和蒸发后，污泥颗粒粒径变大但依然能保持絮凝状态，即使经强烈搅拌后也不会破碎，污泥体积会下降而含固率上升，若再伴随蒸发作用，则其体积的下降将超过70%，含固率可高达80%。

Kawasaki等（1990）对某污水处理厂的剩余活性污泥进行了不同冻融速率下的冻融试验，研究了污泥絮体密度与固液分离特性的关系。研究结果显示，通过冻结和解冻可以大大改善重力沉降特性，提高絮体的密度；在缓慢冻结条件下，重力沉降后污泥沉积物的固体浓度达到最高。

Hu等（2011）分别对冰冻阶段和解冻阶段污泥脱水性能的变化进行了研究。结果表明，冰冻-解冻处理不仅可以提高污泥脱水性，而且可以溶解污泥基质中的有机物。大部分污泥脱水性的增强是在散装冰冻阶段实现的，处理后的废活性污泥比混合污泥更容易脱水。

通常，冰冻-解冻床法更适合在较寒冷的地带使用，黄玉成等（2008）就在人工模拟自然低温条件下研究了污泥冻融调理的影响因素，通过对不同冰冻条件下脱水性能分析、污泥沉降性能分析、颗粒尺寸比较发现：−6℃条件下冻融，污泥的脱水性能最好，含固率超过10%，经过抽滤含固率可以达到30%以上，泥饼含水率可以达到66%；完全冻结后，继续延长冰冻时间，脱水性能几乎不再改变；在本试验条件下冷冻速率为0.43μm/s时，污泥聚集明显，颗粒团转变为致密形态，沉降速度加快，脱水性能大幅度改善。

谢敏等（2008）通过对净水厂污泥的冰冻-解冻调质的影响因素进行研究，结果发现，污泥过滤后的含固率随冰冻温度的降低、冰冻时间的延长、污泥量的减小而升高。经冰冻-解冻后，污泥可以在不加压的情况下自然过滤。

邓玉梅等（2017）以污泥沉降性能、比阻（specific resistance to filtration，SRF）、分形维数、粒径等作为评价污泥脱水性能的参考指标，研究了冰冻-解冻调质对污水厂活性污泥脱水性能的影响，并对其作用机理进行了探讨。结果显示污泥冰冻调质后，污泥SRF和分形维数均随冰冻时间的延长呈先下降后上升的趋势，而粒径则反之，在−20℃、16~20h时污泥脱水性能较好。

武亚军等（2021）从上海某填埋场取样，设定不同的冷冻温度对污泥进行冻融处理，分析冷冻温度对污泥的SRF和界限含水率的影响，进行冻融联合真空预压小型模型试验，通过与单纯真空预压试验对比，研究不同工况污泥含水率的变化规律，结果表明：冻融处理可以有效降低污泥SRF，从而改善其脱水性能，并在−11℃时达到最优处理效果，经冻融处理的污泥在真空预压试验过程中能够表现出很好的排水固结效果。

3.1.2　城市污泥的机械脱水

目前，城市污泥的机械脱水技术主要包括真空过滤技术、加压过滤技术和离心脱水技术 3 种。机械脱水因其脱水效果好、效率高、处理量大等优点得到越来越广泛的应用。

3.1.2.1　真空过滤技术在污泥脱水中的应用

污泥的真空过滤脱水是利用真空将过滤介质的一侧减压，从而造成介质两侧压差，将污泥水强制滤过介质的污泥脱水方法，其力学原理示意如图 3-3 所示。

真空过滤脱水可分为连续式和间歇式，具有运行周期短、维修费用低的优点，其特点是能够连续生产、运行稳定，但该方法脱水效果一般，限制条件多，操作难度大。因此，该技术通常需要对污泥进行调理后再进行脱水操作。

Wu 等（2003）对明矾污泥在真空过滤中的絮凝强度要求进行了试验研究。通过对明矾污泥的絮体强度分析证实，在污泥过量的情况下，聚合物的加入能够大大增强絮体强度，由此减少了明矾污泥的絮体破碎，改善了

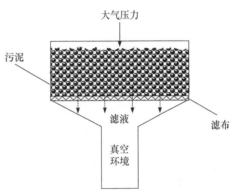

图 3-3　真空过滤脱水力学原理示意

脱水性能，絮体有较小程度的破碎。结果表明，絮体强度为 5.5 是污泥真空过滤的最佳条件，超过 5.5 的絮凝物强度不能提高污泥脱水效率。

南素芳和贾月珠（2003）研究了无机混凝剂 $Al_2(SO_4)_3$、$FeCl_3$、聚合铝以及助凝剂石灰对消化污泥、活性污泥、腐殖污泥的调理效果。研究结果表明在污泥真空过滤脱水中，无机低分子混凝剂优于高分子有机混凝剂，$Al_2(SO_4)_3$ 和 $FeCl_3$ 加药量一般为 10%～15%（以干泥计），聚合铝的加药量为 2%～6%（以干泥计）较宜，若再使用助凝剂 CaO（5%），可以使污泥脱水能力增大约 3 倍。

污泥在真空过滤脱水中，石灰作为助凝剂在脱水速度及脱水效果上都有非常显著的作用。除了絮凝，国内利用真空过滤原理设计设备或装置来降低城市污泥的含水率。

许太明等（2013）采用低温真空干化原理，一次性将含水率为 98% 左右的污泥脱水干化至 30% 以下，并在一套系统内连续完成。该技术在城市污水厂污泥脱水干化项目中具有较大的技术优势，完全可以实现污泥源头的减量化和无害化，最终为其资源化创造条件。

3.1.2.2　加压过滤技术在污泥脱水中的应用

污泥的加压过滤脱水是将高含水率的污泥放置在有多孔过滤介质构成的腔体中，在污泥的一侧施加压力从而在介质两侧形成压力差，利用多孔过滤介质的机械拦截作用实

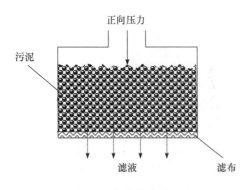

图 3-4 加压过滤脱水力学原理示意

现固液分离的过程，其力学原理示意如图 3-4 所示。

目前，污水处理厂中加压过滤技术应用最多的是板框压滤脱水和带式压滤脱水。

（1）板框压滤脱水

板框压滤脱水是一种间歇性加压过滤设备，其原理是通过机械力将滤板紧合，让水分从滤布侧流出，汇聚到压滤机内的滤液管排出，滞留在过滤室内的污泥随着水分减少，污泥逐渐干化，其结构如图 3-5 所示（李兵 等，2010）。板框压滤设备的优点为占地面积少，脱水率高，可达 75%～80%，适应能力强，稳定性高，应用范围广；但其设备价格昂贵，运行成本高，无法连续操作是该方法最大的缺点。

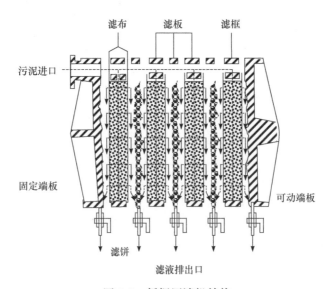

图 3-5 板框压滤机结构

Rao 等（2019）研究提出了一种利用超高压过滤和薄饼压榨耦合微波预处理的新型脱水方法来降低泥饼的含水率。通过单因素试验研究了微波接触时间、微波强度、污泥初始含水率、脱水时间、外加压力和污泥重量对泥饼含水率的影响。研究结果表明，在压力为 12MPa、时间为 60min 的条件下，微波处理后的滤饼含水率最低可达 28%，比未处理污泥的含水率低 12%。厚滤饼的污泥颗粒紧密聚集，内部滤液排放通道的连通性被堵塞，薄饼压榨可用于实现高干脱水。

国内研究者通过设计电极装置或者添加某种物质与污泥共同压滤脱水，从而使污泥的含水率降低，操作简单方便，相对经济且脱水效率高。

甘永平等（2019）设计高压脉冲电解-压滤处理技术的电极和装置，考察了电场强度、机械压力、处理时间对城市污泥脱水性能的影响，城市脱水污泥（含水率 85.6%）以 7.5kV/cm 的电场强度、50kPa 的机械压力联合处理 15min 后，污泥 SRF 下降至 4.47×10^{12}m/kg，减幅为 58.6%；泥饼含水率降低为 57.83%，污泥的深度脱水性能得到显著改善。

戴财胜等（2021）采用污泥调质和机械压滤脱水相结合的方法，研究了半焦添加量和压榨压力对污泥脱水的影响。当半焦添加量为 4g/100mL 污泥（含水 95%），压榨压力为 1.6MPa 时，压滤泥饼的含水率由现行的 80%左右降至 32.19%，同时发现压滤泥饼的热值由原污泥的 7.82MJ/kg 提高到 15.29MJ/kg，可直接代替煤炭燃烧发电。

（2）带式压滤脱水

带式压滤脱水机一次性投资少，污泥负荷波动影响小，出泥含水率较低，工作稳定及管理控制相对简单。为使污泥形成较大絮团，使用中需投加较多的絮凝剂，加药量为 0.5～2.0kg/t DS，污泥回收率高达约 90%。进泥含水率通常在 98%以下，出泥含水率一般在 82%以下。

带式过滤是两条各自首尾相连的滤带，在辊轮的运行中相互挤压，让多余水分通过滤带，完成泥水分离的方法，其结构如图 3-6 所示（李兵 等，2010）。此方法由于其高度的脱水效率、低廉的运行成本、简单的操作方式、简短的运行周期得到了许多污水处理厂和企业的购置和应用。

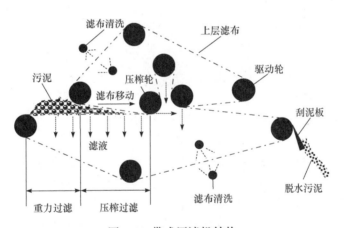

图 3-6　带式压滤机结构

Ayol 等（2010）利用固定化细胞对带式过滤脱水过程中污泥的流变特性进行了研究，结果表明，固定化细胞允许在脱水过程中施加定量的剪切量，较大的剪切量可以使细胞更快速地固定，这一结论与带式压滤机的设计原理相一致。

Cantré 和 Saathoff（2011）根据带式压滤的原理利用压力过滤试验得出土工合成脱水管的设计参数，讨论了压力过滤试验的应用可能性和导出值。对疏浚物和土工织物过滤器的不同组合进行了一系列压力过滤试验，以观察该方法在土工织物管脱水方面的益处和局限性。

Kuosa 和 Kopra（2019）研究开发了一种带有红外监测系统的污泥带式压滤系统，主要通过过滤网的红外透射率和使用光幕对污泥厚度进行测量，结果表明红外透射率尤其对污泥的聚合物含量能够立即做出响应，没有明显的时间延迟，系统运行稳定，故障率低。

孟淮玉（2008）针对带式压榨过滤脱水机理及其主机架优化设计两个主要问题为研究内容，运用压榨过滤理论，推导构建了带式压榨过滤脱水过程二维和三维压榨动力学模型，并结合带式压榨过滤机主机架工作要求，利用有限元对机架进行了模态分析与结构优化设计。

研究带式压榨过滤机脱水机理及对影响带式压榨过滤脱水效率的主要因素等问题，在学习研究的基础上归纳总结了有关压榨过滤理论，为深入开展带式压榨过滤技术的研究奠定了理论基础。

3.1.2.3　离心脱水技术在污泥脱水中的应用

污泥的离心脱水是依靠转子的高速转动，将污泥中密度差不同的固相和液相分离的一种方法，其力学原理示意如图 3-7 所示。这种方法对环境条件要求小，处理效果较好。但是该方法设备购置花费高，运行和维修成本高，因此未被工业化应用。

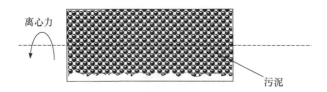

图 3-7　离心脱水力学原理示意

Chu 和 Lee（2011）通过试验研究了阳离子聚电解质絮凝作用下活性污泥中水分的离心分离并采用透明臂悬式离心机对离心过程进行直接观察。研究结果表明污泥絮凝在离心第一阶段会产生显著的沉降效果；与传统离心过滤模型不同，最重要的水分去除在滤液流过湿滤饼阶段。此外，存在最佳转速使水分去除率达到最大值。

Yan 等（2018）用离心法处理污水处理厂和饮用水处理厂混合污泥，研究中设计制作了专用离心管用来提高污泥的脱水性能。研究结果表明残留在污泥中的聚合氯化铝和无机颗粒可以通过电荷中和、吸附架桥、挤压和骨架助剂等方法提高污水处理厂污泥的脱水性。当混合比为 1∶1 且不添加 PAM 时污泥的过滤 SRF 为 $1.27×10^{13}$m/kg，离心脱水后含水率为 62%（Yan et al., 2018）。

Phuong 等（2018）基于离心技术对污泥脱水过程中污泥颗粒和聚合物之间的相互作用进行了研究，结果表明厌氧消化污泥处理过程中所需的大量聚合物主要是由可溶性生物聚合物的中和作用产生的。相比之下，好氧消化污泥和废活性污泥的调节主要由聚合物桥接机制控制。

朱师杰等（2015）对 2 种不同类型脱水机的运行参数进行统计对比。比较发现：离心式脱水机在污泥处置效果、药耗以及环境影响方面均明显优于带式压滤脱水机。工艺运行方面，离心式脱水机的可操控性明显高于带式压滤脱水机，能通过较多的途径来控制外运污泥含水率。

许灿等（2021）为了改善污泥的脱水效果将离心脱水机与重型带式压滤机联合应用于污泥脱水，研究利用离心脱水机产泥率高和出泥稳定，结合带式压滤机出泥含固率相对较高的优点，将一套重型带式压滤机与离心脱水机联合对污泥进行处理。实际运行结果表明污泥脱水效果得到了显著改善，脱水污泥的含水率均可以保持在 73% 以下。

目前，传统的污泥脱水技术虽具有运行方便、技术成熟的优点，但是传统的污泥脱水技术仅能脱除污泥中大部分的自由水和少部分间隙水，并不能脱除表面吸附水以及胞内水，脱水后泥饼含水率仍旧在 80% 左右，不能从根本上解决污泥含水率高的问题，往往需要进行二次深度脱水才能满足后续处理和处置环节对于污泥含水率的要求。

3.2　城市污泥强化脱水技术

城市污泥脱水困难主要与污泥中的水分构成形式有很大关系。污泥中的水被划分为自由水（free water）和结合水（bound water）两大类。自由水不受污泥絮体束缚，可通过浓缩和机械脱水从污泥中分离；而结合水与污泥絮体通过毛细作用力或化学键结合，被束缚于污泥内或污泥絮体之间，难以通过机械脱水分离去除。

污泥中结合水转化为自由水的关键在于破解污泥的絮体结构和破坏微生物的细胞结构。低能量强度的机械破解会引起微生物体、生物聚合物分离以及生物絮体的破裂，该过程可以通过普通机械脱水实现；而仅依靠机械破解要永久地破坏细胞结构则需要较高的能量，传统脱水技术无法满足这一要求（Huo et al., 2014）。

因此，为了使微生物细胞破裂、细胞壁破坏及胞内物质释放，进而达到改善污泥脱水性能的目的，包括化学调理、热、磁、电在内的各种强化工艺得到了广泛的研究和发展。

3.2.1　城市污泥的超声脱水技术

超声波处理污泥主要利用声波的能量，原理是选择一定频率和振幅的超声波，利用其在液体中产生的"空穴"作用，形成极端的物理和力学条件，导致局部高温（5000K）高压（50MPa），同时产生强力喷射形成巨大的水力剪切力，将微生物细胞壁击破，释放出胞内物质，提高污泥处理的效率（Tiehm et al., 2001）。超声波处理作为一种清洁、无二次污染的污泥脱水技术，能有效改善污泥脱水性能并实现污泥减量，在污泥预处理中逐渐受到重视。

早在 1993 年，国外出现有关应用超声波技术处理污泥的研究，发现超声波能促进絮凝过程。此外，超声波的空化效应可以明显改变水中液态和固态物质的特性，超声波产生的热作用和海绵作用能加快固液分离速度，从而提高污泥的脱水效果，超声脱水技术从声学角度分析是利用声波的能量，当一定强度超声波作用于液体时液体会产生空化作用，瞬间产生的高温（5000K）、高压（50MPa）作用能破坏菌胶团结构，提高其脱水性能。

3.2.1.1　单独超声技术在污泥脱水中的应用

超声技术的单独使用主要用来改变污泥结构和提高污泥活性，它能够改变污泥絮体结构，使胞内物质释放出来，增加污泥的可降解性。

同时，超声技术还可以提高污泥的稳定性，未经处理的污泥很不稳定，在放置过程中会产生物理和化学方面的变化，细菌和藻类繁殖快，出现污泥上浮、变黑等现象。高强度的超声波可以杀死污泥中的细菌，消除病毒，分解产生臭气的物质，从而消除臭气的根源，杀死藻类，消除悬浮物，提高化学需氧量（COD）的可溶解性。

另外，超声作用于污泥可以产生"海绵效应"使水分更易从波面传播产生的通道通过，从而使污泥团聚粒径增大，最终沉淀。超声波还可以产生混凝作用，即超声波通过含有微小流体的液体介质时，颗粒与介质一起振动，不同粒径的颗粒碰撞黏合度变大，最终沉淀。

Na 等（2007）以减少污泥为目的，研究了超声处理后消化污泥的脱水性和理化性质，研究包括在处理时间、污泥体积和超声波能量不同试验条件下的试验，这些试验条件加起来可以表示为特定供给能量。研究结果表明，超声处理后污泥的粒径因污泥絮体的分离而减小。同时，从这些结果可以发现由供给能量指定的超声处理不仅可以提高脱水性，还可以减少污泥体积和质量，并改变污泥的化学性质。

刘畅（2011）在通过超声预处理组合技术来改善污水污泥厌氧消化的研究中发现，采用超声预处理组合技术得到的消化污泥降解更充分，生物稳定性更好，消化污泥沉降性能以及脱水性能均有明显改善，益于后续处理。

殷绚等（2005）在使用低温恒温槽作为冷冻设备的基础上，研究了超声波声强及处理时间对污泥结合水的影响，研究结果表明较小声强超声波（<600W/m²）处理较短时间有利于减少污泥的结合水。

3.2.1.2　超声联合其他技术在污泥脱水中的应用

单独超声技术虽然在一定程度上可以改善污泥的脱水性能，但是单独使用超声技术处理污泥的能耗较大，如何降低能耗并提高污泥脱水效率是实现超声脱水技术广泛应用的关键所在。基于此，国内外研究者将超声技术与其他技术联用开展了一系列污泥脱水的研究，以下就最常用的几类联合技术进行阐述。

（1）超声-Fenton 联用技术

超声波辅助 Fenton 处理被描述为通过增强污泥分解和脱水性来促进难降解污染物的排放。研究发现，在破坏污泥结构方面，超声-Fenton 处理比 Fenton 处理具有更明显的优势。这种组合技术发挥了 Fenton 试剂强氧化的益处，并最小化脱水的超声时间，从而提高了污泥的脱水性。

Menon 等（2020）将 Fenton 试剂与游离亚硝酸相结合，并在超声波作用下进行了污泥脱水研究，结果表明，由于超声波的应用，传质的增加提高了污泥的脱水性。此外，污泥滤饼中的金属浸出到处理过的污泥滤液中，污泥可以用作肥料和固体生物质燃料。

台明青等（2021）利用超声波、Fenton 协同聚丙烯酰胺对城市污泥进行处理，以污泥含水量、离心沉降比和毛细吸水时间（capillary suction time，CST）为脱水性能评价指标探讨了污泥脱水性能的改善效果及机理。结果表明，超声波、Fenton 和聚丙烯酰胺 3 因素耦合处理最佳值分别为 126s、0.12mL/mL 和 0.3mg/mL，在该处理条件下，污泥滤饼含水量和离心沉降比分别为（70.5±0.25）%和（23±0.31）%。热重分析结果表明，原污泥经超声波、Fenton 和聚丙烯酰胺耦合处理，污泥失重温度前移而残留量增加，污泥脱水性能得到明显改善。

（2）超声-生物浸提联用技术

鉴于超声波对于污泥颗粒结构具有良好的破坏作用，超声波空化可以促使胞外聚合物（extracellular polymeric substances，EPS）从污泥表面脱落。如超声技术与生物浸提技术联用，与单独的生物浸提处理相比，超声波和生物浸提联合处理更容易破坏细胞。相关研究表明，超声波和生物淋滤联合处理是实现污泥深度脱水的一种实用和经济的技术（Niu et al.，2019）。

Huang 等（2020）采用超声波预处理结合生物淋滤的方法来提高污泥的脱水性能，研究结果表明在最佳条件下，与单一生物浸出工艺相比，超声波和生物浸出联合处理使过滤比电阻和生物浸出时间分别降低了 7.59% 和 12.5%。采用高压过滤系统，组合处理后的泥饼含水率降至 58.04%，比生物浸出污泥低 10.04%。

张慕诗和林珍红（2021）根据市政厌氧污泥脱水需求，首先采用生物沥浸法对市政厌氧污泥进行调理来改变市政厌氧污泥的脱水性，结果表明与传统脱水方法相比联用方法脱水量较大，脱水量可以达到 99%，证明了生物沥浸法联合超声波技术在市政厌氧污泥脱水中具有可行性和良好的前景。

（3）超声-电场与常规机械脱水联用技术

超声-电场与常规机械脱水联用技术基础是超声场、电场和常规机械脱水（真空，压力）的联合。这 3 个场的相对效应取决于水动力及悬浮液的流变学、表面化学和电动特性。在组合的磁场条件下，超声波能量可以通过以下方式辅助电渗透现象：a. 改善水和电极之间的接触；b. 帮助水分通过过滤器；c. 帮助压实滤饼，并通过连续水分路径提供电气连续性，达到最佳水分去除点。

美国巴特尔纪念研究所将超声-电场与常规机械脱水联用技术用于城市污泥脱水处理，结果表明联合技术可以将初始含水率为 95%～98% 的污泥的含水率降低至 38%～45%，超声-电场的应用有助于通过固结滤饼和水来实现电渗（Mahmoud et al.，2013）。

3.2.2　城市污泥的热水解脱水技术

污泥的热水解脱水技术是指在一定的压力下，将污泥加热至中等温度（＜100℃）或220℃及以上的高温，并持续数分钟或数小时，经过热处理，污泥的结构可以得到破坏，污泥中的生物絮体被破解，污泥的溶解性提高，污泥中的细菌发生水解，细胞内的物质和水分得到释放。近年来，城市污泥的热水解脱水技术被证明可在实现污泥脱水的同时实现能源的回收和营养回收/再循环，有望成为一种可持续发展的处理技术。

3.2.2.1　单独热水解处理技术在污泥脱水中的应用

目前，在污泥脱水中应用最多的两类单独热液处理技术是热水解和水热碳化。

（1）污泥热水解技术

污泥热水解过程（也称水热过程）是通过在密闭体系里对污泥加热，在一定压力与温度条件下发生一系列的物理化学变化的过程。细胞破裂，结构被破坏，胞内的结合水被释放，成为更加容易和污泥颗粒进行分离的自由水。加热温度可以是 40～220℃，一般将温度低于100℃，常压下进行的称为低温热水解；温度高于100℃，密闭的高压容器内进行的称为高温热水解。

热水解技术最早于 1939 年在国外得到应用，相关的文献报道集中在二十世纪六七十年代，具体技术发展如表 3-1 所列（徐琼，2018）。国内相关研究较晚，起步于清华大学王伟等，在 2008 年与北京健坤伟华新能源科技有限公司合作，在东莞市区污水厂建立日处理 30t/d 的污泥水热干化示范工程，工业级应用尚未报道。

表 3-1　污泥热水解技术工艺的发展

初次应用	工艺名称	技术特点
1939 年，英国	Porteous 工艺	污泥 185℃热水解，提高污泥消化效率
1954 年，英国	Zimpro 工艺	250℃湿式氧化工艺
20 世纪 70 年代，英国	LPO 工艺	200℃以下低压氧化，改善脱水性能
20 世纪 80 年代，美国	Symox 工艺	加碱热水解，100℃以下
20 世纪 90 年代，美国	Protox 工艺	加酸热水解，100℃以下
20 世纪 90 年代末，美国	RTC 工艺	高压蒸汽快速升温，200～220℃
1997 年，挪威	Cambi 工艺	水热改性+厌氧消化，消化率 60%

Li 等（2017）的研究结果表明水热温度是污泥脱水性能改善的主要原因，而反应时间影响较小。与单纯水热预处理相比，$Ca(OH)_2$ 的加入使预处理污泥在后续处理中机械脱水性能更好，pH 值越高，污泥的脱水性能越好。水热温度和反应时间的最佳条件为 180℃、30min 和 160℃、60min。随着温度的升高，污泥的脱水性能得到改善，但预处理

时间的影响不显著。

污泥的水分分布、粒度分布以及表观结构和化学结构被认为是控制剩余污泥脱水性的关键因素,对污泥中水分分布的定量分析主要基于固体颗粒表面附近水的物理性质(不同于散装水的物理性质),以及污泥颗粒表面对水结构的影响随着彼此之间距离的减小而增加。

Wang 等(2017)研究发现水热效应可以通过降低相邻水和固体颗粒之间的结合强度,诱导表面水转变为间隙水和自由水,并且当温度高于 180℃时,自由水成为水热污泥中水分存在的主要形式。水热处理使絮凝尺寸减小,但是处理后的污泥具有更高的刚性、更少的挥发物、更少的负电荷和更低的亲水性,这导致水热处理污泥显示出比原始污泥更强的网络强度,同时它们与水的结合被显著破坏,进而脱出污泥中大量的水,改善了污泥的脱水性。数据显示水热温度为 210℃,水热处理 90min 后污泥中生成大量溶解性有机质,同时污泥的疏水性提升 17%,污泥对水的束缚减弱,脱水性能得到提高。

污泥热水解预处理在改善污泥有机质溶解性能及水解性能的同时,也改变了污泥中固体颗粒与水分的结合形态,促使大量被束缚在污泥微生物细胞内部的结合水以及吸附于细胞表面的水分释放出来变成自由水,进而改善了污泥的沉降性能和脱水性能(尹娟 等,2016),由此国内展开关于热水解对污泥性质影响的研究,通过分析得到了相关结论。

王治军和王伟(2005)通过对热水解预处理对剩余污泥性质的影响研究,发现污泥热水解时经历溶解和水解两个过程,污泥固体溶解率和有机物水解程度随着热水解温度的升高和时间的延长而提高,混合泥中的真菌、细菌、原生动物、后生动物以及一些颗粒状蛋白质、粗纤维在 170℃、30min 的热水解条件下溶解,细胞被破坏,无完整的细胞结构,一些微生物的细胞壁、细胞膜及细胞质中含有的丰富蛋白质被转化。

赵培涛(2014)通过研究水热温度以及水热停留时间对污泥脱水性能的影响时发现,当水热反应温度高于 200℃、反应时间大于 30min 后,提高温度及延长时间对污泥脱水性能的改善并不明显。并且温度越高,时间越长,水热过程消耗的能量越高,且固体燃料的回收率也会有所降低,结果发现最佳水热反应温度为 200℃,最佳水热停留时间在30~60min 之间,30min 后污泥机械脱水泥饼含水率可以降至 50%,不仅降低了水热过程中的能量消耗,而且获得了较好的脱水性能。

除了直接探索热水解对污泥脱水性能的影响,国内研究人员还从侧面探究热水解对污泥其他性质的影响,进而大致了解其对污泥脱水的影响。

尹娟和伍健威(2016)通过研究热水解温度和时间对脱水污泥热水解前后沉降性能和黏度的影响,发现污泥沉降性能随时间延长而提高,污泥黏度随温度升高而下降。当反应时间<15min 时,污泥热水解前后沉降性能相近;当反应时间>15min 时,污泥的沉降性能显著提高。在热水解反应时间为 10~25min 及热水解反应温度 100~160℃的条件下,热水解前后污泥 pH 值、氧化还原电位、碱度浓度均变化不大。在热水解预处理过程中,由于污泥细胞内部水的形式的改变,不仅改善了污泥的沉降性能,还改善了污泥的脱水性能。

（2）污泥水热碳化技术

污泥水热碳化过程是以生产焦炭为目标产物，将水与生物质按一定比例混合，在一定的温度（180～250℃）和压力（1.4～27.6MPa）条件下处理4～24h，通常在惰性气体氛围下进行。污泥水热碳化的反应路径如图3-8所示。

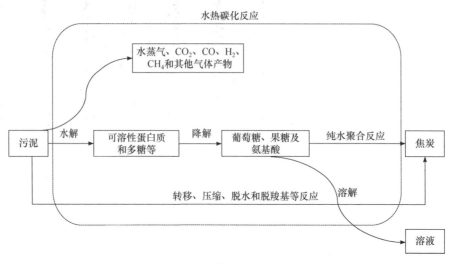

图3-8　污泥水热碳化的反应路径

污泥水热碳化技术被证实为一种无需提前干燥含水生物质便可提高其能量的有效方法，同时水热不仅能脱除污泥中的氮硫化合物，还能固定重金属，降低污泥焚烧处置中污染物的排放。

国外研究学者通过探究污泥中大分子对脱水的影响来从根本上改善污泥的脱水性能。Wang 和 Li（2015）通过分析水热污泥的固体和液体产物的物理化学性质，发现较苛刻的水热处理条件（温度120～210℃和停留时间10～90min）导致更多的水分被去除（水分去除率由 7.44%增加到 96.64%），且水热处理越强，第三固结阶段在除水中的作用越小。水热处理主要是脱挥发分过程，水热污泥的氢碳比和氧碳比的变化表明脱水是主要的反应机理，脱羧仅在较高温度下发生。经过水热处理的污泥性质发生较大改变，污泥颗粒的表面电荷、粒径以及滤液中的蛋白质含量是影响污泥脱水性能的关键。

Eyser 等（2015）在通过对污泥水热碳化前后的药物残留情况以及污泥水热碳化对污泥脱水性的影响的研究中发现高温超导运行时间 1h 不足以提高脱水性，3h 或 6h 的较长运行时间能够进行水解反应，这增加了随后的脱水量。由此水热碳化被证明是污水污泥的一种转化过程，对于超过 1h 的反应大大增强了其脱水性。

国内关于污泥的水热碳化也有相关研究，王定美等（2014）采用三因素三水平 Box-Behnken 试验设计拟合响应模型，研究了水热温度（150～250℃）、含固率（5%～15%）、反应时间（2～6h）与污泥水热碳化工艺中碳氮固定率的关系，研究显示，3 个因素对碳固定率的显著影响大小依次为水热温度＞含固率＞反应时间，而降低水热温度是获得较高氮固定率的关键。

污泥水热处理在加热时，微生物絮体打散，细胞完全破裂，其中的有机物水解，黏性的污泥固体颗粒对水的束缚作用明显降低，污泥中的水分特征从根本上改变，污泥的脱水性能由此提高。

荀锐等（2009）采用差示扫描量热法（different scanning calorimeter，DSC）考察了水热改性污泥束缚水含量及水热改性影响下的污泥固体颗粒对水的束缚强度，分析了水热改性污泥的水分布特征与脱水性能变化的关系，结果表明在水热处理条件为 170℃、90min 时束缚水含量降低至 0.592g/g。水热处理作用下自由水、束缚水及固体含量发生变化，污泥中大部分的束缚水变为可被机械力去除的自由水，在 170℃下进行水热改性，污泥含水率从 80%降低至 50%左右。

3.2.2.2　热水解处理联合其他技术在污泥脱水中的应用

（1）热水解联合低温水解技术

污泥在温度低于 100℃下的水解称为低温水解，细胞膜和蛋白质等物质被破坏，有机物溶解，进而改变污泥的流变性能，使机械脱水过程更加高效。

Ruiz-Hernando 等（2015）通过对污泥在 60℃、70℃、80℃、90℃、100℃条件进行低温水解，得出污泥 CST 在低热环境下增加，在高热环境下减少的结论，表明热处理使有机物溶解进而改变污泥的流变性能。然而，即使在低温下，通过离心去除的水也有所增加。

宋宪强等（2019）以城市污泥为研究对象进行低温水热处理，对不同温度（130℃、160℃、190℃、220℃和250℃）处理生成的固体及液体产物的各项物理化学指标进行测定，探讨了水热污泥的理化性质与脱水性能的改善情况。结果表明水热污泥的 EPS 含量与其脱水性能有很强的相关性，在较低反应温度（<160℃）下，EPS 含量增大会降低污泥的脱水能力；当反应温度为 190℃及以上时 EPS 发生降解，显著改善了污泥的表面特性，使得水热污泥的脱水能力有较大的提升。

李帅帅等（2021）通过探究鼠李糖脂以及低温热水解预处理污泥厌氧发酵过程对污泥脱水性能的改变发现，在厌氧发酵之前污泥经过预处理后脱水性能都变差，在厌氧发酵后基质污泥脱水性能变差，而低温热水解污泥脱水性能有所改善。

（2）热水解联合酸碱法

热碱/酸水解是在热水解的基础上添加 KOH、Ca(OH)$_2$、H$_2$SO$_4$ 等碱性物质或酸性物质来有效溶解污泥中一些有机成分的方法。该类方法不仅能够抑制细胞活性，还会溶解细胞壁，从而释放出细胞内的大分子有机物质，提高了热水解的效率，在更短时间或者更低温度便可达到热水解的处理效果。

常规脱水工艺只能去除未附着在污泥固体上的自由水和一部分截留在絮凝物缝隙和间隙中的间隙水。然而联合酸碱法时，污泥样品的酸碱度增加，细菌表面的负电荷越来越多。较高的静电排斥力导致部分 EPS 的解吸，释放出污泥中的有机成分，从而影响污泥的脱水性能。

为提高污泥的脱水性能，Guan 等（2012）在低温（50～90℃）下用 $CaCl_2$ 处理污泥，采用毛细管抽吸时间、Zeta 电位、傅里叶变换红外光谱、可溶性蛋白和碳水化合物浓度等表征脱水性能及其影响机理。结果表明单独水热处理使污泥的脱水性能恶化，使得 CST 增加 3 倍；$CaCl_2$ 溶液可显著提高污泥脱水性能，联合热处理可进一步提高污泥脱水性能；在 $CaCl_2$ 溶液中进行热处理，CST 从原始污泥的 239s 降至 20.8s，成功地提高了污泥的脱水性能。

Neyens 等（2003b）通过研究 NaOH、KOH、$Ca(OH)_2$ 以及 $Mg(OH)_2$ 在水热处理过程中对浓缩污泥脱水性能的变化时发现，用 $Ca(OH)_2$ 进行碱水解能有效减少剩余污泥量，提高脱水性能。在 100℃ 的温度下完全达到目标；在 pH≈10 和 60min 的反应条件下，所有的病原体都被杀死。在最佳条件下，机械脱水速率增加，待脱水的干固体量减少到初始未处理量的 60%。

袁园和杨海真（2003）在探讨酸处理对污泥脱水性能的影响时发现，在最优加酸量时污泥的 pH 值在 2.0～2.5 之间，这与活性污泥的等电点十分接近。加酸后污泥絮体处于酸性环境中，其表面电荷性质必然发生变化，H^+ 浓度的增加起到了电性中和的作用，污泥絮体表面电荷减弱甚至消失，胶体的分散稳定状态被打破，絮体间必然发生聚集。

李洋洋等（2011）在考察不同水解温度、加碱量以及反应时间对剩余污泥的强化脱水效果时发现，碱的加入可以降低污泥热水解的温度，当热水解温度为 160℃ 时，污泥脱水后含水率为 67%，经 NaOH 辅助处理后只需 120℃ 即可达到同等效果，而投加 $Ca(OH)_2$ 预处理后则只需 80℃。在相同的热水解温度和处理时间条件下，碱辅助处理后脱水泥饼含水率同比可以降低 6%～11%。

（3）水热法联合高级氧化技术

采用水热法联合高级氧化技术对污泥进行深度脱水，水热反应有利于污泥颗粒的分解，高温高压条件下污泥 EPS 水解，加入氧化剂可促进污泥 EPS 絮体结构进一步降解。

Jing 等（2019）利用高锰酸钾改善污泥脱水性能，催化生物质热解制备多功能铁锰生物炭，并应用于含复合污染物（砷和有机物）的地下水处理。高锰酸钾的氧化特性和原位生成的铁（Ⅲ）的絮凝能力相结合，有效地提高了污泥的脱水性能。

窦昱昊（2020）通过水热联合高级氧化预处理的研究发现，水热法是污泥脱水性能改善的最主要因素，高级氧化技术起辅助作用，水热促进了活性自由基的生成，$FeSO_4/Ca(ClO)_2$ 协同水热预处理方法中，当水热温度为 180℃，$FeSO_4/Ca(ClO)_2$ 摩尔比为 1.25，$Ca(ClO)_2$ 添加量为 0.04g/g DS 时，污泥过滤性能提高 98% 左右，脱水速率提升 62.02% 左右，污泥机械脱水泥饼含水率降低到 51.72%。

3.2.3　城市污泥的化学强氧化脱水技术

强氧化技术主要是在强氧化作用下，通过破坏污泥颗粒的有机结构，达到释放结合水的效果。目前常用的化学强化脱水技术有强氧化和化学絮凝技术，其中强氧化技术有芬顿（Fenton）氧化技术、过硫酸盐氧化技术和过氧化钙氧化技术。

3.2.3.1　强氧化技术在污泥脱水中的应用

（1）芬顿氧化技术

芬顿氧化技术是利用芬顿试剂强氧化性的一种污泥脱水技术，芬顿试剂是一种 H_2O_2 及 Fe^{2+} 的混合物，由芬顿于 19 世纪 90 年代发明，早期被用于氧化降解土壤和水中的有机物，起氧化作用的组分主要是 Fe^{2+} 激发催化 H_2O_2 分解成高活性的 ·OH，而 ·OH 的生成过程涉及一系列复杂的反应（Neyens et al.，2003c；Taylor et al.，2004）：

链起始反应：$Fe^{2+}+H_2O_2 \longrightarrow Fe^{3+}+\cdot OH+OH^-$　　　$k_1 \approx 70 mol/(L \cdot s)$　　　　（3-1）

链终止反应：$\cdot OH+Fe^{2+} \longrightarrow OH^-+Fe^{3+}$　　　$k_2 = 3.2 \times 10^8 mol/(L \cdot s)$　　　（3-2）

此外，反应生成的 Fe^{3+} 会催化 H_2O_2 分解成 H_2O 和 O_2，即所谓"类芬顿反应"。这个过程中仍然有 Fe^{2+} 和 ·OH 的生成：

$$Fe^{3+}+H_2O_2 \rightleftharpoons Fe—OOH^{2+}+H^+ \qquad k_3 = 0.001 \sim 0.01 mol/(L \cdot s) \qquad (3\text{-}3)$$

$$Fe—OOH^{2+} \longrightarrow HO_2 \cdot +Fe^{2+} \qquad\qquad\qquad (3\text{-}4)$$

$$Fe^{2+}+HO_2^\bullet \longrightarrow Fe^{3+}+HO_2^- \qquad k_4 = 1.3 \times 10^6 mol/(L \cdot s)（pH = 3） \qquad (3\text{-}5)$$

$$Fe^{3+}+HO_2^\bullet \longrightarrow Fe^{2+}+O_2+H^+ \qquad k_5 = 1.2 \times 10^6 mol/(L \cdot s)（pH = 3） \qquad (3\text{-}6)$$

$$\cdot OH+H_2O_2 \longrightarrow H_2O+HO_2^\bullet \qquad k_6 = 3.3 \times 10^7 mol/(L \cdot s) \qquad (3\text{-}7)$$

从反应式（3-1）到应式（3-7）可以看出，H_2O_2 既是 ·OH 的产生者又是消耗者。由于 $k_6 = 3.3 \times 10^7 mol/(L \cdot s)$，而 $k_2 = 3.2 \times 10^8 mol/(L \cdot s)$，所以当 RH（有机物）/$H_2O_2$ 比值较高时，反应式（3-7）只是一个副反应。

·OH 能与芳环或杂环（以及不饱和烯烃或炔烃）碳链发生反应。·OH 还能通过吸引质子产生 R· 来氧化有机物：

$$RH+\cdot OH \longrightarrow H_2O+R \cdot \longrightarrow 深度氧化 \qquad (3\text{-}8)$$

如果反应物的浓度没有限制，有机物可以完全被降解成 H_2O、CO_2、无机盐。反应式（3-8）中生成的 R· 可能被 Fe^{3+} 氧化：

$$R \cdot +Fe^{3+} \longrightarrow R^++Fe^{2+} \qquad (3\text{-}9)$$

反应式（3-1）、式（3-2）、式（3-8）、式（3-9）构成了芬顿反应链，Pere 等（1993）指出，芬顿反应可能引起污泥絮体表面 EPS 的部分氧化和重组。

近年来，国内外学者致力于研究芬顿氧化调理污泥技术作用机理的同时，也进行了大规模的探索试验，以期利用该技术取得较好的脱水效果。

Lu 等（2003）通过采用比电阻、水分和元素分析来评价应用芬顿体系（Fe^{2+}/H_2O_2 和 Fe^{3+}/H_2O_2）对处理剩余污泥时过滤和脱水效率影响，结果表明，芬顿试剂 Fe^{2+}/H_2O_2 比其他工艺具有更高的脱水效率。经芬顿试剂处理的泥饼的含水率为 75.2%，经其他工艺处理的污泥饼的含水率约为 85%，芬顿试剂增加污泥脱水性的机理可能是细胞的破坏导致细胞间物质的释放。

Tony 等（2009）通过研究使用芬顿试剂（Fe^{2+}/H_2O_2）和含过渡金属铜（Ⅱ）、锌（Ⅱ）、钴（Ⅱ）和锰（Ⅱ）的类芬顿试剂对明矾污泥进行调理以提高其脱水性能时发现在芬顿试剂和类芬顿试剂中，芬顿试剂对明矾污泥的调理效果最好。Cu^{2+}、Co^{2+}、Zn^{2+} 和 Mn^{2+} 作为 Fe^{2+} 的替代品对明矾污泥脱水性能的影响不及 Fe^{2+} 的影响大。

李娟等（2009）利用 Fenton 试剂的强氧化性破解剩余污泥中的 EPS，结果表明 Fenton 氧化对活性污泥中 EPS 的破解受体系 pH 值、反应时间、H_2O_2 和 Fe^{2+} 的投加量以及反应温度等条件的影响，污泥破解的适宜条件为：pH = 2.5，反应时间 90min，$H_2O_2/Fe^{2+} = 8:1$，温度 65～70℃。该条件下 SCOD、多聚糖和蛋白质浓度均有明显的升高，污泥颗粒粒径明显减小，比表面积增大，均匀性提高。Fenton 氧化增加了污泥颗粒的均匀性和无机化程度，有利于改善污泥的脱水性能，便于后续污泥的减量化和资源化。

何东芹（2017）发现通过优化 Fenton 反应改进 Fenton 反应的铁源，可以促进污泥 EPS 的分解及污泥絮体的沉降，降低污泥含水率并加快污泥过滤速度；同时，利用能加强 Fe^{2+} 和 Fe^{3+} 循环的还原剂，强化污染物的降解效率和速率。结果发现 Fe^{3+} 能促进污泥絮体的絮凝，从而在提高污泥脱水过滤速度的同时降低污泥含水率。

（2）过硫酸盐氧化技术

过硫酸盐（简称 $S_2O_8^{2-}$）为一种强氧化剂，其氧化还原电位为 2.01V。过硫酸盐应用于环境污染治理，是近年来兴起的以 $SO_4^- \cdot$ 为主要活性物质的一类新型高级氧化技术。

$S_2O_8^{2-}$ 在一般条件下相对较稳定，单独使用对有机物质的降解效果不大明显，但通过加热、紫外线照射或投加过渡金属等方法进行活化后能产生 $SO_4^- \cdot$，如式（3-10）所示。

$$S_2O_8^{2-} \xrightarrow{\ Fe^{2+}、加热、紫外线等\ } SO_4^- + SO^- + SO_4^{2-} \cdot \qquad (3\text{-}10)$$

在 $SO_4^- \cdot$ 生成过程中，其氧化还原电位维持在 2.01V，如式（3-11）所示。

$$S_2O_8^{2-} + 2e^- \longrightarrow 2SO_4^{2-} \cdot \quad E^0 = 2.01V \qquad (3\text{-}11)$$

$SO_4^- \cdot$ 对有机物质的氧化原理与 $\cdot OH$ 氧化有机物质的原理类似，但与 $\cdot OH$ 不同的是，$SO_4^- \cdot$ 会优先参与电子转移反应，如式（3-12）所示。

$$SO_4^- \cdot + e^- \longrightarrow SO_4^{2-} \quad E^0 = 2.60V \qquad (3\text{-}12)$$

在 $SO_4^- \cdot$ 转化为 SO_4^{2-} 的过程中，其氧化还原电位维持在 2.60V，与 Fenton 反应生成羟基自由基（$\cdot OH$）时的氧化还原电位（2.70V）相近，产生相近的氧化性（Oh et al.，2009；Yan et al.，2011）。同时，$SO_4^- \cdot$ 与 $\cdot OH$ 相比具有更高的稳定性，并且在中性 pH 条件下 $SO_4^- \cdot$ 具有较高的还原电位，而在酸性 pH 条件下与 $\cdot OH$ 相比也具有更好的氧化选择性，能够更有效地降解难降解的有机物（Romero et al.，2010）。

由于活化硫酸盐具有高溶解性、强氧化性、较宽的 pH 值适用范围和低消耗率，基于 $SO_4^- \cdot$ 的高级氧化方法常被作为原位化学氧化技术用于降解取出水中或沉淀物中的污染物（Johnson et al.，2008；Yen et al.，2011），而在污泥预处理方面也有学者进行了探索研究。

Zhen 等（2012b）使用 Fe^{2+} 对过硫酸盐进行活化后用于改善污泥的脱水性能，研究发现，在 pH = 3.0～8.5 的条件下，当 Fe^{2+} 的投加量为 46mg/g DS，过硫酸钠的投加量为 156mg/g DS 时，污泥的 CST 在 1min 内降低率达到 80%～88.8%，原因是过硫酸盐氧化降解了污泥中的可溶性 EPS，使污泥絮体破裂，导致细胞内水分释放，进而提高了污泥的脱水性。

Oncu 等（2015）、唐海等（2015）同样也采用 Fe^{2+} 活化过硫酸盐对污泥进行了预处理的研究，结果表明该方法对改善污泥的脱水性能有显著效果。证实了在 $SO_4^-\cdot$ 作用下，污泥菌胶团结构破坏，溶胞释放了有机物，使表观疏水性更强，与水结合力明显减弱，脱水性得到了较大提高，有利于污泥减量化应用。

张维宁等（2017）考察了具有强氧化性质的 $K_2S_2O_8$ 试剂对污泥重金属 Pb、Zn、Cu、Cd 的去除、脱水表现以及处理前后污泥性质的变化影响。结果表明在初始 pH 值为 2.0、反应时间 1h、温度 25℃、投加 1.34g/g SS 的 $K_2S_2O_8$ 时，可改善污泥的脱水性能。其中，滤饼含水率可由 82.6%降至 74.8%。

刘军等（2017）通过研究 Fe^{2+} 活化过硫酸盐[Fe（Ⅱ）-PMS]对剩余污泥脱水性能的影响及其作用机理。以 CST、SRF 和污泥滤饼含水率作为评价污泥脱水性能的主要指标，考察了初始 pH 值、Fe^{2+}/HSO_5^- 摩尔比以及 PMS 用量对污泥脱水性能的影响。结果表明，Fe（Ⅱ）-PMS 能有效破解污泥和提高污泥的脱水性能。在最佳调理条件下，能实现 90% 的 CST 降低率、97%的 SRF 降低率和 64%的滤饼含水率。

（3）过氧化钙氧化技术

过氧化钙（CaO_2）氧化是近年来发展起来的一类新型高级氧化技术，主要被应用于受有机污染土壤和地下水的原位修复（Huang et al.，2012；Ndjou'ou et al.，2006）。

CaO_2 是一种安全的固体无机化合物，它可以被认为是固体形式的 H_2O_2。在自然状态下，CaO_2 溶解在水中可以在可控速率下产生 O_2 和 H_2O_2 而具有强氧化性，反应式（3-13）和式（3-14）所示：

$$CaO_2+2H_2O \longrightarrow Ca(OH)_2+H_2O_2 \qquad （3-13）$$

$$2CaO_2+2H_2O \longrightarrow 2Ca(OH)_2+O_2\uparrow \qquad （3-14）$$

其中 H_2O_2 的释放可以通过调节 pH 值改变 CaO_2 的溶出速率来控制，因此 CaO_2 具有比 H_2O_2 更稳定的氧化性（Northup et al.，2008）；除此之外，反应产生的 Ca^{2+} 可以充当絮凝剂（Higgins et al.，1997），而 $Ca(OH)_2$ 产生的碱性作用会促进有机物的水解（Zhu et al.，2013）；CaO_2 还可以起到漂白、杀菌和除臭的作用。近年来，部分学者对 CaO_2 用于污泥处理的可行性进行了初步探索。

Zhang 等（2015）使用 CaO_2 用于污泥中的环境内分泌干扰物（雌激素酮、17β-雌二醇、雌三醇、双酚 A、4-壬基酚）的去除，评价了过氧化钙处理对污泥溶解和厌氧消化的影响。研究发现 CaO_2 在 pH 值为 2～12 的范围内对环境内分泌干扰物都有较强的去除率；同时，在 CaO_2 投加量为 0.34g/g TS 时处理 7d 后污泥中的 VSS 降解率提高了 27%，STOC 增加了 25%，可以显著改善污泥的溶解性能。

Wu 和 Chai（2016）研究发现 Fe（Ⅱ）活化的 CaO_2 具有稳定生成氢氧化物的独特能力和调节释放的氢氧化物与含水有机物的高反应效率，对污泥的脱水有很好的效果。使用 Fe（Ⅱ）活化 CaO_2 用于改善污泥的脱水性能，在初始 pH 值为 2、Fe（Ⅱ）的投加量为 0.625mmol/g DS、CaO_2 投加量为 20mg/g TSS 时，污泥的 SRF 达到最低，为

$1.28×10^{13}$m/kg，脱水泥饼的含水率由98.3%降至最低的86.31%；与$FeSO_4$联合使用后，污泥的脱水性能得到了进一步改善。

白润英等（2017）采用CaO_2对活性污泥进行预处理，深入分析了调理过程中污泥过滤脱水性能、絮体结构以及反应动力学的变化特性，探讨了Fe^{2+}协同CaO_2处理对污泥特性的影响。结果表明：当CaO_2投加量（以TSS计）为20mg/g时，污泥的过滤脱水效果达到最佳。此外，Fe^{2+}和CaO_2协同处理可以进一步强化污泥中大分子有机物的裂解释放，反应过程中形成的铁离子通过絮凝作用可以实现污泥絮体结构的重建，从而改善污泥过滤脱水性能。

徐文迪等（2018）通过分析CaO_2释放H_2O_2与pH值间的关系，并且对污泥的缓冲性能进行测定确定了最佳氧化反应时间以及CaO_2与Fe^{2+}的最佳添加量，并探讨了其对污泥特性的影响。结果表明当污泥pH值约为6.5、反应时间为90min、CaO_2和Fe^{2+}的投加量分别为20mg/g和30mmol/L时，污泥过滤脱水性能最佳。CaO_2释放H_2O_2的浓度和速度随pH值的增大而减少和减慢，且污泥相对于水而言有较强的酸碱缓冲能力，适于CaO_2在污泥脱水中的应用。

3.2.3.2　化学絮凝技术在污泥脱水中的应用

絮凝剂主要是带有正（负）电性的基团和水中带有负（正）电性的难于分离的一些粒子或者颗粒相互靠近，降低其电势，使其处于不稳定状态，利用其聚合性质使这些颗粒集中，通过物理或化学方法分离出来的药剂。絮凝剂根据化学组成不同，可分为无机絮凝剂和有机絮凝剂。

无机絮凝剂通过电离出的正电离子来中和污泥表面电荷，压缩双电层，使胶体脱稳，促进凝聚，进而改善污泥脱水性能。无机絮凝剂主要有含铝、铁两大类。有机絮凝剂通过化学黏结、网捕卷扫、共同沉淀等作用使污泥颗粒聚集凝结，转变为污泥絮体沉淀到底部，从而有利于通过过滤和沉淀等方法进行固液分离，提高污泥脱水性能。

目前，絮凝剂由低分子向高分子发展，从单一絮凝剂向强化污泥脱水的复合絮凝剂发展。复合絮凝剂被更好地应用于强化污泥脱水。复合絮凝剂是一类将2种或2种以上不同种类的絮凝剂通过物理或化学方法结合起来的高分子聚合絮凝剂，以充分利用各类絮凝剂的不同优势，提高污泥的脱水效率。复合絮凝剂主要分为无机-无机复合絮凝剂、无机-有机复合絮凝剂和有机-有机复合絮凝剂。

无机-无机复合絮凝剂可提供大量的多羟基络合离子，通过电性中和及网捕卷扫等作用将水中带负电的胶体离子絮凝沉降，并发生物理化学反应，使胶体离子和悬浮物表面电荷中和，废水电位降低，胶体离子由相斥变为相吸，导致胶体粒子相互碰撞形成絮体沉降。无机-无机复合絮凝剂主要有聚铝盐无机复合絮凝剂、聚铁盐无机复合絮凝剂和聚铝-铁盐无机复合絮凝剂。

无机-有机复合絮凝剂通过在一定条件下发生物理化学反应，改变原有的组成，形成一种结构稳定的高分子聚合物，同时发挥各组分的协同增效作用。

有机-有机复合絮凝剂作用机理主要是单一高分子的桥联吸附作用，发挥出多种高分子的协同作用，从而达到提高絮凝作用和降低絮凝剂使用成本的目的。

Bing 等（2016）研究了污泥颗粒与铝盐混凝剂的相互作用机理，发现聚态铝对污泥调理脱水效果优于单体，其絮体更密实，强度更大，有助于提高污泥的过滤性能。该研究还发现，聚合氯化铝（PAC）絮凝效果也会受到水质影响，例如 pH 值、碱度、污泥浓度和有机物等。

Jin 等（2016）以阳离子聚丙烯酰胺（CPAM）为絮凝剂，研究了絮凝剂调理后污泥水分分布和脱水特性的变化。结果表明，CPAM 调理有效改变了污泥的水分分布、污泥黏度、过滤比阻（SRF）、粒径、胞外聚合物（EPS）浓度和滤液黏度。其中 CPAM 对自由水的提高幅度最大，达到 95.04%，且处理后，污泥平均粒径增加到 219.1μm，污泥 SRF 降低 87%，使污泥脱水性能得到有效提高。

Hou 等（2019）研究了无机混凝剂（Fe^{3+} 或聚合氯化铝）与有机絮凝剂聚丙烯酰胺联合应用对污泥脱水的影响。结果表明，联合使用时 Fe^{3+} 和聚丙烯酰胺的用量分别降低了 56.55% 和44.49%，聚合氯化铝和聚丙烯酰胺的用量分别降低了 49.94% 和 29.12%。同时，无机混凝剂与聚丙烯酰胺的协同作用使污泥结合水含量有效降低，污泥流变性能和脱水性能有效提高。

本莲芳等（2020）采用污水处理厂二沉池的污泥，以污泥比阻作为脱水性能的指标，以聚丙烯酰胺（PAM）、聚合氯化铝（PAC）、聚合硫酸铁（PFS）作为絮凝剂对污泥进行调理，探究了药剂投加量、pH 值对污泥脱水的影响。结果表明，污泥经调理后比阻显著降低，在 pH = 2.04、PAM（5%）投加 6% 时比阻为 $0.110×10^{10}$m/kg；在 pH = 3.98、PAC（10g/L）投加 8% 时比阻为 $0.306×10^{11}$m/kg；在 pH = 9.92、PFS（10g/L）投加 8% 时比阻为 $0.343×10^{11}$m/kg，大大提高了污泥的脱水性能。

陈晓东等（2021）以丙烯酰胺（AM）、丙烯酸（AA）和硫酸铝为原料，采用水溶液聚合法合成 Al^{3+} 复合高分子絮凝剂（PAM-AA）。并将其与杀菌剂 N,N-二甲基十二烷基苄基氯化铵用于市政生活污泥脱水，通过滤饼含水率和污泥比阻，研究了 Al^{3+} 复合高分子絮凝剂对市政污泥脱水性能的影响。结果表明，Al^{3+} 复合高分子絮凝剂与 N,N-二甲基十二烷基苄基氯化铵协同使用，可使污泥滤饼含水率降至 63.8%，效果较好。

3.2.3.3　化学联合其他技术在污泥脱水中的应用

（1）Fenton 高级氧化联合其他技术

国内外相关技术的研究将 Fenton 高级氧化技术与其他技术联合来改善污泥的脱水性能。

Sun 等（2018）研究将 Fenton 试剂和阳离子聚丙烯酰胺（CPAM）组合来提高污泥的脱水性能。结果表明，Fenton 试剂与 CPAM 联用获得的污泥脱水性能明显优于单独使用 Fenton 试剂或 CPAM。最佳条件下的 SRF、MC 和 RT 降至最小值，分别为 $1.06×10^{12}$m/kg、58.9% 和 3.7%。

He 等（2020）将 Fenton 试剂和阳离子表面活性剂十六烷基三甲基溴化铵联合用于污泥脱水，研究发现 Fenton-十六烷基三甲基溴化铵预处理可以显著促进污泥脱水。在最佳条件下，污泥含水率从 79.0% 下降到 66.8%。与阳离子聚丙烯酰胺相比，Fenton-十六烷基三甲基溴化铵体系具有更好的污泥脱水性能。

李菲（2018）通过在 Fenton 调理基础上加入生物炭来提高污泥的脱水性能和沉降性能，联合调理后的污泥泥饼含水率、SRF 大幅下降，添加 500mg/g DS 生物炭与 Fenton 试剂调理后，污泥的含水率从 81.28% 降至 68.05%，经生物炭和 Fenton 联合调理后的污泥比其他处理的污泥生物干化效果好。

田倩倩（2019）通过采用微电解-Fenton 联合工艺对污泥进行调理，考察了 H_2O_2 添加量、铁粉投加量和反应时间对污泥破解及脱水性能的影响。探究所得联合反应的最佳反应条件为：铁粉投加量 1.2g/L，Fenton 反应时间 45min，H_2O_2 投加量 4.2g/L。铁粉投加量与 Fenton 反应时间较单独调理污泥的最佳条件均减小或缩短。联合处理后污泥泥饼含水率为 69%，污泥 SRF 有了明显降低，为 $2.687×10^{12}$ m/kg，此时污泥脱水性能最好。

洪飞等（2020）为改善污泥脱水性能，比较不同调理方法的优劣，采用絮凝、Fenton 氧化及 Fenton-絮凝联合对城市污水处理厂剩余污泥进行调理。以滤饼含水率、SRF、上清液浊度、EPS 作为评价指标，综合考察试剂投加量、反应时间、污泥 pH 值等因素对污泥脱水性能的影响及其最佳条件。结果表明：在 H_2O_2、Fe^{2+} 的投加量分别为 4g/L、30mg/L，Fenton 反应时间为 60min 时，Fenton 氧化对污泥絮体的破解效果最佳。Fenton-絮凝联合调理对于污泥脱水性能的改善显然优于单独絮凝调理。

（2）过硫酸盐高级氧化联合其他技术

为了探索更利于污泥脱水的方法，相关研究者尝试通过过硫酸盐高级氧化联合其他技术来更彻底地对污泥进行脱水。

Liu（2019）首次采用天然钒钛磁铁矿活化过氧化-硫酸氢盐（VTM-PMS）氧化结合稻壳（RH）作为骨架构建剂（VTM-PMS-RH）来提高污泥脱水性能。PMS、VTM 和 RH 的最佳剂量分别为 200mg/g 总悬浮固体、1g/g 总悬浮固体和 200mg/g 总悬浮固体。在最佳条件下，经 VTM-PMS-RH 调理后，CST 减少了 82.1%，泥饼含水量减少至 72.9%，再配合 RH 处理后 CST 减少了 94.8%，泥饼含水量减少至 63.4%。

Chang 等（2020）将超声波技术与过硫酸盐氧化相结合证明了超声波活化过硫酸盐氧化是一种提高污泥脱水性能的新方法。在 $S_2O_8^{2-}$ 投加量为 1.0mmol/g TS，超声波能量密度为 2.0kW/L 的最佳条件下，脱水污泥泥饼 15min 内含水率降低 16.5%，CST 缩短至 39.5s。脱水性的提高与絮体尺寸的增大、黏度的降低和接近中性的 Zeta 电位密切相关。

Guo 等（2020）通过生产一种新型活化剂——玉米生物炭，用于活化过硫酸盐对废活性污泥进行脱水。研究表明生物炭活化的过硫酸盐氧化法能有效改善污泥的脱水性能。生物炭活化过硫酸盐氧化法在初始污泥的 pH 值下处理后，标准化毛细管抽吸时间（standard capillary suction time，SCST）增加到原先的 4.21 倍，污泥含水率降低到 43.4%，污泥脱水性能优良。

（3）过氧化钙高级氧化联合其他技术

由于过氧化钙高级氧化技术在对污泥进行脱水时会使污泥的絮体结构瓦解，污泥颗粒变小，在降低污泥含水率的同时一定程度上影响污泥的过滤性能，因此过氧化钙高级氧化技术通常需要与化学絮凝联用来增强活性污泥的可脱水性。

Chen 等（2016）使用 CaO_2 用于污泥的预氧化，研究发现在 CaO_2 投加量为 20mg/g TSS 时污泥的含水率可以由 98.3%降低至 80%，污泥脱水性能得到明显改善，此时污泥絮体被破坏，结构变得松散，EPS 中的蛋白质被破坏溶出，但是 CaO_2 投加量过少或过多均会造成污泥的过滤性能变差，研究中采用化学再絮凝［聚合氯化铝（PACl）、三氯化铁（$FeCl_3$）和聚丙烯酰胺（PAM）］重建了污泥絮体结构，显著提高了污泥脱水性。

（4）化学絮凝联合其他技术

Dieudé-Fauvel 和 Dentel（2011）为了增强机械脱水，用聚合物使污水污泥絮凝，增强其沉降性能。这些聚合物会改变絮状结构，从而对脱水效率产生影响。

但是单独的添加化学絮凝剂对污泥脱水性能的影响较小，通过絮凝与其他技术联合可以强化污泥的脱水性能，使其含水率降低。

Wei 等（2018）研究了高铁酸钾与碱联合处理对污泥脱水性、降解性及养分释放的影响，发现高铁酸钾和碱预处理后，污泥的脱水性能降低，与超声波结合后，进一步增加了毛细管吸水时间（CST），由（26.4±1.8）s 增至（1614.1±131）s。

戚纪勋等（2011）用 CPAM 作为絮凝剂与超声波联合对污泥进行脱水，研究其联合作用对污泥脱水性能的影响，超声波辐射能够有效地改变污泥的结构，促使絮体内水的存在形态发生改变，向易于脱水的形态转变，采用阳离子型絮凝剂（CPAM）调理，污泥的脱水性能指标 CST 变化明显，污泥脱水性显著改善。

李会东等（2019）研究污泥经过 CaO_2 联合絮凝剂处理后，其脱水性能得到明显改善。其研究采用改变初始 pH 值、调理剂投加量以及改变调理剂投加顺序的方法，调理污泥改善脱水性能；结果表明 CaO_2 联合絮凝剂（微生物絮凝剂或壳聚糖）可以使污泥含水率明显降低，CaO_2 与絮凝剂的投加顺序对于污泥脱水有显著影响。

石琦等（2020）通过絮凝与酸化、氧化联合来调理污泥，从有机质、粒径和胞外聚合物 3 个方面表明调理过程中污泥的变化情况，在絮凝过程中，酸化和氧化对阳离子聚丙烯酰胺（CPAM）的絮凝效果有显著影响，在相同 pH 值和 CPAM 投加量下，K_2FeO_4 投加量越大，脱水效果越好。当 pH 值为 2、K_2FeO_4 投加量为 10%、CPAM 投加量为 0.5% 时，压滤泥饼的含水率比原污泥泥饼含水率降低了 5 个百分点，达到最低值，为 81.5%。

3.2.4　城市污泥的电脱水技术

电渗透技术（electroosmosis process）最初是在土壤原位修复中使用的技术，主要用于去除土壤中的重金属和有机污染物。近几十年来，随着城市污泥问题的日益突出，一些研究者将该技术应用于污泥的脱水处理中，以达到对污泥进行深度脱水的目的。

由于污泥颗粒表面的 EPS 中含有 SO_4^{2-}、—COOH 等带有负电的官能团，为使这些电荷得到平衡，污泥颗粒表面有相应的吸附阳离子，构成了污泥的双电层结构（Liao et al.，2001）。在电场作用下，带有负电荷的污泥颗粒会向阳极移动，而污泥中的水分因为带有部分的正电荷，在电压驱动下会向阴极移动，所以实现了污泥脱水的目的（Lee et al.，

2002）。

3.2.4.1　单独电技术在污泥脱水中的应用

经过国内外学者的研究，电渗透用于污泥深度脱水的可行性在实验室级别的实验（Mahmoud et al.，2011；Tuan et al.，2008）和现场测试中已得到广泛验证（Glendinning et al.，2007；Raats et al.，2002）。近年来单独电渗透污泥脱水的研究主要围绕着传统工艺的优化开展。

Citeau 等（2016）提出了一种利用滤液循环进行阳极冲洗的污泥电脱水工艺改进方案，研究结果表明阳极冲洗的应用允许控制电场强度和温度，与常规过滤相比，在过滤过程的同时施加约 10V/cm 的电场可使滤液流速加快 9～17 倍。污泥从 17.9%（质量分数）浓缩至 66.2%。

Shen 等（2016）通过真空电渗脱水技术对饮用水处理污泥（DWTS）的脱水效果进行了研究，发现 0.05MPa 的真空过滤可以快速使污泥脱水，仅通过真空过滤技术，DWTS 的水分含量就降低到 79% 以下。在这个水分含量下，所有的自由水都通过真空过滤排出。在真空过滤停止后，开始对实验条件（0.05MPa，2.5V/cm）进行优化，并将孔隙水和表面吸附水吸引到阴极，通过真空过滤排出。

刘宇寰等（2020）通过采用自制试验装置，针对水平电场的电渗透脱水技术对污泥进行预处理试验来探究电极转换法对污泥电渗透脱水的影响。研究结果表明，在水平电场作用下，当电压梯度为 25V/cm、污泥厚度为 25mm 时，采用电极转换法可以有效提高污泥电渗透脱水的效率，最佳电极转换时刻为 20s。

马德刚等（2020）针对污泥脱水过程中的液相不连续导致的电阻增大和电流衰减等问题，研究了间断供电方式对该问题改进效果的影响。结果表明：间断供电方式可以使脱水污泥中的水分产生回流，比连续供电有更好的脱水效果。

3.2.4.2　电联合其他技术在污泥脱水中的应用

截至目前国内外大量研究发现，电渗透脱水技术虽然能使脱水污泥的含固率升高至 40% 以上，但是在电渗透脱水的过程中，阳极附近的污泥快速脱水，使污泥的电阻迅速增大，电路电流减小阻碍电渗透脱水的进行，最终造成靠近阴阳两极的污泥含水率相差 20%～25%（Saveyn et al.，2006；Tuan et al.，2010c），这使得脱水污泥的均匀性受到严重的影响，不利于污泥的后续处理处置，进而限制电渗透技术在污泥脱水方面的实际应用，于是许多研究者将其他技术与电渗透联合进行了探究。

（1）电联合化学絮凝技术

电联合化学絮凝技术主要是通过改变脱水介质条件来改善电渗透的脱水效果，将生石灰加入电渗透系统（Loginov，2013）。研究结果表明，与未添加石灰的污泥相比，在普通过滤中，石灰浓度的增加可以提高污泥的过滤速率，改善污泥的渗透性，但损害了污泥的电动性质，并使滤饼的最终干燥度大幅降低。

卢宁等（2012）通过向污泥中加入硝酸钠来提高电渗透的脱水速率，分别考察了投药量、机械压力、电压和脱水时间等因素对电渗透脱水效果的影响。结果表明在加入硝酸钠后，污泥电渗透的脱水速度加快、脱水程度增强、泥饼含固率在短时间内明显提高。将硝酸钠与电渗透过程复合，能够显著改善污泥的处理效果，使含水率为 75% 的污泥降低 10%～15%。

伍远辉等（2017）研究了电化学与高分子复合絮凝剂-聚丙烯酰胺和壳聚糖联合作用对污泥脱水性的影响。结果表明，电化学与聚丙烯酰胺和壳聚糖联合调理污泥，当聚丙烯酰胺与壳聚糖投加量分别为 150mg/L 和 300mg/L 时，电解 15min 时污泥的 CST 可降至 19.6s，污泥离心后的含水率为 68.4%。

（2）电联合超声波技术

超声波耦合电渗透污泥脱水试验中，超声波的加入能够减缓电流衰减的速率，增加电渗流量上升速率，增加污泥内部电流的连通性，使水分能够更快速脱出，同时超声波可以破坏污泥的部分絮体结构，释放包裹在其中的邻位水，促进电渗透脱水的进行。

Ma 等（2018）使用超声波作为电渗污泥脱水前的预处理技术，研究发现该工艺可以有效地改善污泥的脱水性能。在相同条件下，即滤饼初始厚度为 2cm、通电电压 60V 维持 5min、机械压力 0.1MPa 维持 5min 时，单独超声波预处理脱水率为 34.71%，而超声波耦合电渗透污泥脱水率可达到 40.78%，与超声波预处理方法相比，超声波耦合对电渗脱水的影响更明显。

翟君（2014）通过超声波耦合电场作用于污泥脱水时发现，当电压恒定为 60V，机械压力恒定为 0.1MPa，作用时间为 5.5min 时，能够对电渗透脱水作用产生积极作用的最佳超声波工况为：频率 20kHz、功率 20W（声强 0.255W/cm²）、作用时间 3.5min，最终的污泥含水率为 72.90%。相同条件下，单纯电渗透脱水后污泥含水率为 79.20%，表明超声波耦合电场作用对污泥的脱水有着高效作用。

（3）电联合高级氧化技术

电渗透联合高级氧化技术最初是用于废水中有机物的处理，相关研究证明了 2 种技术联用对有机物有明显的破坏和降解作用。

在此基础上，Zhen 等（2013）将电渗透-活化过硫酸盐氧化相结合对污泥进行了脱水研究，污泥含水率可以由 99.3% 降低至 60%，并指出 EPS 中的蛋白质和多糖会影响脱水效果。Li 等（2016）针对含水率为 96.3%～98.4% 的剩余污泥，采用电渗透-Fe^0 活化过硫酸盐技术对污泥进行了脱水处理，结果表明在脱水过程中 EPS 被破坏，蛋白质发生降解，细胞中结合水释放，污泥的脱水性能得到改善。

笔者研究团队将电渗透与活化过硫酸盐氧化相结合对污泥进行了脱水研究，同样验证了电渗透与高级氧化技术协同进行污泥脱水技术的可行性（李亚林 等，2016c；李亚林 等，2017a），具体内容将在第 5 章中进行阐述。

第**4**章

过硫酸盐强氧化
新技术在强化污泥
深度脱水中的应用

▶ 过硫酸盐强氧化污泥深度脱水的基本原理
▶ 试验材料与方法
▶ 操作参数对污泥脱水的影响
▶ 典型应用案例分析

过硫酸盐氧化技术作为污泥脱水中的新技术应用在 3.2.2 部分中已进行了相关研究现状的阐述，本章将重点围绕笔者研究团队在过硫酸盐氧化技术应用于强化污泥深度脱水方面的工作研究（李亚林 等，2016a；李亚林 等，2016b；刘蕾 等，2017），通过对试验基本原理、试验数据以及典型应用案例的阐述与分析，以期为过硫酸盐氧化技术在强化污泥深度脱水中的应用提供技术参考。

4.1　过硫酸盐强氧化污泥深度脱水的基本原理

4.1.1　过硫酸盐强氧化对污泥脱水的作用原理

过硫酸盐对于污泥絮体结构及胞外聚合物（extracellular polymeric substances，EPS）具有一定的破坏作用，但一般过硫酸盐与有机物质反应常需要更高的活化能（House，1962）。因此，需要采用活化分解过硫酸盐产生硫酸根自由基（$SO_4^-\cdot$）来增加其氧化能力。

本章中的研究工作是以硫酸亚铁（$FeSO_4 \cdot 7H_2O$）作为过硫酸盐（$Na_2S_2O_8$）的活化剂用来增加 $SO_4^-\cdot$ 的产生量，进而提升 $Na_2S_2O_8$ 对污泥的破坏能力，其反应原理示意如图 4-1 所示。

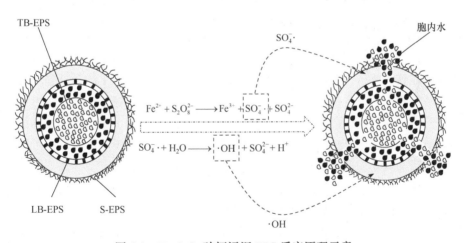

图 4-1　$Na_2S_2O_8$ 破坏污泥 EPS 反应原理示意

根据 $FeSO_4 \cdot 7H_2O$ 活化 $Na_2S_2O_8$ 的原理，Fe^{2+} 在常温下（20℃）就能使过硫酸盐分解产生 $SO_4^-\cdot$，具体反应式如式（4-1）～式（4-3）所示（Liang et al.，2008）：

$$2Fe^{2+} + S_2O_8^{2-} \longrightarrow Fe^{3+} + 2SO_4^{2-}\ [k = 3.1\times10^4 L/(mol \cdot s)] \tag{4-1}$$

该反应式由以下两个反应式组成：

$$Fe^{2+} + S_2O_8^{2-} \longrightarrow Fe^{3+} + SO_4^- \cdot + SO_4^{2-} [k = 2.0 \times 10^1 L/(mol \cdot s) 、22℃] \tag{4-2}$$

$$SO_4^- \cdot + Fe^{2+} \longrightarrow Fe^{3+} + SO_4^{2-} [k = 4.6 \times 10^9 L/(mol \cdot s) 、22℃、pH=3\sim5] \tag{4-3}$$

由于硫酸盐分解产生 $SO_4^- \cdot$ 中存在一个孤电子，其氧化还原电位 $E^0 = 2.6V$，接近于羟基自由基 $\cdot OH$（$E^0 = 2.8V$），$SO_4^- \cdot$ 产生后会快速与溶液中的目标物质发生反应，即与污泥组分中的有机物发生反应，反应方程式如式（4-4）～式（4-6）所示（时亚飞，2014）：

$$SO_4^- \cdot + RH \longrightarrow R \cdot + HSO_4^- \tag{4-4}$$

$$SO_4^- \cdot + H_2O \longrightarrow \cdot OH + SO_4^{2-} + H^+ \tag{4-5}$$

$$\cdot OH + RH \longrightarrow R \cdot + H_2O \tag{4-6}$$

式中，RH 代表有机物；$R \cdot$ 表示被氧化的有机物。在上述反应进行的同时，在水溶液中的 $SO_4^- \cdot$ 同样会与 H_2O 及 OH^- 发生反应，进行自由基互换而产生 $\cdot OH$，引发一系列的自由基链反应，反应如式（4-7）和式（4-8）所示（Furman et al.，2010）。

所有 pH 环境下：

$$SO_4^- \cdot + H_2O \longrightarrow SO_4^{2-} + \cdot OH + H^+ \tag{4-7}$$

碱性 pH 环境下：

$$SO_4^- \cdot + OH^- \longrightarrow SO_4^{2-} + \cdot OH \tag{4-8}$$

利用 $S_2O_8^{2-}$ 金属离子反应的中间产物 $SO_4^- \cdot$ 和 $\cdot OH$ 的强氧化性，达到在脱水调理过程中破坏污泥絮体和污泥中 EPS 的目的，从而促进污泥的可脱水性。

4.1.2 骨架构建体对污泥脱水的作用原理

骨架构建体（skeleton builders）通常是指以无机惰性材料为主的助凝剂（如石灰、粉煤灰、磷石膏等），这些无机惰性材料加入污泥中可以起到骨架构建的作用（Benítez et al.，1994），在污泥中形成坚硬网络骨架，即使在高压作用下仍然保持多孔结构，因此可以有效解决污泥中有机质高可压缩性问题，改善了污泥的脱水性能。不可压缩泥饼与可压缩泥饼的效果如图 4-2 所示（时亚飞，2011）。

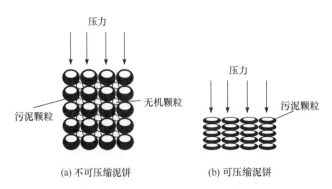

(a) 不可压缩泥饼 　　　(b) 可压缩泥饼

图 4-2　不可压缩泥饼与可压缩泥饼的效果

4.1.3　过硫酸盐氧化-骨架构建体协同对污泥脱水的作用原理

如 4.1.1 和 4.1.2 部分中所述，过硫酸盐强氧化技术虽然可以对污泥絮体和 EPS 具有明显的破坏作用，但该过程也会造成污泥的颗粒变小，在机械脱水过程中导致脱水污泥具有高可压缩性，水过滤通道被堵塞，从而降低污泥的脱水效率。

具有骨架构建作用的物理调理剂（如生石灰、粉煤灰等）在预处理过程中本身不起混凝作用，但其能够在污泥中形成透水、刚性的晶格结构，可以使污泥在机械脱水过程中保持脱水通道的畅通，提高脱水效率（Lee et al.，2001；刘欢 等，2011a），但单纯使用物理调理剂会增加污泥中的无机成分，极易造成污泥的增容（Li et al.，2014）。

将过硫酸盐氧化和骨架构建体联合应用于污泥脱水，既可以发挥活化过硫酸盐对污泥中的有机絮体的破坏作用，又可以发挥骨架构建体作用增加絮体破坏后的污泥的刚性，其基本原理示意如图 4-3 所示。

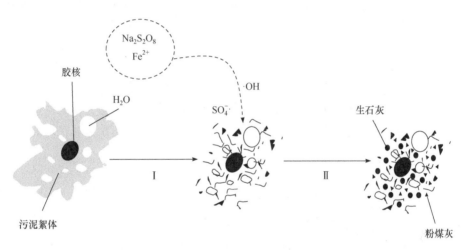

图 4-3　过硫酸盐氧化-骨架构建体协同污泥脱水基本原理示意

综合以上原因，笔者研究团队使用 Fe^{2+} 活化 $Na_2S_2O_8$ 复配以生石灰和粉煤灰构成的骨架构建体进行污泥深度脱水研究，通过单因素试验研究了过硫酸盐、亚铁离子以及骨架构建体 3 项主要因素对污泥脱水性能的影响，在此基础上采用表面响应法对脱水工艺参数进行了优化，并采用各类表征从多角度对该脱水技术的机理进行了探讨。

4.2　试验材料与方法

4.2.1　试验污泥来源及性质

本章试验中所取用的污泥均来自河南省郑州市新郑市第三污水处理厂，污泥为浓缩池浓缩污泥，污泥中有机物含量高，容易腐化发臭，颗粒较细，密度较小，含水率高且不易脱水，具体污泥性质如表 4-1 所列。

表 4-1　污泥的基本特性

批次	pH 值	含水率/%	COD /（mg/L）	SCOD /（mg/L）	蛋白质 /（mg/L）	VSS/TSS /%	比阻 /（10^{13}m/kg）
R-1	6.2	96.7	24000	432	2174	68.4	1.3471
R-2	6.7	95.7	17710	386	2862	78.3	1.9800
R-3	6.8	93.1	16000	—	—	65.7	0.9937
R-4	6.5	97.5	19880	328	—	71.7	0.9312
R-5	6.0	96.4	24854	146	6097	66.1	1.5021

注："—"表示未检测。

新郑市第三污水处理厂坐落于河南郑州新郑市龙湖镇双湖大道中段，占地面积约 43.8 亩（1 亩 = 666.67m²）。该厂于 2010 年 3 月开工建设，2011 年 7 月正式投入运行。厂区主体工艺采用 CASS 处理工艺，经处理后的污水水质达标排放。该污水处理厂设计污泥处理含水率在 80%左右。

由于污泥性质容易改变，为了减少由时间关系导致的污泥特性变化而对试验结果造成偏差，本章所有试验过程中使用的污泥分期从污水处理厂取回，取得的污泥放入 4℃ 冰柜中冷藏保存，试验周期不超过 7d，超过时间后重新取用新的污泥并进行基本性质的测定。

4.2.2　试验药品

试验中的活化过硫酸盐药剂包括过硫酸盐、起活化作用的 Fe^{2+} 两部分，$Na_2S_2O_8$ 和 $FeSO_4 \cdot 7H_2O$ 均为分析纯。骨架构建体为生石灰和粉煤灰，生石灰为普通建筑石灰（湖北众为钙业有限公司，有效 CaO 含量＞60%），粉煤灰为二级粉煤灰（平顶山姚孟电厂），石灰和粉煤灰经磨细并过 0.5mm 标准尼龙方孔筛，取筛下物备用，其成分如表 4-2 所列。

表 4-2　骨架构建体的无机化学成分　单位：%（质量分数）

骨架构建体	SiO₂	CaO	Al₂O₃	MgO	K₂O	Fe₂O₃	Cl⁻	SO₃	LOI
生石灰	1.71	58.07	0.69	10.08	0.13	0.32	—	0.79	28.19
粉煤灰	52.50	5.68	26.28	—	—	—	3.60	0.50	2.20

注："—"代表未检出；"LOI"（loss on ignition）表示烧失量。

试验其他主要药剂如表 4-3 所列。

表 4-3 试验主要药品表

用途	药剂	级别	生产厂家
污泥脱水	过硫酸钠	分析纯	天津致远化学试剂有限公司
	硫酸亚铁	分析纯	天津风船化学试剂科技有限公司
	生石灰	工业级	湖北众为钙业有限公司
	粉煤灰	工业级	平顶山姚孟电厂
蛋白质测定	无水碳酸钠	分析纯	天津市化学试剂三厂
	氢氧化钠	分析纯	天津市博迪化工有限公司
	酒石酸钾钠	分析纯	天津市化学试剂三厂
	硫酸铜	分析纯	天津市化学试剂三厂
	牛血清蛋白	分析纯	BIOSHARP
	Folin-酚试剂	分析纯	上海荔达生物科技有限公司
COD 测定	邻二氮菲	分析纯	天津市东丽区天大化学试剂厂
	硫酸亚铁铵	分析纯	天津市化学试剂三厂
	硫酸银	分析纯	郑州派尼化学试剂厂
	重铬酸钾	优级纯	天津市化学试剂三厂
TOC 测定	邻苯二甲酸氢钾	特级纯	日本岛津
	碳酸钠	特级纯	日本岛津

4.2.3 试验方法

4.2.3.1 试验整体流程

原污泥取回进行特性分析后开展烧杯脱水试验，对污泥调理脱水配方进行优选，首先通过单因素试验，以污泥脱水指标为评价标准，确定不同脱水配方中的药剂投加量；之后根据单因素试验确定的最佳投加量设计并进行参数优化试验，以脱水污泥含水率为评价指标，优选最佳脱水配方，并通过优化分析确定不同因素对污泥脱水效果的影响。试验流程如图 4-4 所示。

4.2.3.2 污泥调理脱水流程

试验中污泥调理脱水流程如图 4-5 所示，调理流程按操作参数试验要求会有所调整，具体参数见 4.3 部分中各部分试验流程。

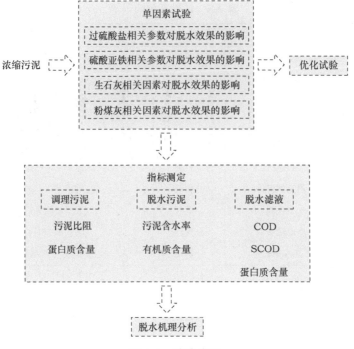

图 4-4　试验流程

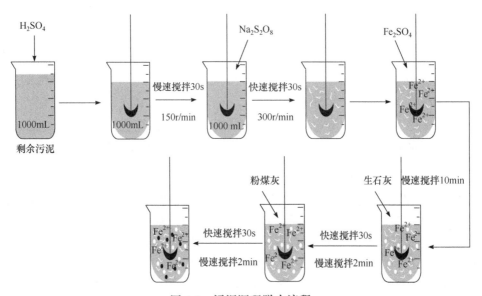

图 4-5　污泥调理脱水流程

4.2.3.3　污泥脱水指标测定方法

试验中以污泥比阻（specific resistance to filtration，SRF）来评价污泥的脱水性能，污泥比阻的测定采用真空抽滤法进行，且装置为自制装置，如图 4-6 所示。污泥比阻的计算方法如式（4-9）所示：

$$SRF = \frac{2pA^2b}{\mu C} \tag{4-9}$$

式中，p 为过滤压力，N/m^2；A 为过滤面积，m^2；b 为抽滤试验方程 $y = bV+a$ 作线性拟合的斜率，s/m^6；μ 为原污泥滤液黏度，$N \cdot s/m^2$；C 为根据污泥含水率和脱水污泥含水率计算所得，kg/m^3。

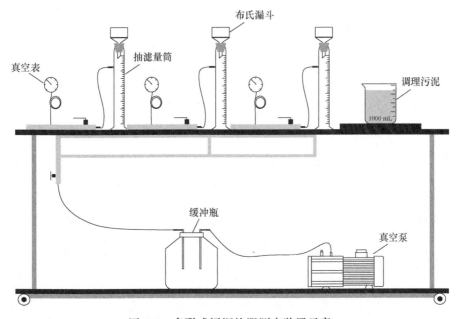

图 4-6　多联式污泥比阻测定装置示意

试验中以脱水污泥的含水率来评价污泥的脱水效果，抽滤得到脱水污泥的含水率采用烘干称重法测定（刘欢 等，2011b），计算方法如式（4-10）所示：

$$W_c = \frac{m_0 - m}{m_0} \times 100\% \tag{4-10}$$

式中，W_c 为脱水泥饼含水率，%；m_0 为原污泥的质量，g；m 为污泥在干燥箱105℃烘至恒重后的质量，g。

优化试验中使用污泥含水率降低率作为响应值，计算方法如式（4-11）所示。

$$W_r = \frac{W_0 - W_c}{W_0} \times 100\% \tag{4-11}$$

式中，W_r 为污泥含水率降低率；W_0 为原污泥含水率。

4.2.3.4　污泥其他指标测定方法

试验中污泥其他指标主要包括化学需氧量（COD）、溶解性化学需氧量（SCOD）、有机质含量、蛋白质含量、总有机碳含量（TOC）、污泥絮体镜检，具体测定方法如下。

（1）COD 的测定方法

试验中脱水滤液的 COD 采用重铬酸钾法进行测定（国家环境保护总局，2002），采用消解仪（ET125SC 型，杭州朗东仪器设备有限公司）进行消解。

（2）SCOD 的测定方法

试验中用 0.45μm 滤膜过滤所得滤液的 COD 即为 SCOD，测定方法同 COD 的测定。

（3）有机质的测定方法

试验中原污泥和脱水污泥中的有机质含量按照《城市污水处理厂污泥检验方法》（CJ/T 221—2005）进行测定（中华人民共和国建设部，2005）。

（4）蛋白质的测定方法

试验中以提取出污泥中的胞外聚合物（extracellular polymeric substances，EPS）作为等效蛋白质，污泥中的 EPS 可以分为黏性 EPS（S-EPS）、松散型 EPS（LB-EPS）和紧密型 EPS（TB-EPS）3 部分，其中 S-EPS 溶解于液体，参与表面的条件变化；LB-EPS 位于 TB-EPS 外，黏合细胞群形成菌落或者絮体；TB-EPS 附着于细胞壁，连接细胞群体，有一定的外形（Sheng et al.，2010）。

本试验中 EPS 的提取方法是 Li 等（2017）的改进方法，取 10g 污泥加入 30mL 蒸馏水或取 40mL 滤液，离心 15min（3000r/min），将上清液倒出并记录体积，所得上清液即为 S-EPS；离心管中的沉淀物作为底物，补充缓冲液（0.004mol/L 的 NaH$_2$PO$_4$、0.002mol/L 的 Na$_3$PO$_4$、0.009mol/L 的 NaCl 及 0.001mol/L 的 KCl 按等体积比混合）至原体积，离心 15min（7400r/min），将上清液通过滤膜（0.45μm）过滤，所得滤液即为 LB-EPS；再将离心管中的沉淀物作为底物，用缓冲液溶液稀释底物至原体积，并调节 pH 值至 12，加热煮沸 20min，液体冷却后用缓冲液稀释至调节 pH 值前的体积，离心 10min（9000r/min），将上清液用滤膜（0.45μm）过滤，滤液即为 TB-EPS。

试验中蛋白质的含量采用 Folin-酚试剂法进行测定，使用牛血清蛋白作为标准物质（Frølund et al.，1995）。通过配制 2mg/mL 的标准蛋白质母液在波长为 750nm 下测定不同浓度标液的吸光度，绘制标线。然后在同波长下测定样品的吸光度，通过标准曲线计算出滤液中蛋白质的含量。

（5）TOC 的测定方法

脱水滤液中的 TOC 采用总有机碳分析仪（TOC-VE 型，日本岛津公司）进行测定，计算方法如式（4-12）所示：

$$TOC = TC - IC \tag{4-12}$$

式中，TOC 为总有机碳含量，mg/L；TC 为总碳含量，mg/L；IC 为无机碳含量，mg/L。

（6）污泥絮体镜检方法

污泥絮体变化情况采用光学显微镜（型号：DM6M；生产商：德国徕卡 LEICA 公司）进行测定。

4.3　操作参数对污泥脱水的影响

4.3.1　过硫酸盐相关参数对脱水效果的影响

4.3.1.1　$Na_2S_2O_8$ 投加量对污泥脱水性能的影响

取定量污泥置于烧杯中，分别投加 100mg/g DS、200mg/g DS、300mg/g DS、400mg/g DS、500mg/g DS、600mg/g DS（dry solid，DS，污泥干基质量）的 $Na_2S_2O_8$ 对污泥进行调理，测定 W_c 和 SRF，试验结果如图 4-7 所示。

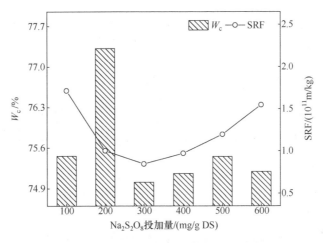

图 4-7　$Na_2S_2O_8$ 投加量对含水率、比阻的影响

由图 4-7 分析可知，随着 $Na_2S_2O_8$ 投加量的增加，W_c 的变化不明显，最大值与最小值仅相差 2.31%，因为在单独投加 $Na_2S_2O_8$ 时污泥中部分有机成分和过渡离子与其发生活化反应仅能生成微量的 $SO_4^-\cdot$，而这些 $SO_4^-\cdot$ 对污泥絮体产生的破坏作用非常有限（Liang et al.，2007）；同时，由于污泥絮体的破坏会造成污泥颗粒变小，增加污泥的过滤难度（Karr et al.，1978），因此污泥比阻随着 $Na_2S_2O_8$ 投加量的增加呈现出先减小后增加的趋势，在 $Na_2S_2O_8$ 投加量为 300mg/g DS 时达到最低值。

4.3.1.2　$Na_2S_2O_8$ 调理时间对污泥脱水性能的影响

取定量污泥置于烧杯中，$Na_2S_2O_8$ 的投加量为 300mg/g DS，固定转速为 300r/min 对污泥进行调理，调理时间分别控制在 5min、10min、15min、20min，测定 W_c 和 SRF，试验结果如图 4-8 所示。

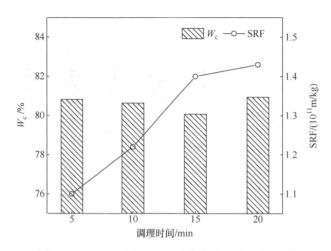

图 4-8　$Na_2S_2O_8$ 调理时间对含水率、比阻的影响

从图 4-8 分析可知，污泥调理脱水后的含水率的差别不明显，均维持在 80%左右；但调理时间的改变对污泥的比阻影响较大，当调理时间为 5min 时污泥的 SRF 为最低值为 $1.10×10^{11}$m/kg，随着调理时间的延长，机械搅拌产生的流场力会使污泥絮体破坏而粒径变小，使污泥比阻升高（马旭 等，2018）。

4.3.1.3　小结

①　由于未得到活化，单独投加 $Na_2S_2O_8$ 对污泥含水率的影响有限，但外部因素或过硫酸盐自身生成少量的 $SO_4^-·$ 仍会对污泥絮体造成一定的破坏。

②　调理时间对污泥的含水率影响不明显，但随着调理时间的延长，比阻会因为污泥絮体的破坏和颗粒减小而增加。

4.3.2　硫酸亚铁相关参数对脱水效果的影响

4.3.2.1　Fe^{2+}调理时间对污泥脱水性能的影响

取定量污泥置于烧杯中，$Na_2S_2O_8$ 的投加量为 300mg/g DS，快速搅拌（300r/min）5min，固定 $Fe^{2+}/Na_2S_2O_8$ 摩尔比为 1:1，$FeSO_4·7H_2O$ 以固态形式一次投加，对污泥进行不同时间的慢速（150r/min）调理，调理时间分别控制在 5min、10min、15min、20min，测定 W_c 和 SRF，试验结果如图 4-9 所示。

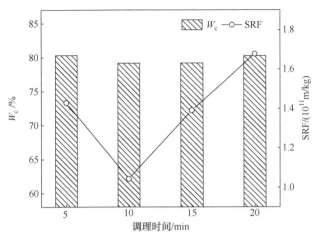

图 4-9 Fe^{2+} 调理时间对含水率、比阻的影响

从图 4-9 分析可知，Fe^{2+} 调理时间对含水率影响不大，但对 SRF 有一定的影响，当 Fe^{2+} 调理时间为 10min 时，污泥比阻值存在一个最低值，为 1.043×10^{11}m/kg，此时污泥含水率也降至最低。因为，Fe^{2+} 调理时间一定程度上影响着 $Na_2S_2O_8$ 的活化，当 $Fe^{2+}/Na_2S_2O_8$ 摩尔比固定时，初期随着有机质与 $SO_4^-\cdot$ 发生反应，SRF 降低，当反应完成后，持续的搅拌同样会使得污泥絮体变小，SRF 增加。

4.3.2.2 Fe^{2+} 与 $Na_2S_2O_8$ 比例对污泥脱水性能的影响

取定量污泥置于烧杯中，$Na_2S_2O_8$ 的投加量为 300mg/g DS，快速搅拌（300r/min）5min，固定 $Fe^{2+}/Na_2S_2O_8$ 摩尔比分别为 1∶1、2∶1 和 3∶1，$FeSO_4\cdot7H_2O$ 以固态形式一次投加，对污泥进行不同时间的慢速（150r/min）调理，调理时间控制在 10min，测定 W_c 和 SRF，试验结果如图 4-10 所示。

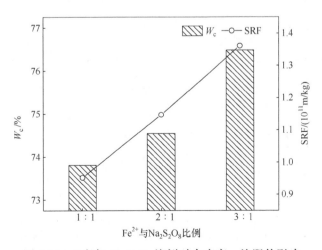

图 4-10 Fe^{2+} 与 $Na_2S_2O_8$ 比例对含水率、比阻的影响

由图 4-10 分析可知，与单独投加 $Na_2S_2O_8$ 相比，投加 $Fe_2SO_4 \cdot 7H_2O$ 后，污泥的含水率明显降低，W_c 降至 70%以下，因为 $Na_2S_2O_8$ 在 Fe^{2+} 的活化作用下可以生成大量具有强氧化性的 $SO_4^- \cdot$，如式（4-2）所示。该过程产生的 $SO_4^- \cdot$ 可以启动自由基的扩散和终止链式反应，有效破坏污泥中的 EPS 等有机质，使结合水向自由水转化，从而导致污泥的含水率下降（Zhen，2012a）。

但由污泥比阻的变化可发现，随着 Fe^{2+} 与 $Na_2S_2O_8$ 的比例增加，污泥比阻呈现先降低后升高的趋势，因为适量的 Fe^{2+} 会造成压缩双电层的效果，促使污泥比阻下降，但过量的 Fe^{2+} 一方面会造成 Fe^{2+} 与 $SO_4^- \cdot$ 发生猝灭反应（Zhen，2012b），体系中用于破解污泥中有机物的 $SO_4^- \cdot$ 量减少，降低了 $SO_4^- \cdot$ 对于污泥的破坏程度；另外一方面，体系中的 $SO_4^- \cdot$ 会破坏有机物使污泥絮体结构产生变化，污泥颗粒变小，从而造成比阻的升高。如式（4-3）所示，这与 Liang 等（2004）的研究结论一致。

考虑到经济成本以及滤液中 Fe^{3+} 的残存问题，针对 $Fe^{2+}/Na_2S_2O_8$ 进行了进一步的细化，该部分除投加比例外其他调理条件不变，试验结果如图 4-11 所示。

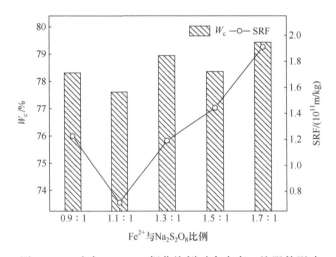

图 4-11　Fe^{2+} 与 $Na_2S_2O_8$ 细化比例对含水率、比阻的影响

根据上一组最优试验结果细化验证，如图 4-11 所示的 $Fe^{2+}/Na_2S_2O_8$ 最佳摩尔比为 1.1：1，$Fe^{2+}/Na_2S_2O_8$ 摩尔比较理论摩尔比要大，这是因为加入的 Fe^{2+} 会不断向 Fe^{3+} 转化，亚铁离子的量会有损失。徐鑫（2015）的研究中，在 $Fe^{2+}/Na_2S_2O_8$ 摩尔比为 1.4：1 时，CST 降低率达到最低，与本研究结论基本一致。

4.3.2.3　Fe^{2+} 投加方式对污泥脱水性能的影响

考虑到 Fe^{2+} 活化 $Na_2S_2O_8$ 反应时间很短，仅 1 次投加会产生很多问题，如 $SO_4^- \cdot$ 容易与过量的 Fe^{2+} 反应，损耗有限的 $SO_4^- \cdot$；另一方面，Fe^{2+} 容易被氧化变成活性低的 Fe^{3+}。两重原因导致了 Fe^{2+} 活化过硫酸钠效率变低。基于上述原因，以 Fe^{2+} 投加方式为优化参数进行了条件试验。

取定量污泥置于烧杯中，$Na_2S_2O_8$ 的投加量为 300mg/g DS，快速搅拌（300r/min）5min，固定 $Fe^{2+}/Na_2S_2O_8$ 摩尔比为 $1:1$，$FeSO_4 \cdot 7H_2O$ 以固态形式分别以 1 次投加（调理开始前），2 次投加（每隔 5min 投加一次），3 次投加（每隔 3min 投加一次）。对污泥进行不同时间的慢速（150r/min）调理，调理时间控制在 10min，测定 W_c 和 SRF，试验结果如图 4-12 所示。

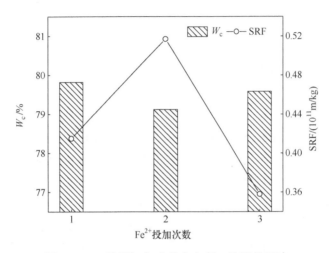

图 4-12　Fe^{2+} 投加方式对含水率、比阻的影响

由图 4-12 分析可知，污泥比阻在分 3 次投加时最低，有机质变化率也呈现出相同的规律性。推测原因是 $SO_4^- \cdot$ 与过量的 Fe^{2+} 反应，损耗有限的 $SO_4^- \cdot$，Fe^{2+} 容易被氧化变成活性低的 Fe^{3+}。少量分批投加 Fe^{2+} 能提高活化效率，正向产生 $SO_4^- \cdot$，破解有机物达到污泥调理改变脱水性能的目的。这与时亚飞（2014）提出的观点一致，分次投加可抑制 Fe^{2+} 氧化，使反应 $SO_4^- \cdot$ 产量增加。

4.3.2.4　Fe^{2+} 投加形态对污泥脱水性能的影响

考虑到 $Fe_2SO_4 \cdot 7H_2O$ 投加形态对于 Fe^{2+} 的产生和分散有一定的影响，故分别采取固态和液态投加方式对比了污泥的脱水效果，结果如表 4-4 所列。

表 4-4　Fe^{2+} 投加形态对污泥脱水效果的影响

Fe_2SO_4 投加形态	泥饼含水率 W_c/%	有机质（TSS/VSS）/%
固态	82.95	64.29
液态	82.06	63.22

根据表 4-4 分析，泥饼含水率和有机质均是液态时较低，说明液态投加能在一定程度上提高污泥的脱水效果，因为 Fe^{2+} 液态投加与固态投加相比，固态投加 Fe^{2+} 在溶解的同时与 $Na_2S_2O_8$ 发生类似单个点的反应，液态投加相当于面源反应，能迅速均匀地分散到污泥中，与 $Na_2S_2O_8$ 快速反应，大大加快了反应速率。

固态投加会因为溶解的原因导致反应速率变慢，而提前将 $FeSO_4 \cdot 7H_2O$ 配制成溶液，分布均匀的 Fe^{2+} 可以快速与 $Na_2S_2O_8$ 反应，这加快了反应速率，但在实验室级别的小试上 Fe^{2+} 固态与液态投加的区别并不明显，在实际应用中可以结合放大效应选择合适的投加方式。

4.3.2.5　初始 pH 值对污泥脱水性能的影响

取定量污泥置于烧杯中，将 pH 值分别调节至 2、3、4、5、6，$Na_2S_2O_8$ 的投加量为 300mg/g DS，快速搅拌（300r/min）5min，固定 $Fe^{2+}/Na_2S_2O_8$ 摩尔比为 1∶1，$FeSO_4 \cdot 7H_2O$ 以固态形式分 3 次投加。对污泥进行不同时间的慢速（150r/min）调理，调理时间控制在 10min，测定 W_c 和 SRF，试验结果如图 4-13 所示。

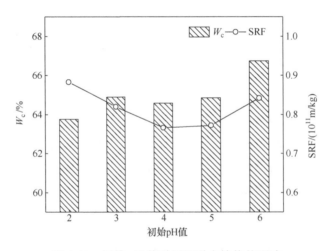

图 4-13　初始 pH 值对污泥脱水性能的影响

由图 4-13 分析可知，脱水体系在酸性条件下（pH 值为 2～4）会有更好的反应结果。在酸性环境下，能持续产生高活性的 $SO_4^- \cdot$，破坏污泥中的有机物质，达到降低 W_c 目的，唐海等（2015）对 Fe^{2+} 活化过硫酸盐的研究结果中也同样表明，在酸性条件下反应主要是产生 $SO_4^- \cdot$ 的反应。

4.3.2.6　小结

① Fe^{2+} 的调理时间、投加方式、投加形态以及 Fe^{2+} 与 $Na_2S_2O_8$ 比例均会对污泥的脱

水性能和脱水效果造成影响。

② 在实验室级别的小试上 Fe^{2+} 固态与液态投加的区别并不明显，少量分批投加 Fe^{2+} 能提高活化效率；Fe^{2+} 的调理时间、污泥比阻值和污泥含水率在同一调理时间达到最低值。

③ 与单独投加 $Na_2S_2O_8$ 相比，投加 $Fe_2SO_4 \cdot 7H_2O$ 后，污泥的含水率明显降低，W_c 降至 70% 以下；污泥比阻随着 Fe^{2+} 与 $Na_2S_2O_8$ 的投加比例增加呈现先降低后升高的趋势。

4.3.3　石灰相关因素对脱水效果的影响

4.3.3.1　生石灰投加量对污泥脱水性能的影响

取定量污泥置于烧杯中，分别投加 100mg/g DS、200mg/g DS、300mg/g DS、400mg/g DS、500mg/g DS 的生石灰对污泥进行调理，测定 W_c 和 SRF，试验结果如图 4-14 所示。

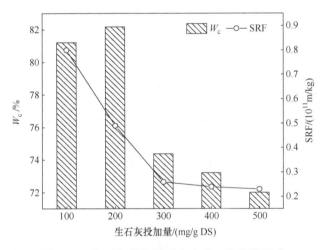

图 4-14　生石灰投加量对含水率、比阻的影响

由图 4-14 分析可知，污泥含水率和污泥有机质含量随着生石灰投加量的增加总体呈现下降趋势，因为一方面生石灰中的 CaO 遇水生成 $Ca(OH)_2$ 的同时放热，有利于脱除污泥中的自由水（刘强 等，2015）；另一方面游离态的 Ca^{2+} 可以进入污泥的内部，与胞外聚合物中带负电的基团进行结合，使絮体强度增加，可以分离出污泥中的结合水，在抽滤过程中有利于结合水的脱出（周健 等，2005）。

污泥比阻随着生石灰投加量的增加同样呈现下降趋势，因为生石灰中的无机成分可以在污泥中充当骨架，增强污泥的通透性，污泥的可压缩性降低，从而提高污泥的脱水效率（周宏仓 等，2013）。当生石灰投加量为 400mg/g DS 时，污泥比阻降至 0.24×10^{11} m/kg，继续增加投加量，比阻的变化不大。

4.3.3.2 生石灰调理时间对污泥脱水性能的影响

取定量污泥置于烧杯中，投加 400mg/g DS 的生石灰对污泥进行调理，调理方式为先快速调理 30s，再慢速调理，调理时间分别控制在 2min、4min、6min、8min、10min，测定 W_c 和 SRF，试验结果如图 4-15 所示。

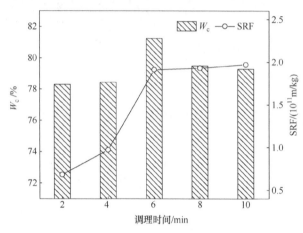

图 4-15　生石灰调理时间对含水率、比阻的影响

由图 4-15 分析可知，泥饼含水率、比阻变化规律基本一致，随着时间的延长，泥饼含水率、有机质含量和比阻呈逐渐增长的趋势。这可能是随着调理时间的延长，污泥絮体被打碎，污泥絮体粒径变小，降低了污泥的过滤效果，限制污泥含水率降低，因此选择调理时间为快速 30s，慢速 2min。

4.3.3.3 小结

① 生石灰调理时间会对污泥的含水率和比阻造成影响，且变化规律基本一致，长时间的调理会造成污泥絮体被打碎，污泥絮体粒径变小，污泥的脱水性能恶化。

② 污泥的含水率和污泥比阻含量随着生石灰投加量的增加总体呈现下降趋势，在生石灰投加量为 400mg/g DS 时，污泥比阻降至 $0.24×10^{11}$m/kg，继续增加生石灰投加量比阻的变化不大。

4.3.4　粉煤灰相关因素对脱水效果的影响

4.3.4.1 粉煤灰投加量对污泥脱水性能的影响

取定量污泥置于烧杯中，分别投加 100mg/g DS、200mg/g DS、300mg/g DS、

400mg/g DS、500mg/g DS 的粉煤灰对污泥进行调理，测定 W_c 和 SRF，试验结果如图 4-16 所示。

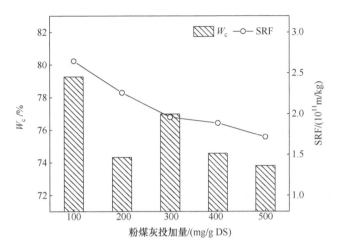

图 4-16　粉煤灰投加量对含水率、比阻的影响

由图 4-16 分析可知，污泥的含水率随着粉煤灰投加量的增加总体呈现下降趋势，因为粉煤灰具有状态松散、颗粒粒径小和比表面积巨大的特点，致使其有较强的吸附能力，与污泥混合后如果表面张力大于污泥对吸附水的作用力，则能够通过吸附架桥以及电性中和作用使污泥中的吸附水得以分离（李亚林 等，2013）。

污泥比阻同样随着粉煤灰投加量的增加而降低，因为球形的粉煤灰内嵌在污泥颗粒中间，形成了坚硬的网格结构，为水分脱出提供了通道，进而使污泥比阻降低（姚萌 等，2012）。在粉煤灰投加量为 500mg/g DS 时，污泥比阻降至最低，但泥饼含水率与 400mg/g DS 时相比仅下降了 0.7%，考虑到过量投加粉煤灰会造成增容，故确定最佳投加量为 400mg/g DS。

4.3.4.2　粉煤灰调理时间对污泥脱水性能的影响

取定量污泥置于烧杯中，投加 400mg/g DS 的粉煤灰对污泥进行调理，调理方式为先快速调理 30s，再慢速调理，调理时间分别控制在 2min、4min、6min、8min、10min，测定 W_c 和 SRF，试验结果如图 4-17 所示。

由图 4-17 分析可知，泥饼含水率最低值出现在搅拌时间为 2min 时，在 6min 时比阻出现峰值，随着时间延长泥饼含水率会有上升，同样污泥比阻在 2min 时最低。在搅拌时间为 4min 时，比阻会有相应增大，在搅拌 6min 后比阻值会有所降低，但并未降至最低值以下。

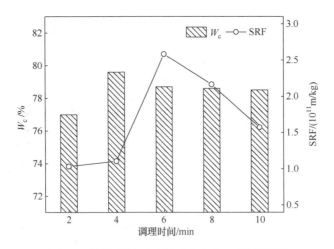

图 4-17　粉煤灰调理时间对含水率、比阻的影响

4.3.4.3　小结

① 粉煤灰调理时间会对污泥的含水率和污泥比阻造成影响，变化规律基本一致，呈现出先上升后下降的趋势。

② 污泥的含水率和污泥比阻随着粉煤灰投加量的增加总体呈现下降趋势，但污泥的含水率和污泥比阻对应的粉煤灰投加量最佳值并不一致。

4.3.5　优化参数对脱水效果的影响

根据 4.3.1、4.3.2、4.3.3、4.3.4 部分中各单因素试验结果，可以看出各操作单因素除了直接对污泥脱水的效果会造成影响，各因素间的交叉作用同样会影响污泥的脱水效果。

本小节通过软件 Design-expert 10.0 进行 RSM 优化试验，根据单因素试验结果，采用 Box-Behnken 设计（Ferreira et al., 2007），选取不同脱水条件作为因素参数，以 W_r 为响应指标进行参数优化，考察不同单因素间的交互作用对污泥脱水效果的影响。

4.3.5.1　单独活化过硫酸盐体系参数优化

（1）数据分析

选取初始 pH 值（A）、$Na_2S_2O_8$ 投加量（B）、$Fe^{2+}/Na_2S_2O_8$ 摩尔比（C），以 W_r 为响应指标进行参数优化，共进行 17 组试验，因素水平编码如表 4-5 所列。

表 4-5 变量水平及编码

变量	单位	编码水平		
		−1	0	1
A	—	2	4	6
B	mg/g DS	200	300	400
C	—	0.9	1.1	1.3

对结果进行分析，建立二次回归方程，即 $W_r = 24.14 - 2.17 \times A + 0.69 \times B - 0.77 \times C - 0.18 \times A \times B + 0.075 \times A \times C - 0.20 \times B \times C + 0.73 \times A^2 + 0.25 \times B^2 - 0.40 \times C^2$，含水率降低率的二次回归模型方程方差分析结果如表 4-6 所列。

表 4-6 二次回归模型方程方差分析

来源	平方和	自由度	均方	F 值	Prob（P）＞F	显著性
模型	49.69	9	5.52	21.05	0.0003	显著
残差	1.84	7	0.26			
失拟性	0.43	3	0.14	0.41	0.7536	不显著
纯误差	1.4	4	0.35			
总变异	51.53	16				

表中 F 值和 P 值代表了相关系数的显著性，如果 P 值在 0.05 以下说明可信度为 5% 时模型显著（Montgomery，1976）。失拟性的 F 值表示数据变异情况，如果失拟性的 P 值在 0.05 以上，则失拟性不显著，优化模型的 P 值为 0.0003，说明该模型可用，能较好地预测数据。该模型的失拟性 P 值为 0.7536，失拟性不显著模型符合条件。

模型中各项综合分析如表 4-7 所列。R 值越趋近于 1 模型越好，预测 R^2 与校正 R^2 数值差值在 0.2 以下。校正 R^2 为 0.9644 与 1 很接近，该模型拟合较好。校正 R^2 与预测 R^2 差值小于 0.1，说明预测值与实际所测值较符合。

表 4-7 各项综合分析

项目	数值	项目	数值
标准偏差（Std. Dev.）	0.51	R^2（决定系数）	0.9644
平均值（Mean）	24.41	R^2 校正值（Adj R-Squared）	0.9186
Y 的变异系数（CV）/%	2.1	R^2 预测值（Pred R-Squared）	0.8228
预测平方和（Press）	9.13	信噪比（Adeq Precision）	16.698

信噪比在 4 以上说明在试验的取值范围内反应平均预测误差较小。本次信噪比为 16.698，说明本组试验能很好地反应预测误差较小。变异系数值越低说明可信度越高，一般信噪比在 10% 以内即满足要求。本组试验变异系数值为 2.1，说明模型精确度较高，

重复性较好。

二次模型回归方程系数显著性检验结果如表 4-8 所列。

表 4-8　二次模型回归方程系数显著性检验

因素	参数估计	自由度	标准误差	F 值	Prob（P）$>F$
截距	49.69	9	5.52	21.05	0.0003
A	37.71	1	37.71	143.8	<0.0001
B	3.85	1	3.85	14.68	0.0064
C	4.71	1	4.71	17.97	0.0038
AB	0.13	1	0.13	0.48	0.5105
AC	0.023	1	0.023	0.086	0.7781
BC	0.16	1	0.16	0.61	0.4604
A^2	2.24	1	2.24	8.54	0.0223
B^2	0.26	1	0.26	1	0.3512
C^2	0.68	1	0.68	2.61	0.1502

注：A 为初始 pH 值；B 为 $Na_2S_2O_8$ 投加量；C 为 $Fe^{2+}/Na_2S_2O_8$ 摩尔比。

其中 Prob（P）$>F$ 值在 0.05 范围内的因素显著。从单个因素的线性影响来看，因素初始 pH 值、$Na_2S_2O_8$ 投加量、$Fe^{2+}/Na_2S_2O_8$ 对含水率的线性影响显著，其中初始 pH 值影响最大，交互因素中只有 A^2 对 W_r 的曲面效应影响显著。

（2）交互作用分析

为了分析各因素的交互效应，通过数据拟合得到回归方程的等高线图，在图中，同心圆或马鞍形的等高线代表因素之间有明显的交互作用，而圆形或斜线的等高线则代表因素间交互作用较弱（唐海 等，2015），如图 4-18～图 4-20 所示。

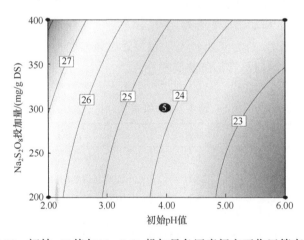

图 4-18　初始 pH 值与 $Na_2S_2O_8$ 投加量各因素间交互作用等高线图
矩形框中数字为 W_r，单位%；椭圆中数字 5 代表中心实验组数

由图 4-18 分析可知，污泥的初始 pH 值越低，$Na_2S_2O_8$ 投加量越大，W_r 越高，等高

线图不为椭圆，两者不存在明显的交互作用，即可认为在酸性环境下 $S_2O_8^{2-}$ 不产生 $SO_4^-\cdot$，两者之间互不干扰，没有相互促进也没有冲突竞争。等高线较密集的范围在初始 pH 值为 2～4 时，证明初始 pH 值对 W_r 影响较大，酸性环境下有机质发生破坏，污泥絮体发生破解，微生物细胞结合水变为自由水，提高了 W_r。

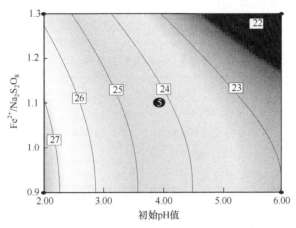

图 4-19　初始 pH 值与 $Fe^{2+}/Na_2S_2O_8$ 交互作用等高线图

由图 4-19 分析可知，W_r 在初始 pH 值为 2，$Fe^{2+}/Na_2S_2O_8$ 摩尔比为 0.9 时达到最高；在 pH 值为 2 时对有机质破坏最严重，$Fe^{2+}/Na_2S_2O_8$ 摩尔比为 0.9 时 W_r 维持在高水平，这与单因素试验中最佳摩尔比为 1.1∶1 不符合，原因在于在酸性环境中 Fe^{3+} 被还原为 Fe^{2+}，加大过硫酸根的投加量，$SO_4^-\cdot$ 的产量也会增加。但是当过硫酸根的量大于一定量时，$SO_4^-\cdot$ 产量会缓慢降低，破坏有机质速率减慢。这主要是因为 $S_2O_8^{2-}$ 与 $SO_4^-\cdot$ 反应致使 $SO_4^-\cdot$ 猝灭，所以并不能显著增加破解污泥有机质的效率。过量的 Fe^{2+} 直接与硫酸根自由基反应，Fe^{2+} 与有机物竞争，消耗了部分 $SO_4^-\cdot$，导致 W_r 并不随着 Fe^{2+} 浓度增高而增高。

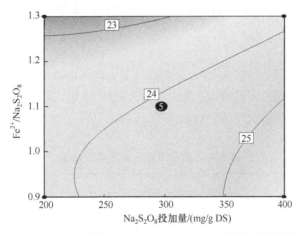

图 4-20　$Na_2S_2O_8$ 投加量与 $Fe^{2+}/Na_2S_2O_8$ 交互作用等高线图

由图 4-20 分析可知，$Na_2S_2O_8$ 投加量与 Fe^{2+} 浓度没有交互关系，在 $Na_2S_2O_8$ 与 Fe^{2+}

反应过程中，Fe²⁺既是活化剂也是猝灭剂，与有机物存在竞争关系。因此 Fe²⁺浓度与 Na₂S₂O₈ 投加量没有显著的交互作用。

（3）优化验证

为了获得污泥脱水的最佳工艺参数和验证模型的可用性，采用软件的优化功能，对各因素进行条件约束后再进行优化试验，各因素约束条件和试验结果分别如表 4-9 和表 4-10 所列。

表 4-9　各因素约束条件

变量	目标	下限	上限	低水平	高水平	权重
A	在范围内波动	2	6	1	1	3
B/（mg/g DS）	在范围内波动	200	400	1	1	3
C	在范围内波动	0.9	1.3	1	1	3
W_r	最大	21.72	100	1	1	3

注：A 为初始 pH 值；B 为 Na₂S₂O₈ 投加量；C 为 Fe²⁺/Na₂S₂O₈ 摩尔比。

表 4-10　优化方案验证结果

编号	初始 pH 值	Na₂S₂O₈ 投加量/（mg/g DS）	Fe²⁺/Na₂S₂O₈	W_r（%）预测	W_r（%）实际
Op-1	2.02	380.14	0.9	28.8007	28.43
Op-2	2.00	379.67	0.9	28.6291	28.25

从表 4-10 分析可知，试验所得实际值与预测值相差不大，模型能较好预测实际值。

4.3.5.2　活化过硫酸盐-骨架构建体复合体系参数优化

（1）试验设计

本部分试验探索活化过硫酸盐-骨架构建体复合体系中各操作参数的交互关系，因素水平选取根据前期单因素试验确定。优化试验共进行 17 组，采用二阶经验模型对变量的响应行为进行表征，因素水平编码如表 4-11 所列。

表 4-11　复合体系变量水平及编码

因素	单位	编码水平 -1	编码水平 0	编码水平 1
A	mg/g DS	574.64	779.77	984.9
B	mg/g DS	300	400	500
C	mg/g DS	300	400	500

注：1. 活化过硫酸盐投加量为 Na₂S₂O₈ 和 Fe₂SO₄·7H₂O 的总量，其中 Fe²⁺：Na₂S₂O₈ 摩尔比为 1.1：1。
2. A 为活化过硫酸盐投加量；B 为生石灰投加量；C 为粉煤灰投加量。

（2）数据分析

对结果进行分析,建立二次回归方程,即 $W_r = 0.40+0.013×A-0.011×B+8.024×10^{-3}×C+2.326×10^{-3}×A×B+9.356×10^{-3}×A×C-0.014×B×C-0.024×A^2-3.348×10^{-3}×B^2-0.015×C^2$,含水率降低率的二次回归模型方程方差分析结果如表 4-12 所列。本组试验模型 F 值为 5.29,P 值为 0.0195,说明该组试验模型显著,模型失拟性的 Prob（P）$>F$ 为 0.7414,失拟性不显著,该模型成立。

表 4-12　复合体系二次回归模型方程方差分析

来源	平方和	自由度	均方	F 值	Prob（P）$>F$	显著性
模型	$7.75×10^{-3}$	9	$8.61×10^{-4}$	5.29	0.0195	显著
残差	$1.14×10^{-3}$	7	$1.63×10^{-4}$			
失拟性	$2.79×10^{-4}$	3	$9.31×10^{-5}$	0.43	0.7414	不显著
纯误差	$8.61×10^{-4}$	4	$2.15×10^{-4}$			
总变异	$8.89×10^{-3}$	16				

模型中各项综合分析如表 4-13 所列,本组试验决定系数为 0.8717,满足趋近于 1 的要求。校正 R^2 和预测 R^2 分别为 0.7068 和 0.5674,两数值差值为 0.1394,其差值小于0.2,符合条件。

表 4-13　复合体系 R^2 综合分析

项目	数值	项目	数值
标准偏差（Std. Dev.）	0.013	R^2（决定系数）	0.8717
平均值（Mean）	0.38	R^2 校正值（Adj R-Squared）	0.7068
Y 的变异系数（CV）/%	3.38	R^2 预测值（Pred R-Squared）	0.5674
预测平方和（Press）	$5.81×10^{-3}$	信噪比（Adeq Precision）	6.985

本组试验信噪比为 6.985,而 6.985>4,说明本组试验所选用的二次方程可预测 Box-Behnken 设计范围内的试验结果。本组模型变异系数值为 3.38%,在 10%范围内,说明该模型可信度较好,拟合精确度高,中心点重复性较好。

二次模型回归方程系数显著性检验结果如表 4-14 所列。

表 4-14　复合体系二次模型回归方程系数显著性检验分析

因素	参数估计	自由度	标准误差	F 值	Prob（P）$>F$
截距	0.00775	9	0.000861	5.29	0.0195
A	0.00143	1	0.00143	8.75	0.0211
B	0.000917	1	0.000917	5.63	0.0494

续表

因素	参数估计	自由度	标准误差	F 值	Prob (P) $>F$
C	0.000515	1	0.000515	3.16	0.1185
AB	0.0000217	1	0.0000217	0.13	0.7262
AC	0.00035	1	0.00035	2.15	0.186
BC	0.000795	1	0.000795	4.88	0.0629
A^2	0.00247	1	0.00247	15.15	0.006
B^2	0.0000472	1	0.0000472	0.29	0.607
C^2	0.000954	1	0.000954	5.86	0.046

注：A 为活化过硫酸盐投加量；B 为生石灰投加量；C 为粉煤灰投加量。

各因素显著项分析，表 4-14 中因素的 Prob (P) $>F$ 值在 0.05 以下显著。从单个因素的线性影响来看，各因素对泥饼含水率的线性效应显著。交互因素中只有 C^2 对 W_r 的曲面效应影响显著，A^2、BC、B^2 影响较弱。

（3）交互作用分析

为了进一步分析各因素的交互效应，通过数据拟合得到回归方程的响应曲面，如图 4-21～图 4-23 所示。

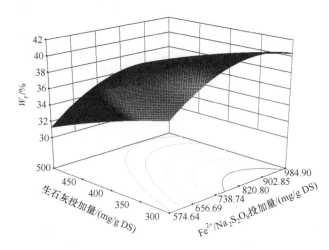

图 4-21　活化过硫酸盐投加量与生石灰投加量对 W_r 的交互影响

由图 4-21 分析可知，活化过硫酸盐的投加量越高，W_r 越高，活化过硫酸盐投加量与生石灰的交互协同作用不明显。活化过硫酸盐投加量越大，产生的 SO_4^-·量越多。投加生石灰作用分为两方面：一方面是生石灰发生水化反应，破坏污泥有机质，而且生石灰加入后溶液 pH 值变高，在 10～12 之间；另一方面，在碱性环境下主要产生类芬顿反应，对絮体产生了破坏，引起含水率降低。在碱性环境下，Fe^{2+} 形成不活泼的氢氧化铁沉淀，体系中 Fe^{2+} 减少，造成产生的 SO_4^-·大多与 OH^- 产生·OH，抑制 SO_4^-·的生成，而·OH（碱性）的氧化还原电位为 1.8V，远比 SO_4^-·（酸性）的氧化还原电位 2.7V 低，这也使得 $Fe^{2+}+Na_2S_2O_8$ 总投加量加大，也使得活化过硫酸盐-骨架构建体复合体系氧化裂解污泥中有机物质的效率变低。

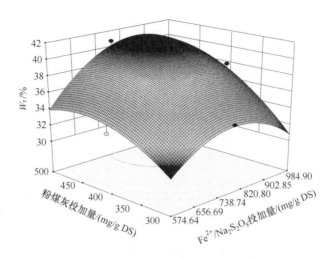

图 4-22　活化过硫酸盐投加量与粉煤灰投加量对 W_r 的交互影响

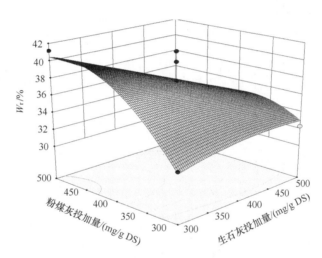

图 4-23　生石灰投加量与粉煤灰投加量对 W_r 的交互影响

　　由图 4-22 分析可知，活化过硫酸盐投加量在 820～900mg/g DS 之间，粉煤灰投加量在 450～500mg/g DS 之间时 W_r 较高。两因素间协同作用较明显，活化过硫酸盐投加量增大的同时增大粉煤灰投加量，会达到较理想的 W_r。Fe^{2+} 活化过硫酸钠产生 $SO_4^- \cdot$ 破坏裂解有机质，粉煤灰虽对有机质没有破坏作用，但作为骨架构建体镶嵌、刺入被破坏的胶体，使有机质在高压状态下不易形变，提高污泥脱水效率。

　　由图 4-23 分析可知，生石灰投加量与粉煤灰投加量没有明显交互关系，高 W_r 出现在石灰投加量较低值和粉煤灰投加量较高值。粉煤灰和生石灰变化规律与单因素时并不一致，生石灰对铁盐影响严重，投加量越大，碱度越大，反应朝产生 $\cdot OH$ 的方向进行，损耗很大一部分 Fe^{2+} 和 $SO_4^- \cdot$，粉煤灰变化趋势与单因素时相差不大，粉煤灰最优投加量与单因素相比降低。在本组试验中粉煤灰投加量出现极值点，极值点在投加量为

480mg/g DS 时。

4.3.5.3 小结

① 开展了基于 RSM 的两轮优化试验，证明了 $Na_2S_2O_8$ 投加量、生石灰投加量和粉煤灰投加量均对泥饼含水率的线性效应显著，试验所得实际值与预测值相差不大，模型能较好预测实际值。

② 优化试验结果显示在初始 pH 值为 2.02、$Na_2S_2O_8$ 投加量为 463.64mg/g DS、$Fe^{2+}/Na_2S_2O_8$ 摩尔比为 0.9：1、生石灰投加量为 300mg/g DS、粉煤灰投加量为 485mg/g DS 时，可以获得含水率为 60%以下的脱水泥饼。

4.3.6 污泥调理脱水的机理解析

在上述试验中就不同操作参数对污泥脱水的影响进行了研究，并从污泥含水率和污泥比阻的变化趋势对各因素对污泥脱水的影响机理进行简单的阐述。

本小结通过各因素条件对污泥中的有机质变化，脱水滤液中的 COD、TOC、蛋白质浓度的变化进行了测定，结合微观表征对各因素对污泥脱水的影响机理进行了分析。

4.3.6.1 各因素对污泥脱水的影响机理分析

（1）$Na_2S_2O_8$ 投加量对污泥和滤液有机物指标的影响

对不同 $Na_2S_2O_8$ 投加量条件下污泥和滤液有机物各项指标的测定结果如图 4-24 所示。

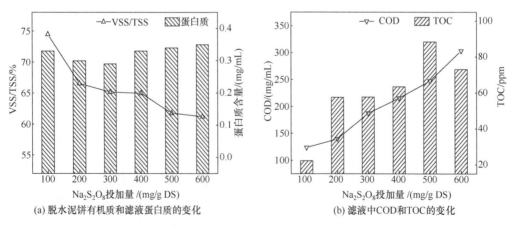

(a) 脱水泥饼有机质和滤液蛋白质的变化　　(b) 滤液中 COD 和 TOC 的变化

图 4-24　过硫酸盐投加量对污泥和滤液有机物指标的影响

从图 4-24（a）可知，脱水污泥中的有机质含量随着过硫酸盐单独投加量增加有 0.04%～3.4%的小幅降低，滤液中的蛋白质较原污泥滤液有 16%～40%的增加，但未呈现出明显的规律性；由图 4-24（b）可知，过硫酸盐投加量的增加使滤液中的 COD 与 TOC 均呈增长趋势，说明 $SO_4^- \cdot$ 对有机质有一定的破坏作用，使污泥絮体中的有机物释放，滤液中有机物含量增加，但该过程生成 $SO_4^- \cdot$ 的随机性较大，并无法获得其产生的规律性。

（2）生石灰投加量对污泥和滤液有机物指标的影响

对不同生石灰投加量条件下污泥和滤液有机物各项指标的测定结果如图 4-25 所示。

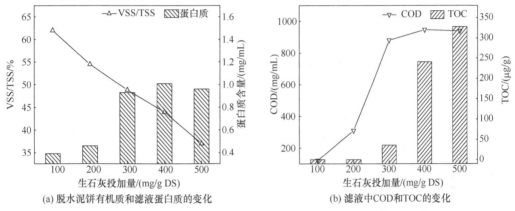

(a) 脱水泥饼有机质和滤液蛋白质的变化　　(b) 滤液中COD和TOC的变化

图 4-25　生石灰投加量对污泥和滤液有机物指标的影响

由图 4-25（a）可知，随着生石灰投加量的增加，CaO 本身的碱化和溶解作用能促进 EPS 向液相转移（莫汝松 等，2015），因此滤液中的蛋白质含量呈上升趋势，同时由于石灰中的无机成分会抵消部分有机质的占比，使脱水污泥中的有机质含量呈现下降趋势；由图 4-25（b）可知，随着生石灰投加量增加，滤液中的 COD 和 TOC 均呈现出上升趋势，也印证了石灰对污泥絮体产生的破坏作用。

（3）粉煤灰投加量对污泥和滤液有机物指标的影响

对不同粉煤灰投加量条件下污泥和滤液有机物各项指标的测定结果如图 4-26 所示。

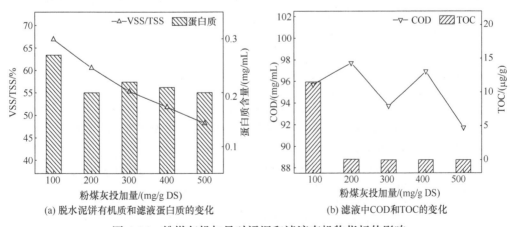

(a) 脱水泥饼有机质和滤液蛋白质的变化　　(b) 滤液中COD和TOC的变化

图 4-26　粉煤灰投加量对污泥和滤液有机物指标的影响

由图 4-26（a）可知随着粉煤灰投加量的增加，无机质比例增加导致体系中有机质含量降低，最高降低率为 29.35%，粉煤灰本身对 EPS 并无破坏作用，但粉煤灰中含有的硅铝活性基团能够吸附液体中的部分有机物（刘强 等，2015），因此滤液中有机物含量随着粉煤灰投加量的增加呈现出明显的下降趋势。

4.3.6.2 微观表征机理分析

为了验证上述关于过硫酸盐氧化对污泥絮体的破坏作用以及骨架构建体的作用，使用高倍光学显微镜分别对原污泥、经 Fe^{2+} 活化 $Na_2S_2O_8$ 调理后的污泥和活化过硫酸盐-骨架构建体复合调理后的污泥进行了镜检，结果如图 4-27 所示。

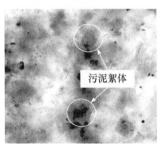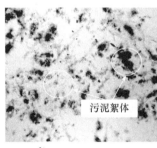

(a) 原污泥　　　(b) 经 Fe^{2+} 活化 $Na_2S_2O_8$ 调理后的污泥　　　(c) 活性过硫酸盐-骨架构建体复合调理后的污泥

图 4-27　原污泥与调理污泥显微镜镜检图

由图 4-27（a）可知，原泥的絮体结构紧密，形成吸附能力极强的菌胶团，使絮体内部水难以脱除；由图 4-27（b）可知，经过 Fe^{2+} 活化过硫酸盐调理后污泥中的有机物被破坏，絮体出现解体，团聚絮体变小，印证了活化过硫酸盐对污泥絮体的破坏作用；图 4-27（c）则显示当使用活化过硫酸盐-骨架构建体协同调理污泥后，刚性晶格结构的骨架构建体内嵌在污泥絮体中，有利于改善污泥的高可压缩性，并且复合调理后的污泥絮体有所增大，更利于改善污泥的脱水效果。

4.3.6.3 小结

① 通过在不同 $Na_2S_2O_8$ 投加量、生石灰投加量和粉煤灰投加量条件下对污泥和滤液有机物指标的测定发现，$Na_2S_2O_8$、生石灰和粉煤灰的投加均会造成污泥中的有机质含量下降，有机物破坏后转移至滤液中，造成滤液中 COD、TOC 和蛋白质浓度等有机指标的升高。

② 通过微观表征可以证明 Fe^{2+} 活化 $Na_2S_2O_8$ 对污泥絮体有良好的破坏作用，生石灰

和粉煤灰可以在破碎的污泥絮体中形成良好的骨架结构。

4.4 典型应用案例分析

4.4.1 新疆某纺织工业城污泥脱水项目

新疆某纺织工业城污水处理厂一期工程分别对污泥破胞复合调理技术、石灰铁盐调理技术和超高压弹性压榨机脱水技术 3 种脱水工艺方案,从经济和环保角度进行了分析。工程实践表明,与石灰铁盐调理技术和超高压弹性压榨机脱水技术相比,污泥破胞复合调理技术更具优势,其运行成本、药剂投加量和填埋处置费均较低。该纺织工业城污水处理厂污泥破胞复合调理技术工艺流程如图 4-28 所示。

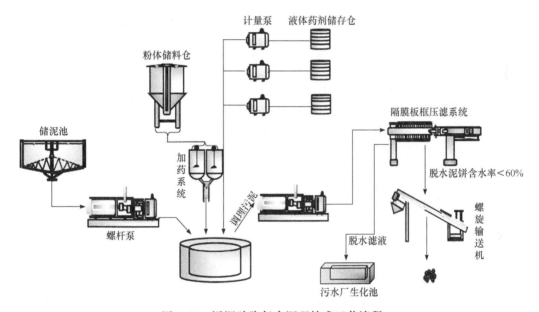

图 4-28 污泥破胞复合调理技术工艺流程

污泥破胞复合调理技术工艺如下:

① 污水处理厂重力浓缩后含水率为 98%的污泥通过泵输送至污泥调理池。

② 在污泥调理池中投加骨架结构体和破胞药剂,使之与污泥混合均匀,在 2 种药剂协同作用下对污泥胞外聚合物进行破坏,改变污泥水分分布,从而达到污泥改性效果。

③ 改性后的污泥再用高压泵输送至隔膜板框压滤脱水机,脱水后得到含水率为 60%以下的块状泥饼。

④ 通过螺旋输送机输送,装车外运进行综合利用。

项目选择的污水处理工艺先进,所使用污泥破胞复合药剂,可以对污泥絮体结构产生一定程度的破坏作用,使污泥中的结合水得到脱除。药剂投加量低于污泥绝干基的

20%，脱水后可以将脱水泥饼含水率降至 60%以下。工艺流程中脱水滤液色度与自来水相当，pH 呈中性，返回污水处理厂生化段后不会造成负作用。同时，复合调理剂有除磷效果，可以将大部分磷元素截留在脱水泥饼中，所以脱水滤液中磷元素含量很低，返回污水处理厂不会对生化段的污水除磷造成负担。污泥调理过程中也不会出现强酸和强碱情况，不会造成机械设备和滤布的腐蚀问题，将由设备维护造成停工的损失降到最低，大大降低了工程投资，使项目具有较好的经济效益。

4.4.2 上海某污水处理厂污泥脱水项目

上海某污水处理厂设计的污泥调质深度脱水工艺流程如图 4-29 所示。

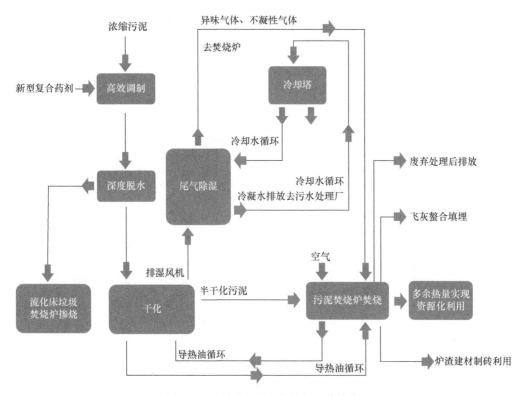

图 4-29 污泥调质深度脱水工艺流程

具体工艺如下：

① 采用新型复合药剂，利用过硫酸盐高级氧化技术等对含水率 98%的污泥或含水率 80%的污泥进行浓缩和调质处理，大幅度缩短浓缩时间，避免了污泥腐败发臭。

② 采用高效泥水分离板框机对污泥进行机械脱水，形成污泥泥饼。配置优质板框机专利定制滤布，并配套全自动卸料系统，生产运行便利高效。

③ 采用高效化系统对污泥泥饼进行干化处理，形成的干化污泥，呈疏松的粉粒状，性质稳定，后续处置单位可直接投料生产，无臭味，具有较高热值，特别适用焚烧处置。

污泥干化热效率达 85%以上，焚烧炉热效率达 80%以上，具备高效率特点。

④ 烟气通过烟气净化系统（该系统采用 AEE 的 Turbosorp 烟气净化工艺）达标排放，不产生二次污染。

⑤ 焚烧过程中产生的多余热烟气以及烘干机产生的热蒸汽用于电厂除盐水加热，热能回用，形成资源化利用。

该工艺主要利用高级氧化技术对含水率98%的污泥或含水率80%的污泥进行浓缩和调质处理，大幅度缩短浓缩时间，避免了污泥腐败发臭，大大降低了污泥处理成本；并且该公司在调质深度脱水、资源化焚烧和资源化利用等多方面都具备核心技术，其污泥处理处置的减量化、无害化和资源化利用效果处于国内污泥处理处置技术的领先水平。

4.4.3　武汉某污水处理厂污泥脱水项目

该污水处理厂采用 DE 氧化沟处理工艺，目前实际污水处理规模为 50000m³/d，二沉池的剩余污泥（含水率约为 99.3%）通过 S-P 复合调理脱水，将过硫酸盐和骨架构建体联合作用于污泥，既可以发挥活化过硫酸盐对污泥中有机絮体的破化作用，又可以发挥骨架构建体作用来增加絮体破坏后的污泥的刚性，可在污水厂内直接实现将污泥含水率降低至50%的目标，并且滤液可直接返回污水厂，武汉市某污水处理厂污泥深度脱水示范项目工艺流程如图 4-30 所示。

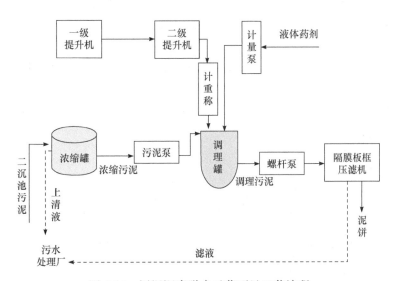

图 4-30　污泥深度脱水示范项目工艺流程

污泥深度脱水示范项目工艺如下：

① 污水处理厂二沉池中的剩余污泥通过泵输送至浓缩罐。

② 剩余污泥在浓缩罐中经重力浓缩后，使用自主设计的曝气搅拌装置对浓缩污泥进行均质操作。

③ 粉体药剂通过两级变频螺旋提升机送至称重系统，液体药剂通过计量泵进行自动计量。加药过程自动控制加入污泥调理罐，实现过硫酸盐药物和骨架构建体复合在污泥胶体颗粒的表面发生化学反应，使污泥颗粒所带的电荷得到中和，进而破坏污泥胶体颗粒的稳定性，使污泥的脱水性能得到改善。

④ 调理后的污泥通过螺杆泵输送机输送至隔膜板框压滤机，脱水后得到块状泥饼，脱水后滤液输送至污水处理厂。

该污水处理厂针对污泥使用 S-P 复合调理脱水可在污水厂内直接实现将污泥含水率降低至 50%的目标，并且滤液可直接返回污水厂。与传统的离心脱水以及离心脱水泥饼再集中进行二次脱水的模式相比，该 S-P 复合调理深度脱水工艺能降低污泥整体处理处置成本。

第**5**章

电渗透新技术在强化污泥深度脱水中的应用

- ▶ 电渗透污泥深度脱水的基本原理
- ▶ 试验材料与方法
- ▶ 操作参数对污泥脱水效果的影响
- ▶ 污泥脱水能耗分析
- ▶ 典型应用案例分析

电渗透技术作为污泥脱水中的新技术，在 3.2.2 部分中已进行了相关研究现状的阐述，本章将重点围绕笔者研究团队在电渗透新技术应用于强化污泥深度脱水方面的工作，以单纯电渗透污泥脱水试验（李亚林 等，2017b）、电渗透-活化过硫酸盐协同脱水试验（李亚林 等，2016c）、电渗透-过硫酸铵协同污泥脱水试验（李亚林 等，2017a）研究为基础，通过对试验基本原理、试验数据以及典型应用案例的阐述与分析，为电渗透新技术在强化污泥深度脱水中的应用提供技术参考。

5.1　电渗透污泥深度脱水的基本原理

5.1.1　单独电渗透污泥脱水的作用原理

由于污泥颗粒表面的胞外聚合物（extracellular polymeric substances，EPS）中含有 SO_4^{2-}、—COOH 等带有负电的官能团（Liao et al.，2001），为了平衡这些电荷，污泥颗粒表面会吸附一些阳离子，这便构成了污泥的双电层系统（于晓艳 等，2012），如图 5-1 所示。

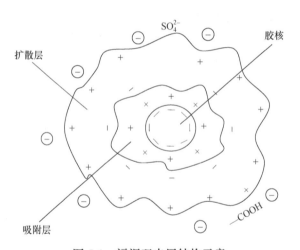

图 5-1　污泥双电层结构示意

将污泥置于通电容器中，在电场的作用下，污泥颗粒由于带有一定量的负电荷会向阳极移动，而 H_2O 由于带有部分正电荷会在电压驱动下向阴极移动，从而实现了污泥脱水的目的（Lee et al.，2002），原理示意如图 5-2 所示。

除了上述过程外，在电渗透脱水中还会伴随发生电化学反应和电迁移两种电动力学现象。

污泥电渗透脱水系统可以等效为一个电化学反应器，在对反应器中的污泥施加电压时，电极附近的 H_2O 就会发生电解反应，在阳极附近生成 H^+，在阴极附近生成 OH^-（Chinthamreddy，2003）。此外，阳极中的金属单质可能会失去电子生成金属离子，金属离子也可能会在阴极附近得到电子生成金属单质。这些电化学反应的发生受到电极材料和电解质中离子组成的影响。

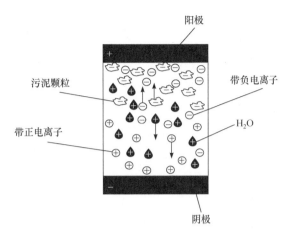

图 5-2　单独电渗透污泥脱水原理

与此同时，在对污泥施加电压的情况下，污泥中的金属离子、NH_4^+等阳离子会向阴极移动，而 Cl^-、SO_4^{2-}等阴离子会向阳极移动，每种离子的移动都受其自身的迁移速率影响（Tuan et al.，2010c）。在电解水的反应中，阳极附近产生 H^+，阴极附近产生 OH^-，在电场的作用下 H^+ 和 OH^- 会发生定向迁移，从而使阳极附近污泥的 pH 值降低，阴极附近污泥的 pH 值升高（Lee，2010；Reddy et al.，2006）。

5.1.2　电渗透−过硫酸盐氧化协同污泥脱水的作用原理

如 3.2.2 部分中所述，由于传统电渗透存在的一些问题，电渗透技术与其他技术联用是现今在污泥脱水应用中常用的一类改进手段。

传统电渗透技术虽然可以在一定程度上降低污泥的含水率，但在脱水过程中随着阳极附近污泥中的水分逐渐被去除，阳极的电阻随之增大，系统电流减小，靠近阴极的污泥脱水效果也会降低（Saveyn et al.，2006；Tuan et al.，2010a），最终会造成阳极侧污泥与阴极侧污泥含水率相差 20%～25%，影响泥饼的均匀性，不利于污泥后续处置和运输。

基于此，在本节的研究中笔者研究团队首先采用基于活化过硫酸盐的高级氧化技术与传统电渗透技术相结合，利用 Fe^{2+} 和电场作用协同活化过硫酸盐，产生的硫酸根自由基（$SO_4^- \cdot$）对污泥中的有机质的破坏作用，用以提高污泥的脱水效果，其反应示意如图 5-3 所示。

同时，利用生成的中性 $SO_4^- \cdot$ 随水迁移可以在泥饼中均匀分布的特点来改善阴、阳极附近污泥水分相差较大的问题，从而改善脱水泥饼的含水均匀性。

在上述电渗透-活化过硫酸盐协同脱水的研究中，笔者研究团队发现电渗透与 Fe^{2+} 活化过硫酸盐组合可以提高污泥脱水的效率，并且泥饼具有更好的均匀性，但由于脱水过程中 Fe^{2+} 和 $Na_2S_2O_8$ 的投加比例难以控制，同时 Fe^{2+} 在阴极易与 OH^- 反应产生沉淀堵塞滤布而限制了该技术在污泥脱水中的大规模应用（李亚林 等，2016c）。

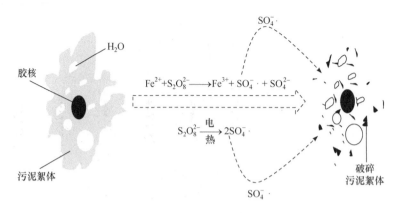

图 5-3　电渗透协同活化过硫酸盐污泥脱水原理

因此，研究团队用过硫酸铵$[(NH_4)_2S_2O_8]$替代活化过硫酸盐建立了电渗透-过硫酸铵协同污泥脱水体系，因为过硫酸铵易水解，可以增加污泥中自由离子数量从而提高电导率，同时不需要额外投加过渡金属离子活化，并且$(NH_4)_2S_2O_8$水解过程中还会生成氧化物质H_2O_2，两者相互激发形成氧化性更强的系统，对有机物具有更强的破坏作用，其反应示意如图 5-4 所示。

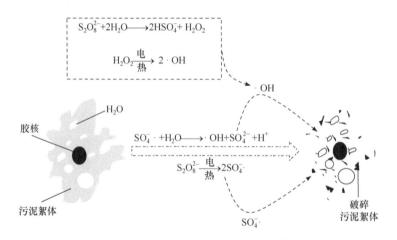

图 5-4　电渗透-过硫酸铵协同污泥脱水原理

5.2　试验材料与方法

5.2.1　试验污泥来源及其性质

本章试验中所取用的污泥均来自河南省郑州市新郑市第三污水处理厂，污泥为向剩余污泥中加入聚丙烯酰胺（PAM）后带式压滤所得的一次脱水污泥。由于污泥性质容易改变，为了减少由时间关系导致的污泥特性变化而对试验结果造成偏差，本章所有试验过程中使用的污泥均分期从污水处理厂取回，取得的污泥放入 4℃冰柜中冷藏保存，试验周期不超过 7d，超过时间后重新取用新的污泥并进行基本性质的测定，污泥的基本性质如表 5-1 所列。

表 5-1　脱水污泥的基本特性

批次	pH 值	含水率/%	有机质/%	蛋白质含量/（mg/g DS）			多糖含量/（mg/g DS）		
				S-EPS	LB-EPS	TB-EPS	S-EPS	LB-EPS	TB-EPS
S-1	8.23	83.45	45.27	—	—	—	—	—	—
S-2	6.56	84.88	46.53	—	—	—	—	—	—
S-3	7.10	88.99	53.34	67.41	60.32	168.54	3.25	0.20	8.70
S-4	6.90	85.00	46.08	44.46	45.11	149.02	0.35	0.53	6.32
S-5	7.20	84.11	45.55	45.19	49.04	167.21	1.21	1.15	9.84

注："—"表示未检测出。

5.2.2　试验药品

试验主要药剂如表 5-2 所列，其中高级氧化药剂包括过硫酸钠（$Na_2S_2O_8$）、过硫酸铵[$(NH_4)_2S_2O_8$]、硫酸亚铁（$FeSO_4 \cdot 7H_2O$），均为分析纯。

表 5-2　试验主要药品表

用途	药剂	级别	生产厂家
高级氧化	过硫酸钠	分析纯	天津致远化学试剂有限公司
	过硫酸铵	分析纯	天津致远化学试剂有限公司
	硫酸亚铁	分析纯	天津致远化学试剂有限公司
COD 测定	硫酸亚铁铵	分析纯	天津市化学试剂三厂
	硫酸银	分析纯	郑州派尼化学试剂厂
	重铬酸钾	优级纯	天津市化学试剂三厂
TOC 测定	邻苯二甲酸氢钾	特级纯	日本岛津
	碳酸钠	特级纯	日本岛津

5.2.3　试验装置

试验采用自制的垂直式脱水装置，如图 5-5 所示。污泥放置在内径为 90mm 的圆柱形有机玻璃中，上部的圆形碳片（纯度 90%）作阳极接正电，碳片上打有 7 个直径为 4mm 的孔，以便及时排出脱水过程中产生的气体和反渗液，反渗液通过软导管导入支撑管中，用蠕动泵（BT100M/YZ1515X，保定申辰泵业有限公司）将其抽出；下部的铜片（纯度99%）作阴极接负电，铜片上有 69 个直径为 2mm 的排水孔，以便及时排出脱除的水分。铜片表面铺有玻璃纤维滤布用于拦截污泥颗粒。试验用电由稳压直流电源（JP15020D，无锡安耐斯电子科技有限公司）供给，电源可显示电流电压变化。反应器下方放有电子天平（JA1003N，上海精密科学仪器有限公司）用于记录脱除水分的质量，在活塞上方添加重物（0.5～2.0g 质量不等的标准钢板）提供机械压力，污泥中放置热电偶温度计探头（TES1310，台湾泰仕电子工业股份有限公司）监测温度变化。

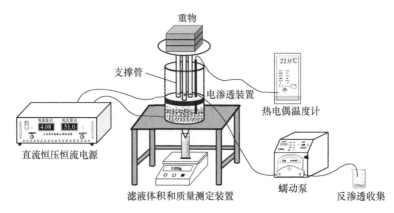

图 5-5　污泥电渗透脱水装置

5.2.4　试验方法

5.2.4.1　试验整体流程

（1）单独电渗透污泥脱水试验

原污泥取回进行特性分析后开展电渗透污泥脱水试验。首先通过单因素试验，以污泥脱水指标作为评价标准，考察机械压力、污泥厚度、电压梯度和污泥初始含水率在内的参数对污泥脱水效果的影响，之后根据单因素试验确定的最佳参数，通过表面响应法（response surface method，RSM）进行设计和参数优化，试验过程中记录各项试验参数，试验流程如图 5-6 所示。

（2）电渗透-高级氧化协同污泥脱水试验

① 电渗透-活化过硫酸盐体系。原污泥取回进行特性分析后展开电渗透污泥脱水试验。首先，通过单因素试验，考察机械压力、混匀方式、Fe^{2+} 和 $Na_2S_2O_8$ 投加比例、电压梯度、脱水时间和污泥厚度在内的参数对污泥脱水效果的影响，之后根据单因素试验确定的最佳参数，通过 RSM 进行设计和参数优化，试验过程中记录各项试验参数，试验流程如图 5-7 所示。

② 电渗透-过硫酸铵体系。原污泥取回进行特性分析后开展电渗透污泥脱水试验。

首先，通过单因素试验，考察过硫酸盐投加量、机械压力、电压梯度和污泥厚度在内的参数对污泥脱水效果的影响，之后根据单因素试验确定的最佳参数，通过 RSM 进行设计和参数优化，试验过程中记录各项试验参数，试验流程如图 5-8 所示。

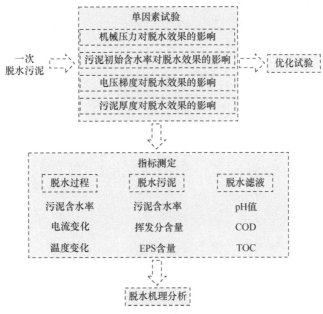

图 5-6　单独电渗透污泥脱水试验流程

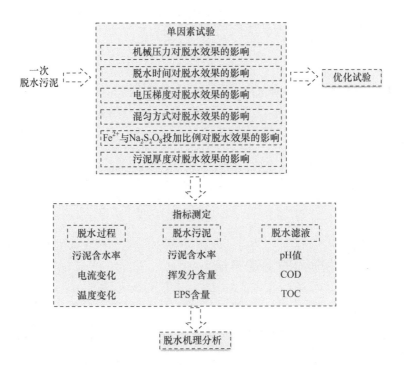

图 5-7　电渗透-活化过硫酸盐污泥脱水试验流程

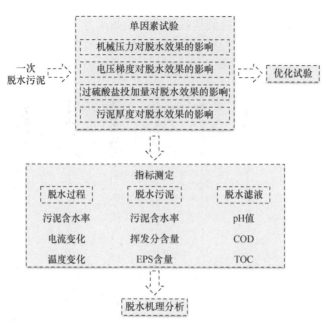

图 5-8　电渗透-过硫酸铵污泥脱水试验流程

5.2.4.2　污泥脱水指标的表征方法

试验中污泥的脱水指标用含水率降低率进行表征，如式（5-1）所示：

$$W_r = \frac{W_0 - W_t}{W_0} \times 100\% \tag{5-1}$$

式中，W_r 为污泥的含水率降低率，%；W_0 为原脱水污泥的含水率，%；W_t 为电渗透脱水泥饼的理论含水率，%，由式（5-2）计算得出。试验结束后，泥饼的实际含水率采用烘干称重法进行测定（Li et al.，2014）。

$$W_c = \frac{m_0 \times W_0 - m}{m_0 - m} \times 100\% \tag{5-2}$$

式中，m_0 为原脱水污泥的质量，g；m 为实时脱出滤液的质量，g。

5.2.4.3　污泥其他指标的测定方法

（1）滤液 COD 的测定
滤液 COD 的测定参照 4.2.3 部分中的测定方法。
（2）滤液 TOC 的测定
滤液 TOC 的测定参照 4.2.3 部分中的测定方法。

（3）污泥挥发分的测定

污泥中挥发分的测定参照《城市污水处理厂污泥检验方法》（CJ/T 221—2005）。

采用已恒重为 m_1 的瓷坩埚在天平上称取约 10g 的样品，将称有样品的瓷坩埚放在水浴锅上，待其中水分蒸发近干，将其移入烘箱（101-1A，北京中兴伟业仪器有限公司）内 103～105℃烘干 2h 后取出放入干燥器内，冷却约 0.5h 后称重，反复几次，直到恒重为 m_2。将烘干后的样品和瓷坩埚放入马弗炉中（550±50）℃灼烧 1h，关掉电源，待炉内温度降至 200℃左右时取出，放入干燥器，冷却后称重为 m_3。

挥发分的具体计算方法如式（5-3）所示：

$$挥发分 = \frac{m_2 - m_3}{m_2 - m_1} \times 100\% \qquad （5-3）$$

式中，m_1 为坩埚恒重后的质量，g；m_2 为 103～105℃下坩埚加烘干后污泥恒重后的总质量，g；m_3 为（550±50）℃下坩埚加灼烧污泥恒重后的总质量，g。

5.3　操作参数对污泥脱水效果的影响

按照 5.2.4.1 部分中所述的纯电渗透污泥脱水试验流程、电渗透-活化过硫酸盐污泥脱水试验流程和电渗透-过硫酸铵污泥脱水试验流程考察不同操作参数对污泥脱水效果的影响，为了更好地横向对比同一操作参数对不同污泥脱水体系的影响，3 种脱水体系的单因素试验在本章节中的阐述顺序与实际试验过程相比略有调整。

5.3.1　电压梯度对污泥脱水效果的影响

根据 Helmholtz-Smoluchowski 方程［式（5-4）］可知，在污泥性质相同的情况下电压梯度会影响电渗透过程的脱水效果（Tuan et al.，2008）。

$$v = \frac{\varepsilon_0 \varepsilon_r \zeta}{\eta} E \qquad （5-4）$$

式中，v 为电渗透作用引起的液体流动速度，m/s；ε_0 为真空介电常数，8.854×10^{-12}F/m；ε_r 为液体的介电常数；ζ 为污泥的 Zeta 电位，mV；E 为电压梯度，V/m；η 为液体介质的黏度。

本节分别针对单独电渗透污泥脱水和电渗透-高级氧化协同污泥脱水开展研究，控制其他参数条件不变，改变污泥脱水的电压梯度，考察不同电压梯度对污泥脱水效果的影响。

5.3.1.1　单独电渗透污泥脱水试验

称取 60g 污泥，将污泥置于电渗透反应器中，控制通电电压分别为 10V/cm、20V/cm、

30V/cm、40V/cm、50V/cm、60V/cm，放入活塞后控制机械压力为 23.12kPa，通电 30min。通电过程中记录实时脱水量并计算 W_r，脱水结束后测定泥饼含水率，试验结果如图 5-9 所示。

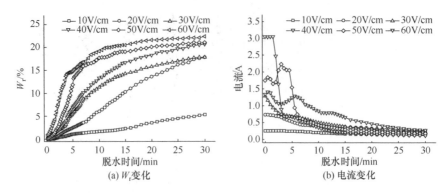

图 5-9 不同电压梯度对污泥脱水效果的影响（一）

根据图 5-9（a）可以看出，W_r 随着电压的增加而增大，这与 Helmholyz-Smoluchowski 理论相吻合，即电压梯度直接影响污泥中的电渗流量，在电渗流作用下脱水过程中随着电压梯度的增加，水分由阳极向阴极迁移的速率加快。

由图 5-9（a）中数据分析还可以发现当通电电压为 60V/cm 时，根据电渗透脱水量理论计算得到的污泥脱水效果最好，但在脱水完成后实际测得污泥脱水效果最佳的通电电压为 50V/cm，W_r 可达到 42.12%，而通电电压为 60V/cm 时实测的 W_r 只能达到 31.42%，甚至低于通电电压为 40V/cm 时的实测 W_r（35.57%）。造成上述现象的主要原因是在电渗透污泥脱水过程中，电压的改变会使初始电流有较大的变化，电流过高时会产生大量热量使一部分 H_2O 快速蒸发，也会加快 H_2O 的电解速率，造成称量装置收集的水分并不是污泥脱出水分的总量。

随着通电电压的变化，污泥内部的电流也发生了明显的改变，图 5-9（b）中所显示的通电电压为 40V/cm 与 50V/cm 时脱水过程中的初始电流没有通电电压为 60V/cm 时的电流高，在通电电压为 60V/cm 时，由于初始电流过大，阳极侧污泥的水分迅速流失，电阻升高，电流在 2min 时急速下降到很低的范围，此时不仅电渗透脱水速率减小，电渗透过程中产生的其他去除水分的反应也随之减弱，导致最终 W_r 与图 5-9（a）中显示的结果有一定偏差。

综合分析，当通电电压为 50V/cm 时，不仅可以使污泥中的水分在电迁移的作用下迅速排出系统，同时保持初始电流在一定的范围内，使电迁移作用可以持续地对污泥进行脱水，最终使 W_r 达到一个较高的水平。

5.3.1.2 电渗透-高级氧化协同污泥脱水试验

通过 5.3.1.1 部分中单独电渗透污泥脱水试验的结果可以发现，污泥的脱水效果随着施加电压梯度的增加而呈现出明显的上升趋势，相关研究（董立文，2012a）表明传统电渗透在综合考虑脱水效果、能耗等条件下的最佳电压梯度为 30V/cm，但众多单独电渗透污泥脱水研究中对于最佳脱水电压的结论并不一致。

笔者通过前期试验发现，在传统电渗透污泥脱水的基础上加入高级氧化剂后，在低电压梯度下通过污泥的电流较大，因此，基于节能、保护电源电路的前提下设置合理的电压梯度范围用来研究电压梯度对电渗透-高级氧化协同对污泥脱水效果的影响。

（1）电渗透-活化过硫酸盐体系

称取 60g 污泥，控制 Fe^{2+}：$Na_2S_2O_8$ 为 1：1，用定量蒸馏水溶解与脱水污泥混匀后放入装置，污泥厚度为 1.0～1.1cm，机械压力为 17.59kPa，控制初始电压分别为 5V/cm、8V/cm、11V/cm、15V/cm，脱水时间为 30min，通电过程中记录实时脱水量，并计算 W_r，脱水结束后测定泥饼含水率，试验结果如图 5-10 所示。

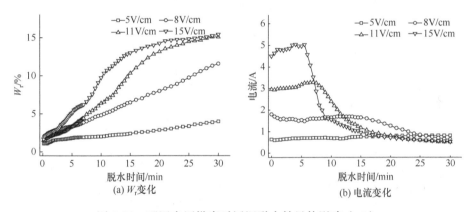

图 5-10　不同电压梯度对污泥脱水效果的影响（二）

由图 5-10（a）分析可以发现 W_r 随着电压的增加而升高，这一变化规律仍与 Helmholtz-Smoluchowski 方程相吻合，与单独电渗透脱水体系相比活化过硫酸盐的加入并未改变这一规律，即随着脱水过程中电压升高，污泥中的水分在电渗流作用下从阳极向阴极移动的速率加快。

由图 5-10（b）分析可知，脱水过程中的电流变化呈现先上升后下降的趋势，最后趋于稳定。这主要是因为在污泥电渗透脱水的前期过程中机械压力使电极与脱水污泥紧密地结合在一起，且污泥颗粒的间隙被水分填满，污泥电阻减小，电导率升高，电流增大。但是随着电渗透脱水的进行，由于污泥孔隙间的水分在电渗透过程中的迅速流失，泥饼中的电阻随之增大，此时距离阳极区域较近的污泥因干化破裂而出现大量裂痕，从而导致污泥与阳极的接触面积变小，进而引起通过泥饼的电流减小（Tuan et al.，2010b）。

如试验过程中在初始通电电压为 15V/cm 时，初始电流会迅速增大而进入恒流模式，随着脱水时间的延长，污泥含水率降低，导电性下降，电阻增大，随后电流快速降低，最终污泥的含水率降低率为 15.41%，仅与初始电压 11V/cm 时的含水率降低率（15.07%）相当。对比通电电压为 15V/cm 与 11V/cm 时的泥饼含水率分别为 60.42% 和 62.86%，仅相差 2% 左右。

（2）电渗透-过硫酸铵体系

称取 140g 脱水污泥（厚度为 2.0cm），控制机械压力为 23.1kPa，为对比过硫酸铵替代过硫酸钠的脱水效果，故控制脱水起始阶段 $S_2O_8^{2-}$ 的物质的量与过硫酸钠体系相同，以前期研究中过硫酸钠的最佳投加量换算出过硫酸铵的投加量为 60mg/g DS，溶于 5mL 蒸馏水中与脱水污泥混合均匀后放入装置，在通电电压 5V/cm、10V/cm、15V/cm、20V/cm、25V/cm 的条件下进行试验，当污泥脱水量小于 0.01g/s 时（Yu et al.，2017）即认为脱水过程结束，通电过程中记录实时脱水量，并计算 W_r，试验结果如图 5-11 所示。

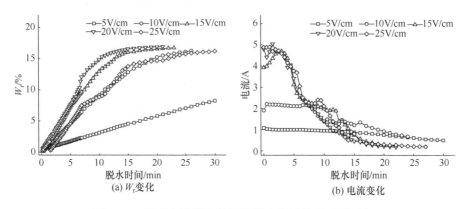

图 5-11　不同电压梯度对污泥脱水效果的影响（三）

由图 5-11（a）分析可知，当通电电压低于 20V/cm 时，W_r 随着电压梯度的增加而增加，达到最高 W_r 的时间逐步缩短，脱水效率逐步上升。造成上述现象的主要原因是电压提升导致脱水初期的电驱动力增加，这一变化规律同样与电渗透的 Helmholtz-Smoluchowski 方程吻合。

如前所述，电渗透脱水过程中电压梯度的增加使水分通过电渗透作用从阳极向阴极移动的速率加快，脱水效果增强。当电压为 20V/cm 时，13min 后 W_r 增至 16.92%，泥饼的理论含水率为 70.02%。而随着通电电压继续升高，当电压梯度大于 20V/cm 时，W_r 随着电压梯度的升高而降低，W_r 达到最大值的时间逐渐缩短。这是因为在恒压模式下，随着初始电压的增大，初始电流也会随之升高，接近阳极附近的污泥迅速脱水，导致此处泥饼电阻急剧增加，施加的电压会大量分布在阳极脱水层附近，阴极附近污泥所分电压降低，电场强度相应减小，脱水驱动力减弱，脱水效果不理想。

在投加 $(NH_4)_2S_2O_8$ 进行污泥电渗透脱水时，电压梯度的增减导致反应时温度的升降同样是影响污泥脱水效果的一个重要因素，试验中对体系温度进行了测定，结果如图 5-12 所示。

由图 5-12 分析，当电压较低时体系温度始终维持在较低水平，随着电压的升高，电流增大，温度迅速升高，而高温产生的热量可以使 $(NH_4)_2S_2O_8$ 中的 O—O 键在热辐射作用下发生断裂反应，具体反应如式（5-5）所示（Tan et al.，2012）：

$$S_2O_8^{2-} \xrightarrow{\text{热辐射}} 2SO_4^- \cdot \qquad (5\text{-}5)$$

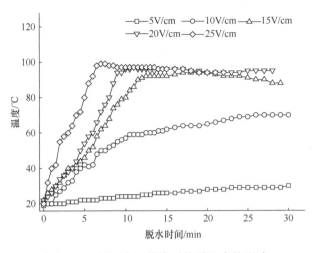

图 5-12　不同电压梯度对体系温度的影响

在式（5-5）的反应过程中，生成的 $SO_4^-\cdot$ 可以破坏污泥中的 EPS 等有机成分，同时电解作用在阴、阳极形成的 OH^- 和 H^+ 也可以有效破坏污泥中的细胞，促使污泥中的束缚水向自由水转化，改善污泥的脱水性能。但随着电压持续增加，W_r 有所下降，在电压梯度为 25V/cm 时，W_r 为 16.59%，与 20V/cm 时相比略有降低，电压的增加没有改善脱水效果，反而耗时更长。因为电压过大，污泥中水分迅速流失导致电阻增加（Saveyn et al.，2006），电流减小，产生热量减少，对 $S_2O_8^{2-}$ 的活化作用降低；另一方面，温度过高时同一时间产生的大量 $SO_4^-\cdot$ 之间存在猝灭反应，不能有效破坏有机物，在传递过程中被消耗，利用率降低，脱水效果变差。

5.3.1.3　小结

① 对于单独电渗透污泥脱水和电渗透-高级氧化协同污泥脱水过程，电压梯度均会直接影响污泥中的电渗流量，脱水过程中随着电压梯度的增加，在电渗流作用下水分由阳极向阴极迁移的速率就越快，即符合 Helmholyz-Smoluchowski 理论。

② 与单独电渗透污泥脱水相比，电渗透-高级氧化协同污泥脱水过程中相同的通电电压可以带来更大的电流变化，这主要归因于活化过硫酸盐和过硫酸铵的加入，而这一变化可以对污泥中的有机物造成更大的破坏。

5.3.2　机械压力对脱水效果的影响

5.3.2.1　单独电渗透污泥脱水试验

称取 60g 脱水污泥，污泥厚度为 1.0cm，将污泥置于电渗透反应器中，控制电压为

30V/cm，放入活塞后控制机械压力分别为 7.71kPa、15.41kPa、23.12kPa、30.86kPa，通电 30min。通电过程中记录实时脱水量并计算 W_r，脱水结束后测定泥饼含水率，试验结果如图 5-13 所示。

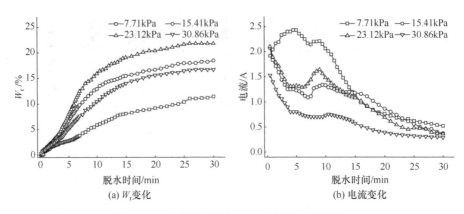

(a) W_r 变化   (b) 电流变化

图 5-13   不同机械压力对含水率降低率的影响

由图 5-13（a）分析可知，当对污泥施加不同机械压力时，W_r 变化曲线总体呈现出 S 形，在脱水初期 W_r 迅速增加，之后增长趋势减缓。当机械压力在 23.12kPa 以下时，W_r 随着压力的增加而增大，这是因为机械压力的增加使阳极与污泥接触面积增大，接触程度也更紧密。同时，机械压力的增加会对污泥进行一定程度的压缩，缩小污泥间的空隙，并对被电能活化的水分施加压力使其快速地向阴极迁移，通过滤布排出系统，提升脱水效果。当机械压力为 7.71kPa 时，在图中显示的脱水效果最差，机械压力为 23.14kPa 时的电渗流速度在条件试验中是最快的。由于污泥的可压缩性强，当机械压力为 30.86kPa 时，污泥被过度压缩，水分的过滤通道关闭，部分水分不能及时流出（时亚飞，2014），从而使 W_r 降低。

不同机械压力条件下的曲线变化规律相似，但脱水量有显著差异，不同机械压力条件下脱水后污泥的性质如表 5-3 所列。

表 5-3   不同机械压力脱水后污泥的性质

机械压力/kPa	污泥初始含水率 W_0/%	污泥理论含水率 W_t/%	污泥实际含水率 W_c/%	含水率降低率 W_r/%
7.71	84.88	75.21	62.66	26.28
15.43	84.88	69.24	53.37	36.98
23.12	84.88	66.40	51.59	39.31
30.83	84.88	70.73	54.40	35.88

由表 5-3 可以看出，机械压力与污泥含水率并未呈现正相关关系。造成理论含水率与实际含水率偏差是因为电渗透过程中会产生热量，一部分水分会随之蒸发，电渗透过程还伴随着电解水等反应（Gharibi et al.，2013），造成部分水分的损失；另外，从泥饼中脱出的一些水分也会滞留、黏附在装置上，最终导致理论含水率高于实际含水率。

结合图 5-13（b）中的电流变化分析发现，电渗透脱水过程中的电流总体变化是先降低再升高最后再逐渐减小，由于在电渗透作用的初始阶段，初始电流较大，电渗透速度快，泥饼中水分迅速减少，污泥的电导率也随之降低，因此电流降低；电渗透进行一段时间后，一部分污泥细胞的结构被破坏，其细胞内的阴阳离子、有机质被释放到细胞外，增大了泥饼的电导率，所以出现电流降低后再升高的现象。电渗透作用对细胞的破坏有一定的限度，因此在电渗透的最终阶段，随着泥饼中水分向阴极迁移，阳极附近的泥饼干化，电阻逐渐增大，电流也会减小。

　　当机械压力为 7.71kPa 时，污泥脱水过程中电流高于其他压力条件下的电流，而当机械压力为 30.86kPa 时污泥脱水过程中电流低于其他压力条件下的电流，因为在机械压力较小的情况下，污泥内水分的迁移阻力较小，脱水过程中通过污泥的电流较高（Yu et al.，2010）；而当机械压力超过一定程度时，施加压力的效果将减弱，因为随着压力的增加，污泥颗粒间被逐渐压实，增加了内部水分的迁移阻力（Olivier et al.，2014），从而造成了电流的降低。

　　值得注意的是，当机械压力为 7.71kPa 时电流始终高于其他条件试验的电流，这是由于施加的机械压力小，电渗流速度小，污泥含有的水量大，根据欧姆定理可知，电压不变，污泥的含水率越高电阻越小，电流越高；然而，当机械压力为 7.71kPa 时的 W_r 最小，这是由于压力可以促进阳极与污泥的导电性（李铖 等，2014），还会对污泥形成挤压，加快其中被电场力活化的水分向阴极迁移的速率。但当机械压力增加到 30.86kPa 时，污泥被过度挤压，并在反应器内被分离成 2 种泥，如图 5-14 所示。

　　此时，在电渗透脱水装置中存在一种受机械压力作用较明显处于反应器上部的"干泥"（含水率小于初始含水率）；一种受机械压力影响较小，吸收了干泥排出水分的处于反应器边缘和下层的"湿泥"（含水率高于初始含水率）。由于干泥的电阻较大，污泥的总电阻也增大，因此，当机械压力为 30.86kPa 时，电流小于其他条件试验的电流。

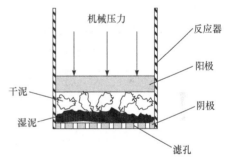

图 5-14　机械压力对污泥的影响

5.3.2.2　电渗透-高级氧化协同污泥脱水试验

　　结合 5.3.2.1 部分中机械压力对脱水效果的影响可以发现，在单纯电渗透污泥脱水过程中，在一定的机械压力范围内，压力的变化对于污泥最终含水率影响的差别不明显，为了进一步验证这种假设并考虑到两种电渗透-高级氧化协同污泥脱水的相似性，以电渗透-过硫酸铵体系为对象进行了研究。

　　称取 140g 脱水污泥（等效厚度为 2cm），控制电压为 20V/cm，$(NH_4)_2S_2O_8$ 投加量

为 60mg/g DS，用定量蒸馏水溶解并与脱水污泥混匀后放入装置，在机械压力分别为
7.7kPa、15.4kPa、23.1kPa、30.8kPa、38.5kPa 下进行试验，结果如图 5-15 所示。

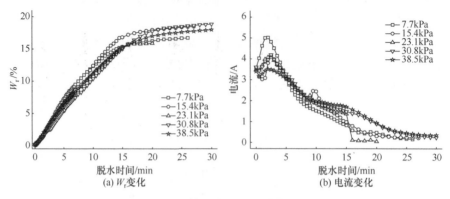

图 5-15　机械压力对污泥脱水的影响

由图 5-15 可知，在电渗透-过硫酸铵体系中机械压力的改变对脱水的影响与单纯电渗透体系相比并不明显，随着机械压力的增加 W_r 随之增加，在压力为 30.8kPa 时 W_r 为 18.87%，泥饼理论含水率降低至 68.38%，之后再继续增加压力至 38.5kPa，W_r 和电流峰值均出现明显下降。因为施加机械压力是为了减少污泥颗粒间的空隙，使间隙水被挤压出来并保证电极板与污泥紧密接触。在脱水初期污泥颗粒间的空隙会因为压力的增大而缩小，间隙水在压力作用下被挤出，同时，在污泥电渗透脱水进程中，阴、阳极两端水电解会生成 O_2、H_2、H^+、OH^- 等物质，如式（5-6）～式（5-8）所示：

$$阳极：2H_2O \longrightarrow O_2 + 4H^+ + 4e^- \tag{5-6}$$

$$阴极：2H_3O^+ + 2e^- \longrightarrow 2H_2O + H_2 \tag{5-7}$$

$$2H_2O + 2e^- \longrightarrow H_2 + 2OH^- \tag{5-8}$$

而随着压力的进一步增大，污泥中的空隙逐渐缩小至极限，加大了污泥颗粒间水分的运动阻力，同时，$(NH_4)_2S_2O_8$ 易溶于水生成 NH_4^+ 和 $S_2O_8^{2-}$，如式（5-9）所示，离子间相互反应生成的气体[如式（5-10）所示]会在泥饼与阴阳极板之间形成气膜（肖秀梅，2017），增大极板附近的电阻，阻碍电渗流的移动，影响污泥的脱水效果。但反应装置上导流反渗液通道的存在可以有效降低这种阻碍，增大泥饼电流密度从而提高污泥含水率降低率。

$$(NH_4)_2S_2O_8 \longrightarrow 2NH_4^+ + S_2O_8^{2-} \tag{5-9}$$

$$NH_4^+ + OH^- \longrightarrow NH_3 + H_2O \tag{5-10}$$

5.3.2.3　小结

① 对于单独电渗透污泥脱水和电渗透-高级氧化协同污泥脱水过程，机械压力的作

用是保证电极与污泥的紧密接触。

② 在单独电渗透污泥脱水过程中，在机械压力维持在一定范围内时污泥含水率降低率的差别并不明显；在电渗透-过硫酸铵体系中，机械压力的改变对脱水的影响与单纯电渗透体系相比并不明显。

5.3.3　污泥厚度对脱水效果的影响

在关于电渗透污泥脱水的以往研究中，许多研究者在污泥厚度对脱水效果的方面得出的结论基本一致（Al-Asheh et al.，2004；Rabie，1993），即在相同电压梯度下，随着污泥厚度的增高，污泥的脱水效果会变差。

本小节分别针对单独电渗透污泥脱水和电渗透-高级氧化协同污泥脱水开展研究，在控制其他参数条件不变的前提下改变污泥厚度，考察不同污泥厚度对污泥脱水效果的影响。

5.3.3.1　单独电渗透污泥脱水试验

由于污泥具有良好的可压缩性，不同来源的污泥性质也不同，当施加不同压力时其厚度也会有不同程度的变化，试验中需要根据所取污泥长期的测试对污泥质量和厚度之间做等效换算，在单独电渗透试验中发现该来源污泥质量为 30g、48g、60g、72g 时厚度分别为 0.5cm、0.8cm、1.0cm、1.2cm，后续若无特殊说明，污泥厚度与污泥质量之间均按此等效关系进行换算。

称取定量污泥，污泥厚度分别为 0.5cm、0.8cm、1.0cm、1.2cm，电压为 50V/cm，放入活塞后控制机械压力为 23.12kPa，通电 30min。通电过程中记录实时脱水量并计算 W_r，脱水结束后测定泥饼含水率，试验结果如图 5-16 所示。

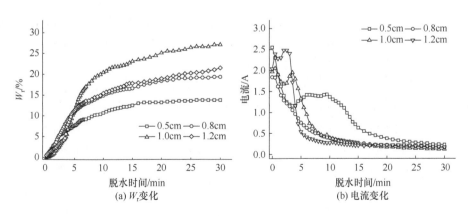

图 5-16　污泥厚度对污泥脱水的影响

由图 5-16 分析可知，污泥的厚度差异会直接影响电渗透的脱水效果。当污泥厚度为 1.2cm 时，W_r 为 21.53%，实测含水率降低率为 37.44%，泥饼实际含水率为 53.18%，与 1.0cm 厚度污泥的含水率降低率相比有明显下降，两者实际污泥含水率相差 2.41%，主要是因为在电渗透脱水的起始阶段，靠近阳极一侧的污泥快速失水而导致电阻迅速变大，而靠近阴极区域的污泥由于含水率较高，电阻相对较小，此时根据欧姆定理可知，阴极附近污泥所分得的驱动电压也就会变小，因此电渗透脱水过程便难以继续进行（Saveyn et al.，2006）。当污泥厚度增加时，阴极附近含水率较高的污泥占比就越大，分得的驱动电压越少，最终导致污泥的脱水效果变差。

5.3.3.2　电渗透-高级氧化协同污泥脱水试验

（1）电渗透-活化过硫酸盐体系

分别称取质量为 40g、60g、100g、140g 的污泥，过硫酸盐投加量为 100mg/g DS，Fe^{2+}：$Na_2S_2O_8$ 为 1：1，用定量蒸馏水溶解并与脱水污泥混匀后放入装置，并测量污泥厚度分别为 0.66cm、1.05cm、1.66cm、2.33cm，机械压力为 17.59kPa，控制初始电压为 11V/cm，通电过程中记录实时脱水量，并计算 W_r，脱水结束后测定泥饼含水率，试验结果如表 5-4 所列。

表 5-4　污泥厚度对污泥脱水效果的影响

污泥质量/g	污泥厚度/cm	脱水污泥含水率降低率/%	脱水污泥含水率/%
40	0.66	4.74	75.55
60	1.05	11.32	69.59
100	1.66	9.81	60.40
140	2.33	8.82	58.38

由表 5-4 分析可知，污泥厚度对污泥脱水率有一定的影响，随着污泥厚度的增加，脱水率出现了先增大后减小的趋势，但泥饼含水率则随着污泥厚度的增加而下降，这与传统污泥电渗透脱水的结论不同。

在传统单纯电渗透污泥脱水过程中，由于前期电流的迅速升高，阳极附近污泥中的水分得以快速去除导致污泥电阻增大，同时在污泥表面形成裂缝，减小污泥与阳极的接触面积，也致使污泥电阻进一步加大，阳极附近的污泥会快速失去水分导致电阻增加；而距离阴极较近的污泥与阳极附近的污泥相比含水率较高，则电阻也相对较小（Ho et al.，2001）。依照欧姆定律，当电阻发生变化时，阴极在脱水过程中分得的驱动电压也会随之变小，从而导致脱水过程难以持续（Yang et al.，2005）。随着污泥厚度的增加，距离阴极区域较近含水率较高的污泥也随之增加，这一现象越明显，导致最后脱水污泥上下层含水率相差可达 20%～25%，严重影响脱水污泥的均匀性，大大增加了后续处理处置的难度以及处置费用。

而在电渗透-活化过硫酸盐体系中，由于 Fe^{2+} 和电场作用协同活化 $Na_2S_2O_8$ 产生

$SO_4^-\cdot$对污泥中有机质进行有效的氧化分解，提高了污泥的脱水性能；此外加入的高级氧化剂为系统提供了额外的 Fe^{3+}、$S_2O_8^{2-}$、Na^+ 等游离态离子，减小污泥电阻，增加了污泥的电导率，减缓了系统电流减小的速度，进而使分得的驱动电压维持在一定水平，从而改善污泥的电渗透脱水效果。

（2）电渗透-过硫酸铵体系

称取脱水污泥控制厚度分别为 1cm、2cm、3cm、4cm，机械压力为 30.8kPa，电压为 20V/cm，$(NH_4)_2S_2O_8$ 投加量为 60mg/g DS，用定量蒸馏水溶解与脱水污泥混匀后放入装置进行试验，结果如图 5-17 所示。

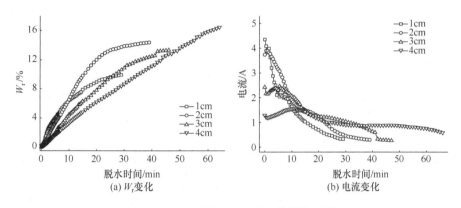

图 5-17　阴阳极间距对污泥脱水的影响

由图 5-17 分析，污泥厚度对脱水效果有一定影响，厚度为 2cm 时，W_r 在 22min 时达到 14.36%，优于其他厚度条件下的脱水效果。因为厚度过小时，在电压作用下阳极区域的污泥迅速脱水干裂，与电极的接触面积变小，致使电流迅速降低，脱水效果变差（Mahmoud et al., 2011）；而随着厚度增加，污泥中离子在阴阳极板间运动的路程和阻力均变大，电阻随着厚度增大而变大，则恒压模式下电流减小，$S_2O_8^{2-}$ 不能被充分活化，对污泥絮体的破坏有限，且电流越小脱水时间越长，脱水效果变差。

当污泥厚度为 2cm 时，该条件下电流产生的温度可以有效地对污泥中有机物造成破坏，具体变化如图 5-18 所示。

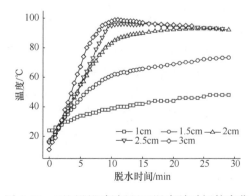

图 5-18　不同阴阳极间距下温度随时间的变化

不仅如此，污泥厚度为 2cm 时，阳、阴极附近电解水形成酸碱环境，对污泥脱水也有促进作用，因为 $(NH_4)_2S_2O_8$ 在酸、碱条件下均有较高活性，酸性条件下有 $SO_4^- \cdot$，碱性条件下有 $\cdot OH$ 存在。$\cdot OH$ 的生成是在靠近阴极的碱性环境下，$S_2O_8^{2-}$ 发生碱性活化效应生成低氧化性物质 $H_2O_2[(ORP_{H_2O_2} = 1.7V) < (ORP_{S_2O_8^{2-}} = 2.01V)]$，如式（5-11）所示，$SO_4^- \cdot$ 氧化水或 OH^- 生成 $\cdot OH$，如式（5-12）与式（5-13）所示。

$$S_2O_8^{2-} + 2H_2O \longrightarrow 2HSO_4^- + H_2O_2 \tag{5-11}$$

$$SO_4^- \cdot + H_2O \longrightarrow HSO_4^- + \cdot OH \tag{5-12}$$

$$SO_4^- \cdot + OH^- \longrightarrow SO_4^{2-} + \cdot OH \tag{5-13}$$

$\cdot OH$ 和 $SO_4^- \cdot$ 相互激发，形成了氧化性更强的系统，对污泥絮体的破坏程度进一步增强（杨世迎 等，2008），一方面可使难降解有机物转化为易降解有机物，另一方面可以提高泥饼脱水率达到更好的脱水效果。

5.3.3.3　小结

① 在单纯电渗透污泥脱水过程中，随着污泥厚度的增加，脱水率出现了先增加后减小的趋势，但泥饼含水率则随着污泥厚度的增加而下降，这与传统污泥电渗透脱水的结论不同。

② 相较于单纯电渗透体系而言，电渗透-高级氧化体系中，由于过硫酸盐产生的强氧化自由基对污泥中有机质的有效氧化分解，一定程度上可以减小污泥电阻，增加污泥的导电率，在同等条件下增加处理污泥的总量。

5.3.4　过硫酸盐用量对脱水效果的影响

5.3.4.1　电渗透-高级氧化协同污泥脱水试验

（1）电渗透-活化过硫酸盐体系

称取 60g 污泥，$Na_2S_2O_8$ 的投加量分别为 0mg/g、50mg/g、60mg/g、80mg/g、100mg/g、120mg/g DS，溶于 5mL 蒸馏水中并与脱水污泥混合均匀后放入装置，污泥厚度为 1.0～1.1cm，控制初始电压为 13V/cm，加入活塞后控制机械压力为 17.59kPa，通电 20min。通电过程中记录实时脱水量，并计算 W_r，脱水结束后测定泥饼含水率，试验结果如图 5-19 所示。

由图 5-19 分析可知，在仅采用电渗透条件时，投加 $Na_2S_2O_8$ 不但没有增强污泥的脱水效率，反而降低了污泥的脱水效率，因为单纯的 $Na_2S_2O_8$ 在一般条件下相对较稳定，$S_2O_8^{2-}$ 在电极上会发生还原反应而产生 $SO_4^- \cdot$，但由于该反应是连续的 2 个单电子过程，$SO_4^- \cdot$ 作为还原中间体产生的数量有限，无法有效破坏污泥中的有机质（Zhao et al.，

2010）；另外，由于产生 SO_4^-·对污泥的破坏会造成污泥颗粒的减小（Shi et al., 2015），细小颗粒极易堵塞滤布，滤液无法及时排出，使污泥的脱水效率降低，最终泥饼含水率仅维持在 79%～80%。

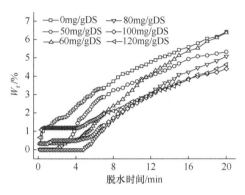

图 5-19 $Na_2S_2O_8$ 投加量对污泥脱水的影响

同时，脱水中发现 $Na_2S_2O_8$ 的投加对电渗透的初始电流有一定的影响，结果如表 5-5 所列。

表 5-5 过硫酸盐投加量对电流的影响

$Na_2S_2O_8$ 投加量/（mg/g DS）	初始电流/A	结束电流/A
0	1.50	0.43
50	3.30	0.28
60	2.04	0.57
80	2.34	0.62
100	2.54	0.66
120	2.24	0.84

在投加 $Na_2S_2O_8$ 后电渗透装置的初始电流与不加 $Na_2S_2O_8$ 的初始电流相比有所增加，分析原因是 $Na_2S_2O_8$ 加入后分解为 Na^+ 和 $S_2O_8^{2-}$，增加了水的导电性，从而造成了电流的增大，理论上电流的增大能在一定程度上改善电渗透污泥的脱水效果（Glendinning et al., 2010；Larue, 2006），但实际的脱水效果并不理想。

由于单纯投加 $Na_2S_2O_8$ 对污泥脱水的影响不明显，因此考虑加入 Fe^{2+} 促进 $Na_2S_2O_8$ 的活化。称取 60g 污泥，控制 Fe^{2+}：$Na_2S_2O_8$ 分别为 0.5:1、1:1、1.5:1、2:1、2.5:1，用定量蒸馏水溶解并与脱水污泥混匀后放入装置，污泥厚度为 1.0～1.1cm，因 Fe^{2+} 加入后脱水体系初始电流增大，故限定试验电压为 11V/cm，控制机械压力为 17.59kPa，并通电 30min，通电过程中记录实时脱水量，并计算 W_r，脱水结束后测定泥饼含水率，试验结果如图 5-20 所示。

由图 5-20（a）分析可知，污泥脱水效率随着 Fe^{2+}：$Na_2S_2O_8$ 比例的升高而变化，当 Fe^{2+}：$Na_2S_2O_8$ 为 2：1，脱水时间为 30min 时，污泥脱水效率最高，维持在 12.86%，此时泥饼含水率为 65.68%。在试验过程中，Fe^{2+} 在常温下就能使 $Na_2S_2O_8$ 分解产生 $SO_4^- \cdot$，具体反应如式（5-14）和式（5-15）所示（Zhen et al., 2012a）：

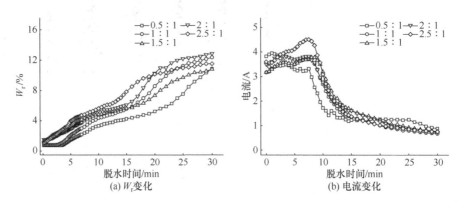

图 5-20　Fe^{2+}：$Na_2S_2O_8$ 对污泥脱水的影响

$$Fe^{2+} + S_2O_8^{2-} \longrightarrow Fe^{3+} + SO_4^- \cdot + SO_4^{2-} \tag{5-14}$$

$$SO_4^- \cdot + Fe^{2+} \longrightarrow Fe^{3+} + SO_4^{2-} \tag{5-15}$$

$Na_2S_2O_8$ 活化会在短时间内发生，中间产物 $SO_4^- \cdot$ 会被过剩的 Fe^{2+} 消耗，同时 Fe^{2+} 会向 Fe^{3+} 转化，降低过硫酸盐的活化效率，从而共同限制了过硫酸盐的氧化能力（Zhen et al., 2012b）。

在试验过程中，当 Fe^{2+}：$Na_2S_2O_8$ 超过 1：1 时，滤液开始呈现黄色，随着 Fe^{2+}：$Na_2S_2O_8$ 比例的增大颜色逐渐加深，这说明 Fe^{2+} 开始反应不完全，部分转化为 Fe^{3+}；同时从图 5-20 中可以看出，当 Fe^{2+}：$Na_2S_2O_8$ 为 1：1 时污泥的脱水效率与 2：1 时的脱水效率相差不大，最终污泥脱水效率维持在 12.35%，泥饼含水率为 65.32%，故选取 Fe^{2+}：$Na_2S_2O_8$ 的最佳比例为 1：1。另外，从图 5-20（a）中可以看出 Fe^{2+} 的加入改变了污泥脱水的初始电压，与单纯投加过硫酸盐相比初始电压略有升高，这也是造成污泥脱水效率提升的原因之一。

（2）电渗透-过硫酸铵体系

称取脱水污泥控制厚度为 2cm，机械压力为 30.8kPa，电压梯度为 20V/cm，分别投加 10mg/g DS、20mg/g DS、30mg/g DS、40mg/g DS、50mg/g DS、60mg/g DS 的 $(NH_4)_2S_2O_8$，用定量蒸馏水溶解并与脱水污泥混匀后放入装置进行试验，结果如图 5-21 所示。

由图 5-21 分析可知，在投药量小于 30mg/g DS 时，W_r 随着投药量的增加而增加，在投药量为 30mg/g DS 时 W_r 达到 24.92%，泥饼理论含水率降至 63.27%。这是因为 $(NH_4)_2S_2O_8$ 易溶于水，不稳定易分解，在水中易发生水解反应（杨德敏 等，2012），如式（5-9）、式（5-11）和式（5-16）所示：

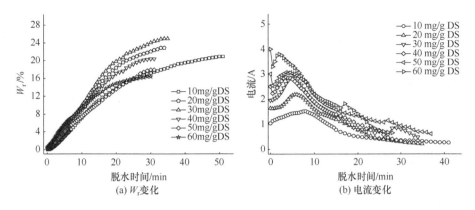

图 5-21　$(NH_4)_2S_2O_8$ 对污泥脱水的影响

$$(NH_4)_2S_2O_8 + H_2O \longrightarrow 2NH_4HSO_4 + H_2O_2 \qquad (5\text{-}16)$$

反应生成的 NH_4^+ 和 $S_2O_8^{2-}$通过电场作用在体系中自由移动，增强了水的导电性，电流增大，电流的增大产生的热效应会导致污泥温度升高，水的黏度降低（Citeau et al., 2011），脱水效果得到提高。

随着反应继续进行，电解水生成的 H^+使阳极附近呈酸性，生成的 OH^-使阴极附近呈碱性，在酸性和中性条件下，体系中与有机物发生反应的主要是 $SO_4^- \cdot$（Liang et al., 2008），而在强碱性条件下，$(NH_4)_2S_2O_8$ 可以产生超氧自由基等（$HO_2 \cdot$，$O_2^- \cdot$），如式（5-17）所示（Furman et al., 2010），并能进一步诱导 $S_2O_8^{2-}$产生 $SO_4^- \cdot$，同时 $SO_4^- \cdot$能与体系中的 OH^-反应生成 $\cdot OH$，如式（5-13）所示（Furman et al., 2011），此时与污泥发生反应的主要是 $\cdot OH$。

$$2S_2O_8^{2-} + H_2O \longrightarrow SO_4^- + 2SO_4^{2-} + O_2^- \cdot + 4H^+ \qquad (5\text{-}17)$$

这一点与 Fe^{2+}活化过硫酸钠体系相比有明显差异，因为在 Fe^{2+}在活化过硫酸钠生成 $SO_4^- \cdot$的同时，过剩的 Fe^{2+}也会造成 $SO_4^- \cdot$的消耗，反应如式（5-14）和式（5-15）所示（Zhen, 2012a）。

在反应过程中 Fe^{2+}向 Fe^{3+}转化，与阴极电解产生的 OH^-生成沉淀，引起污泥的电导率下降，而削弱过硫酸盐的氧化能力，因此过硫酸铵与过硫酸钠体系相比，氧化能力更强，体系中的 $SO_4^- \cdot$和 $\cdot OH$ 可以对污泥持续造成破坏，使脱水性能得到改善。

当投药量大于 30mg/g DS 时，W_r 随着投药量的增加而减小，脱水效果变差，因为投药量的增加会造成体系中的 NH_4^+增多，NH_4^+易与 OH^-反应生成 NH_3，消耗体系中的 $S_2O_8^{2-}$，从而影响污泥的脱水效果，如式（5-18）所示（肖红霞 等，2016）：

$$2S_2O_8^{2-} + 4NH_3 + 2H_2O \longrightarrow 4SO_4^{2-} + O_2 + 4NH_4^+ \qquad (5\text{-}18)$$

另外，由试验结果发现当$(NH_4)_2S_2O_8$ 投加量为 60mg/g DS 时，W_r 由$(NH_4)_2S_2O_8$ 投加量为 30mg/g DS 时的24.92%下降至 16.38%，脱水效果不理想。说明在试验初始阶段虽然控制了 $S_2O_8^{2-}$的物质的量与过硫酸钠体系相同，但是由于上述$(NH_4)_2S_2O_8$ 与 $Na_2S_2O_8$ 在电场环境中的活化机理和氧化作用有所差异，最终导致污泥脱水的效果和变化规律也有明显区别，因此需要进一步对试验参数进行优化。

5.3.4.2　小结

① 在仅采用电渗透条件时，投加 $Na_2S_2O_8$ 不但不能改变污泥的脱水效率，反而降低了污泥的脱水效率，Fe^{2+} 的加入可以活化 $Na_2S_2O_8$，产生的 $SO_4^-\cdot$ 对污泥中的有机物具有破坏作用，污泥的脱水效果得到改善。

② 在电渗透-过硫酸铵体系中，当 $(NH_4)_2S_2O_8$ 投加量小于 30mg/g DS 时，W_r 随着投药量的增加而增加，在投药量为 30mg/g DS 时 W_r 达到 24.92%，泥饼理论含水率降至 63.27%。

5.3.5　优化参数对脱水效果的影响

根据 5.3.1、5.3.2、5.3.3、5.3.4 部分中各单因素试验结果，可以看出无论是在单纯电渗透污泥脱水或是电渗透-高级氧化污泥脱水过程中，各操作单因素除了直接对污泥脱水的效果会造成影响外，各因素间的交互作用同样会影响污泥的脱水效果。

本小节分别以单独电渗透污泥脱水和电渗透-高级氧化协同污泥脱水单因素试验为基础，开展基于 RSM 的参数优化试验，考察不同单因素间的交互作用对污泥脱水效果的影响。

5.3.5.1　单独电渗透污泥脱水试验

根据单因素试验结果，选取机械压力（A）、污泥厚度（B）、电压梯度（C）和初始含水率（D），以污泥含水率降低率为响应指标进行参数优化，通过计算机软件 Design-expert 10.0 来实现 Box-Behnken 的设计过程（Ferreira et al., 2007），共进行 29 组试验，采用二阶经验模型对变量的响应行为进行表征，因素水平及编码如表 5-6 所列。

表 5-6　变量水平及编码

变量	单位	编码水平		
		−1	0	+1
A	kPa	7.71	23.12	38.53
B	cm	0.8	1.0	1.2
C	V/cm	40	50	60
D	%	80	85	90

对结果进行回归分析，建立二次回归方程，即 $W_r = 39.44+3.57\times A+1.42\times B+2.49\times C-1.45\times D-3.10\times AD+7.76\times BD+5.27\times CD-2.69\times A^2-4.00\times B^2-7.88\times D^2$，二次曲面模型的方差分析及回归系数显著性检验如表 5-7 所列。

表 5-7　二次曲面模型的方差分析及回归系数显著性检验表

来源	偏差平方和	自由度	方差	F 值	Prob $(P)>F$	
模型	1145.03	10	114.50	14.62	<0.0001	显著
A	153.23	1	153.23	19.57	0.0003	
B	24.07	1	24.07	3.07	0.0966	
C	74.50	1	74.50	9.51	0.0064	
D	25.33	1	25.33	3.23	0.0889	
AD	38.32	1	38.32	4.89	0.0401	
BD	241.07	1	241.07	30.78	<0.0001	
CD	111.21	1	111.21	14.20	0.0014	
A^2	48.68	1	48.68	6.22	0.0226	
B^2	107.76	1	107.76	13.76	0.0016	
D^2	417.22	1	417.22	53.28	<0.0001	
残差	140.96	18	7.83			
失拟项	131.27	14	9.38	3.87	0.1003	不显著
纯误差	9.69	4	2.42			
总离差	1285.99	28				

表中 F 值和 P 值代表了相关系数的显著性（Montgomery，1997），模型 $F=14.62$，模型 $P<0.0001$ 表示模型显著（$P<0.05$），失拟项 $P=0.1003$，表示失拟性不显著（$P>0.05$），模型总体呈现显著性。同时，模型的决定系数 $R^2=0.8904$，调整决定系数 $R^2_{Adj}-R^2_{Pred}=0.8295-0.6756=0.1539$（<0.2），CV $=8.38\%$（<10%），表明试验的可信度和精确度高，说明回归方程拟合度高，试验误差小，结果显示二次方程模型能很好地模拟 4 个自变量对响应值 W_r 的影响。

为了进一步分析各因素的交互效应，对表 5-7 中的数据拟合得到二次回归方程的响应曲面及其等高线图，如图 5-22、图 5-23 以及图 5-24 所示，其中等高线呈椭圆形或者马鞍形则说明各因素间交互作用明显，若等高线呈现圆形则说明各因素间的交互作用较弱（唐海 等，2015）。

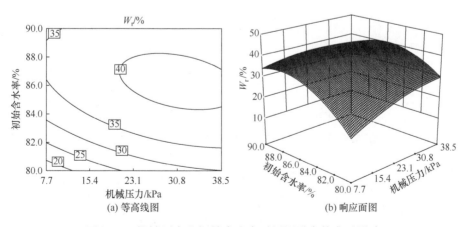

（a）等高线图　　　　　　　　　　（b）响应面图

图 5-22　机械压力和初始含水率对污泥脱水的交互影响

由图 5-22 分析可知，机械压力和初始含水率对 W_r 的交互作用高度显著，当机械压力在 7.71～38.53kPa 之间时，W_r 随着机械压力的增加而提高；当污泥初始含水率在 80%～90% 之间时，W_r 随着污泥初始含水率的增加呈现出先升高后降低的趋势，当污泥初始含水率在 87.8%～88.5%、机械压力在 18.7～23.5kPa 之间时，W_r 达到最大值。

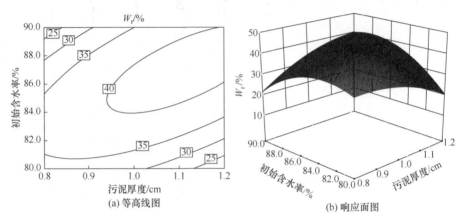

图 5-23　污泥厚度和初始含水率对污泥脱水的交互影响

由图 5-23 分析，污泥厚度和初始含水率对 W_r 的交互作用高度显著，当污泥厚度为 0.8～1.2cm、初始含水率在 80%～90% 之间时 W_r 随着污泥厚度和污泥初始含水率的增加出现了先升后降的趋势，当污泥厚度在 1.02～1.06cm、污泥初始含水率在 87.8%～88.5% 之间时 W_r 达到最大值。

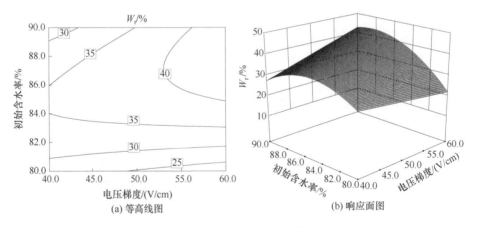

图 5-24　电压梯度和初始含水率对污泥脱水的交互影响

由图 5-24 分析，电压梯度和初始含水率对 W_r 存在交互作用，但交互作用较弱，当电压梯度在 40～60V/cm 之间时 W_r 的变化趋势不显著，说明在较优范围内，电压梯度大小对污泥含水率的降低作用有限；当初始含水率在 80%～90% 之间时 W_r 呈现出与上述分析相同的规律性。

根据曲面响应分析的结果，为了获得电渗透污泥脱水的最佳工艺参数和验证模型的可用性，采用 Design-expert 10.0 软件的优化功能，对各影响因素进行条件约束，求解该条件下的 W_r，设定规则如表 5-8 所列。

表 5-8　影响因素和响应量的优化

影响因素及响应量	目标	低极限	高极限	影响度
机械压力/kPa	范围内	7.71	38.53	+++++
污泥厚度/cm	范围内	0.8	1.2	++++
电压梯度/（V/cm）	范围内	40	60	++++
初始含水率/%	范围内	80	90	+++
响应量 W_r/%	最大化	15.98	100	+++++

注："+"数量越多，影响度越大

在上述约束条件下对模型进行求解，当机械压力为 18.83kPa，污泥厚度为 1.13cm，电压梯度为 60V/cm，初始含水率为 87.45% 时，污泥含水率降低率最佳，W_r 为 44.01%，此时污泥含水率为 49.14%。为了验证该求解最佳条件进行了 3 组电渗透脱水平行试验，污泥含水率分别为 43.37%、45.22% 和 44.42%，与模型得到的预测值相比平均偏差为 9.8%（<10%），说明预测模型能够真实反映各因素对 W_r 的影响，通过响应曲面法对电渗透污泥脱水参数优化是可行的。

5.3.5.2　电渗透-高级氧化协同污泥脱水试验

（1）电渗透-活化过硫酸盐体系

① Box-Behnken 优化试验。根据单因素试验结果，选取污泥质量（A）、电压梯度（B）、脱水时间（C）、Fe^{2+} : $Na_2S_2O_8$（D），以污泥含水率降低率为响应指标进行参数优化，通过计算机软件 Design-expert 10.0 来实现 Box-Behnken 的设计过程，共进行 29 组试验，采用二阶经验模型对变量的响应行为进行表征，因素水平编码如表 5-9 所列。

表 5-9　因素设计水平

因素	单位	水平		
		−1	0	1
$A^{①}$	cm	80	130	180
B	V/cm	8	11.5	15
C	min	20	40	60
D	—	0.5	1.5	2.5

① 根据单因素试验，1g 污泥的等效厚度为 0.0168cm。

对结果进行回归分析，建立二次回归方程，即 $Y = 27.92+3.22A+6.16B+5.82C-2.75D-0.79AB+2.33AC-2.72AD-0.99BC-4.73BD-3.38CD-2.94A^2-2.16B^2-2.80C^2-0.42D^2$，二次曲面模型的方差分析及回归系数显著性检验如表 5-10 所列。

表 5-10　方程方差分析及回归系数显著性检验

来源	系数估计	自由度	均方	F 值	Prob（P）＞F	
模型	1373.37	14	98.10	10.65	＜0.0001	显著
A	124.29	1	124.29	13.50	0.0025	
B	454.85	1	454.85	49.40	＜0.0001	
C	406.82	1	406.82	44.18	＜0.0001	
D	90.92	1	90.92	9.87	0.0072	
AB	2.48	1	2.48	0.27	0.6118	
AC	21.72	1	21.72	2.36	0.1469	
AD	29.54	1	29.54	3.21	0.0949	
BC	3.90	1	3.90	0.42	0.5257	
BD	89.49	1	89.49	9.72	0.0076	
CD	45.70	1	45.70	4.96	0.0428	
A^2	56.03	1	56.03	6.09	0.0271	
B^2	30.17	1	30.17	3.28	0.0918	
C^2	50.87	1	50.87	5.52	0.0339	
D^2	1.16	1	1.16	0.13	0.7280	
残差	128.91	14	9.21			
失拟性	102.91	10	10.29	1.58	0.3487	不显著
纯误差	25.99	4	6.50			
总变异	1502.27	28				

表中 F 值和 P 值代表了相关系数的显著性，模型 $F = 10.65$，模型 $P＜0.0001$ 表示模型显著（$P＜0.05$），失拟项 $P = 0.3487$，表示失拟性不显著（$P＜0.05$），模型总体呈现显著性。同时，模型的决定系数 $R^2 = 0.9142$，其中信噪比大于 4 则反映在设计试验值范围内的平均预测误差较小，本模型信噪比为 13.281，满足要求，表明二次方程可以拟合本次 Box-Behnken 所设计的全部试验范围，且可信度和精密度较高，优化预测值应与实际值相关性好，各项综合分析如表 5-11 所列。

表 5-11　各项综合分析

项目	数值	项目	数值
标准偏差（Std. Dev.）	3.03	R^2（决定系数）	0.9142
平均值（Mean）	24.48	R^2 校正值（Adj R-Squared）	0.8284
Y 的变异系数（CV）/%	12.39	R^2 预测值（Pred R-Squared）	0.5784
预测平方和（PRESS）	633.38	信噪比（Adeq Precision）	13.281

分析结果表明，模型符合显著性要求，且精密度、可信度高，可以很好地模拟 4 个变量对含水率降低率的影响，并对高级氧化电渗透污泥深度脱水进行分析和预测。

为了进一步分析各因素间的交互效应，通过对表 5-10 中的数据拟合得到二次回归方程的响应曲面及其等高线图，如图 5-25、图 5-26 以及图 5-27 所示。

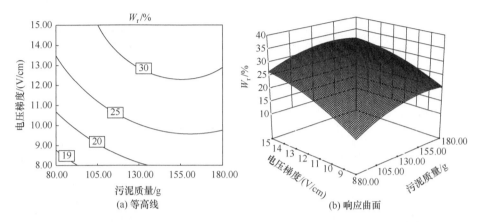

图 5-25　污泥质量及电压梯度对污泥脱水率交互影响的等高线图和响应面

由图 5-25 分析可知，污泥质量及电压梯度对污泥脱水率交互影响的等高线图呈椭圆形，说明二者之间交互作用显著。当污泥质量为 80～180g 时，污泥脱水率随着电压梯度的升高而增大。并且当污泥质量为 120～150g、电压梯度为 11～15V/cm 时污泥脱水效果较好。

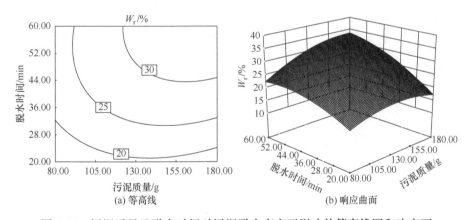

图 5-26　污泥质量及脱水时间对污泥脱水率交互影响的等高线图和响应面

由图 5-26 分析可知，污泥质量及脱水时间对污泥脱水率交互影响的等高线图呈椭圆形，说明二者之间交互作用显著。当污泥质量为 80～180g、时间在 20～60min 之间时，污泥脱水率随着二者的增加出现先上升后下降的趋势，这是由于在长时间的电渗透污泥脱水过程中，阴极附近逐渐形成碱性环境，污泥中的金属离子极易在此产生氢氧化物沉淀（大连理工大学无机化学教研室，2001），在阴极累积堵塞滤布及阴极排水孔道，导致污泥脱水率降低。这与前文中讨论时间对污泥脱水效果的影响时所得结论一致。

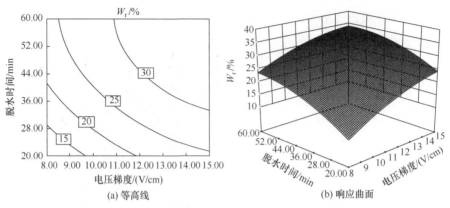

图 5-27　电压梯度及脱水时间对污泥脱水率交互影响的等高线图和响应面

此外，在本模型中 Fe^{2+}：$Na_2S_2O_8$ 与污泥质量、电压梯度及时间之间的交互作用不显著，但为了进一步研究 Fe^{2+} 投加量与 $Na_2S_2O_8$ 投加量等因素之间相互作用对污泥脱水效果的影响，以寻求各因素的最佳组合条件，因此下一步考虑利用 Design-expert 10.0 软件中的 D-optimal 设计试验以探讨 Fe^{2+} 投加量、$Na_2S_2O_8$ 投加量之间对污泥脱水效果的影响。

根据响应面的分析结果，通过限定试验各因素的范围（如表 5-12 所列）利用 Design-expert 10.0 软件对试验进行优化，对优化配方的验证结果如表 5-13 所列。

表 5-12　系统规定参数

变量	目标	低值	高值
污泥质量/g	范围内	80	180
电压梯度/（V/cm）	范围内	8	15
时间/min	范围内	20	60
Fe^{2+}：$Na_2S_2O_8$	范围内	0.5	2.5
脱水污泥含水率降低率/%	最大化	10.25	100

表 5-13　试验验证结果

编号	污泥质量/g	电压梯度/（V/cm）	时间/min	Fe^{2+}：$Na_2S_2O_8$	脱水污泥含水率降低率/%	
					预测值	实际值
7	180	14.96	59.15	0.5	48.67	45.57
21	180	13.57	60	0.5	46.62	41.88

从表 5-13 可以看出，模型预测值与实际值吻合较好，当污泥质量为 180g、电压梯度为 14.96V/cm、时间为 59.15min、Fe^{2+}：$Na_2S_2O_8$ = 0.5 时可以使含水率降低率高达 45.57%，此时脱水污泥含水率为 47.77%。所以，该模型可以真实反映各因素对污泥脱水率的影响。

② D-optimal 优化试验。为了确定合适 D-optimal 设计试验中 $Na_2S_2O_8$ 投加量的上下限水平，分别将 5mL 和 7mL 一定浓度的 $Na_2S_2O_8$ 溶液和 $FeSO_4$ 溶液先后与原脱水污泥

混匀后放入装置，污泥厚度约为 1.0～1.1cm，以研究 $Na_2S_2O_8$ 投加量对电渗透高级氧化技术污泥脱水效果的影响，其中 $FeSO_4 \cdot 7H_2O$ 质量为 0.4717g。试验过程中，控制电压为 11V/cm，机械压力为 17.59kPa，脱水时间为 30min。测定脱水后污泥的含水率，并通过试验所记录的实时脱水量计算 W_r，试验结果如图 5-28 所示。

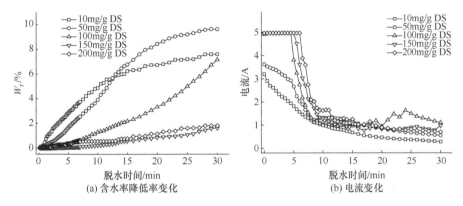

图 5-28　$Na_2S_2O_8$ 投加量对污泥脱水的影响

由图 5-28（a）分析可知，脱水污泥含水率降低率随着 $Na_2S_2O_8$ 投加量的增加呈先上升后下降的趋势，并且脱水污泥含水率最低出现在 $Na_2S_2O_8$ 投加量为 50mg/g DS 时，为 69.21%。这主要是因为投加少量 $Na_2S_2O_8$ 时，定量的 Fe^{2+} 能够充分活化 $Na_2S_2O_8$ 以产生 $SO_4^- \cdot$，对污泥有机质起到良好的破坏作用，从而改善污泥脱水性能，降低脱水污泥含水率。

从图 5-28（b）分析可知，当 $Na_2S_2O_8$ 投加量继续增大，一定量的 Fe^{2+} 所能活化 $Na_2S_2O_8$ 产生 $SO_4^- \cdot$ 的量有限，不能过多地破坏污泥有机质，但是相对于投加少量 $Na_2S_2O_8$ 时，系统中所获得的如 Na^+、$S_2O_8^{2-}$、Fe^{2+} 等游离态离子则相应增多，这些离子很大程度上减小了污泥电阻，增加了脱水污泥的导电性，在相同的电压梯度下，脱水污泥的初始电流过大，导致靠近阳极的污泥迅速脱水并在其表面产生裂缝减小污泥与阳极的接触面积，使得电路电阻过大，电流降低，减缓污泥电渗透脱水的进行，导致污泥脱水效果变差。

因此，在 D-optimal 优化试验的设计中 $Na_2S_2O_8$ 投加量上下限分别设置为 90mg/g DS、10mg/g DS。

在前期试验的基础上，利用 Design-expert 10.0 软件中 D-optimal 对试验进行设计，其中 Fe^{2+} 投加量与 $Na_2S_2O_8$ 投加量的物质的量之比为 1∶1，并将 Fe^{2+} 投加量对应转换为 $FeSO_4 \cdot 7H_2O$ 的投加量。设计结果如表 5-14 所列。

表 5-14　因素设计水平

变量	单位	水平		
		−1	0	1
$Na_2S_2O_8$ 投加量	mg/g	10	50	90
$FeSO_4 \cdot 7H_2O$ 投加量	mg/g	11.68	58.41	105.13
污泥质量	g	80	130	180

对试验结果进行方差分析，结果见表 5-15。从表 5-15 中可以看出，本模型的 F 值为 17.11，Prob(P)＞F＜0.0001 说明该模型在回归区域内极显著，方程拟合性很好。失拟项 Prob(P)＞F 值为 0.2762（不显著），满足要求。而各因素的概率值均小于 0.05，所以从单个因素影响来看，因素 A、B、C 对脱水污泥含水率降低率的线性效应显著，AB、AC、BC 对脱水污泥含水率降低率的柱状效应均显著。

表 5-15　方程方差分析

来源	系数估计	自由度	均方	F 值	Prob（P）＞F	
模型	1293.13	18	71.84	17.11	＜0.0001	显著
A	78.61	2	39.31	9.36	0.0051	
B	50.55	2	25.28	6.02	0.0192	
C	879.57	2	439.79	104.71	＜0.0001	
AB	73.39	4	18.35	4.37	0.0267	
AC	164.28	4	41.07	9.78	0.0017	
BC	66.52	4	16.63	3.96	0.0353	
残差	42	10	4.2			
失拟性	31.14	6	5.19	1.91	0.2762	不显著
纯误差	10.86	4	2.71			
总变异	1335.13	28				

注：A 为 $Na_2S_2O_8$ 投加量；B 为 $FeSO_4 \cdot 7H_2O$ 投加量；C 为污泥质量。

各项综合分析如表 5-16 所列，表 5-16 中 $R^2 = 0.9685$，模型信噪比为 15.672，满足要求，表明该模型可以拟合本次 D-optimal 所设计的全部试验范围，且模型可信度、精确度高。

表 5-16　各项综合分析

项目	数值	项目	数值
标准偏差（Std. Dev.）	2.05	R^2（决定系数）	0.9685
平均值（Mean）	30.72	R^2 校正值（Adj R-Squared）	0.9119
Y 的变异系数（CV）/%	6.67	R^2 预测值（Pred R-Squared）	0.6208
预测平方和（Press）	506.34	信噪比（Adeq Precision）	15.672

应用软件 Design-expert 10.0 输出各参数之间相关柱状图，如图 5-29 所示。

由图 5-29 分析可知，当污泥质量为 80～180g 时，随着污泥质量的增加脱水污泥含水率降低率也随之增大。当污泥质量为 80g 时，$Na_2S_2O_8$ 的投加并不能改善污泥脱水率，如图 5-29（b）所示；当污泥质量为 130g、180g 时，随着投加 $Na_2S_2O_8$ 的量增多，污泥脱水也随着增加后趋于平稳。结合图 5-29（a）、（b）、（c）可以看出，污泥脱水效果并不随着硫酸亚铁投加量的增多而升高，在污泥质量、$Na_2S_2O_8$ 投加量分别为 180g、

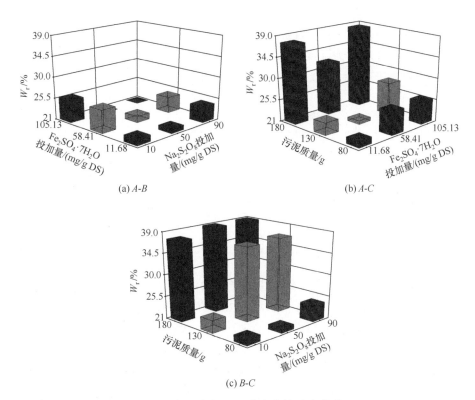

图 5-29　各因素与污泥脱水率的响应柱状图

90mg/g，硫酸亚铁投加量为 11.68mg/g 时，污泥脱水率最高。这是因为部分 Fe^{3+} 在阴极被还原成 Fe^{2+} 继续活化 $Na_2S_2O_8$，此外电场本身亦能激活部分过硫酸盐生成 $SO_4^-\cdot$，因此 Fe^{2+} 的量无需过多就可以达到充分活化 $Na_2S_2O_8$ 的目的，这与前文中讨论 Fe^{2+} 与 $Na_2S_2O_8$ 比例对污泥脱水率的影响时所得结论相吻合。

　　通过设定试验范围内的 $Na_2S_2O_8$ 投加量、硫酸亚铁投加量及污泥质量，以最大污泥含水率降低率为响应值，对优化配方的验证结果如表 5-17 所列。

表 5-17　试验验证结果

编号	$Na_2S_2O_8$ 投加量/（mg/g）	$FeSO_4\cdot 7H_2O$ 投加量/（mg/g）	污泥质量/g	脱水污泥含水率降低率/%	
				预测值	实际值
2	50	11.68	180	41.31	44.95
8	50	11.68	130	36.53	39.47

　　试验结果表明，优化后配方可以达到更好的脱水效果，并且预测值与实际值数据之间吻合度高。当 $Na_2S_2O_8$ 投加量、$FeSO_4\cdot 7H_2O$ 投加量分别为 50mg/g、11.68mg/g，污泥质量为 180g 时，脱水污泥含水率降低率实际可达 44.95%，此时污泥含水率为 48.10%。

　　（2）电渗透-过硫酸铵体系

　　响应面优化通过计算机软件 Design-expert 10.0 来实现，参照 Box-Benhnken 中心组合原理进行相关试验设计，以单因素试验作为基础，电压梯度（A）、机械压力（B）、$Na_2S_2O_8$投加量（C）和污泥厚度（D）作为自变量，W_r为检测指标，共进行 29 组试验。变量的响应行为采用二阶经验模型进行表征，因素水平编码如表 5-18 所列。

表 5-18　试验因素和水平设计

因素	单位	水平		
		−1	0	1
A	V/cm	15	20	25
B	kPa	15.4	26.95	38.5
C	mg/g DS	20	30	40
D	cm	1	1.75	2.5

对结果进行回归分析,建立二次回归方程,即 $W_r = 39.84+4.76A+3.88B+1.29C+8.47D+3.02AB+0.01AC+2.75AD+0.67BC+5.81BD+1.13CD-1.88A^2+1.06B^2-2.17C^2-6.66D^2$，方差分析及回归系数显著性检验见表 5-19。

表 5-19　二次曲面模型的方差分析及回归系数显著性检验

来源	变差平方和	自由度	方差	F 值	Prob（P）＞F	
模型	1883.49	14	134.53	8.51	0.0001	显著
A	272.34	1	272.34	17.22	0.0010	
B	180.82	1	180.82	11.43	0.0045	
C	20.04	1	20.04	1.27	0.2792	
D	861.86	1	861.86	54.50	＜0.0001	
AB	36.46	1	36.46	2.31	0.1512	
AC	$3.349×10^{-4}$	1	$3.349×10^{-4}$	$2.118×10^{-5}$	0.9964	
AD	30.32	1	30.32	1.92	0.1878	
BC	1.77	1	1.77	0.11	0.7428	
BD	134.83	1	134.83	8.53	0.0112	
CD	5.07	1	5.07	0.32	0.5800	
A^2	23.01	1	23.01	1.46	0.2477	
B^2	7.26	1	7.26	0.46	0.5092	
C^2	30.47	1	30.47	1.93	0.1868	
D^2	287.90	1	287.90	18.20	0.0008	
残差	221.41	14	15.81			
失拟项	169.02	10	16.90	1.29	0.4341	不显著
纯误差	52.39	4	13.10			
总离差	2104.90	28				

本模型的 $F = 8.51$，$P = 0.0001$（$P < 0.05$）即可视为模型显著（Montgomery，1976），而 Prob(P）$> F$ 值为 0.4341（> 0.05），表明失拟项不显著，总体说明模型具有显著性。而模型的决定系数 $R^2 = 0.8948$，表明试验的可信度和精确度高，4 个自变量对响应值 W_r 的影响可以通过二次方程进行较好的模拟。响应面优化试验表明当电压梯度为 24.97V/cm，机械压力为 35.95kPa，投药量为 39.81mg/g DS，污泥厚度为 2.35cm 时，W_r 为 57.60%，以优化条件进行了 3 次验证试验，结果如表 5-20 所列。

表 5-20　优化参数验证试验结果　　　　　　　　单位：%

序号	泥饼理论含水率	泥饼实际含水率	含水率降低率实测值	实测值与预测值相对误差
1	59.75	40.09	52.43	8.97
2	59.73	39.61	53.00	7.98
3	61.21	40.18	52.33	9.16
均值	60.23	39.96	52.59	8.70

由表 5-20 结果可知，泥饼的理论含水率与实际含水率存在偏差，原因是电渗透过程中产生的热量使部分水分蒸发，而电解水的反应也会造成水分的损失；另外，从泥饼中脱出的部分水分会滞留或黏附在装置上。说明电解和加热对于污泥也起到了一定的干化作用，因而导致污泥理论含水率高于实际含水率。同时，在最佳工艺条件下 W_r 的实测平均值为 52.59%，泥饼实际含水率均值（39.96%）与电渗透-过硫酸钠体系优化条件下泥饼的实际含水率（58.47%）相比，下降了 18.51%。而 W_r 的实测值与预测值相比最大相对误差均不超过 10%，说明优化得到的模型可以较好地预测试验结果。

利用 Design-expert 10.0 得到的响应曲面和等高线图如图 5-30 所示，各个因素对响应值的影响以及相互间的交互作用可以通过曲面图直观反应。

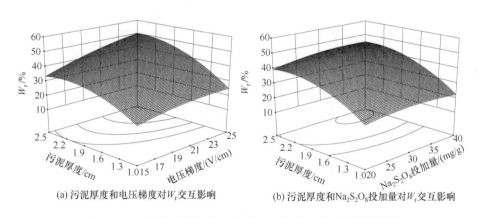

(a) 污泥厚度和电压梯度对 W_r 交互影响　　　(b) 污泥厚度和 $Na_2S_2O_8$ 投加量对 W_r 交互影响

图 5-30　各因素对污泥含水率降低率影响的曲面和等高线图

由图 5-30 分析可知，污泥厚度与电压梯度、投药量的交互作用均呈现出高度显著。随着污泥厚度、电压梯度和投药量的增加，W_r 均呈现出先增加后减小的趋势，这与单因素的结论一致，因此在以经济因素为前提的条件下，可以通过调整污泥厚度、电压梯度和投药量 3 个因素来改善和提高污泥的脱水效果。

5.3.5.3 小结

① 对于单独电渗透污泥脱水体系，污泥电渗透脱水过程中，机械压力、污泥厚度、电压梯度和初始含水率均会对污泥脱水效果造成影响，机械压力的影响最大，电压梯度和污泥初始含水率次之，污泥厚度影响最小，其中污泥厚度和初始含水率对污泥含水率降低率的交互作用高度显著。当机械压力为 18.83kPa、污泥厚度为 1.13cm、电压梯度为 60V/cm、初始含水率为 87.45%时，污泥理论含水率可降至 49.14%。

② 对于电渗透-活化过硫酸盐体系，基于 Box-Behnken 及 D-optimal 设计试验所建立的模型达显著水平，且模型准确性、精密性及可信度较高。当污泥质量为 180g、电压梯度为 14.96V/cm、时间为 59.15min、Fe^{2+}：$Na_2S_2O_8 = 0.5$ 时，经电渗透污泥脱水后可使污泥含水率降低率达 45.57%，与模型预测值吻合较好，此时脱水污泥含水率为 47.77%。

③ 对于电渗透-过硫酸铵体系，在脱水过程中电压梯度、$(NH_4)_2S_2O_8$ 投加量和污泥厚度均会对脱水效果造成影响，机械压力的影响较小，污泥厚度、电压梯度和$(NH_4)_2S_2O_8$投加量对 W_r 的交互作用高度显著。在电压梯度为 24.97V/cm、机械压力 35.95kPa、$(NH_4)_2S_2O_8$ 投加量 39.81mg/g DS、污泥厚度 2.35cm 时，电渗透-过硫酸铵氧化协同可以使污泥含水率从 84.28%降至 40%以下，污泥的脱水性能得到改善。

5.4 污泥脱水能耗分析

在污泥的电渗透脱水过程中，由于有电流通过污泥泥饼，并且污泥泥饼有一定的电阻值，所以在试验过程中泥饼温度会发生变化，产生的热量被称作"欧姆热"，脱水过程产生的"欧姆热"对温度的影响是最直接的，而污泥温度的升高会消耗部分电能，从而增加脱水过程中的能耗（Weber et al.，2002）。

目前，电耗大是限制电渗透污泥脱水应用的另一个难题，Mahmoud 等（2011）采用絮凝调理和压力垂直电场协同对污泥进行脱水，研究发现使污泥含水率降低至 45%能耗为 0.312kW·h/kg；董立文等（2012b）试验研究发现污泥的含水率从 74.85%降至 60%时所需要的能耗均在 0.14～0.28kW·h/kg 之间，但对于电渗透-过硫酸盐工艺与传统电渗透之间的能耗差异的研究尚未见报道。

本节在上述不同脱水体系的研究基础上，以电渗透-活化过硫酸盐体系为研究对象，探讨了恒定电压、恒定电流和机械压力对电渗透-过硫酸盐耦合污泥脱水效果的影响，并对不同条件下的脱水能耗进行了分析，以期与传统电渗透工艺进行对比，为电渗透-过硫酸盐耦合污泥脱水工艺相关研究提供参考。

5.4.1 试验流程及电渗透脱水能耗评价方法

5.4.1.1 试验流程

称取 140g 原泥，$Na_2S_2O_8$ 投加量为 60mg/g DS，控制 Fe^{2+}：SPS 为 1：1，溶于定量蒸馏水并与污泥混合均匀后放入装置内，污泥厚度为 2.0～2.1cm，分别设定不同的恒定电压、恒定电流和机械压力进行试验，当污泥脱水量小于 0.01g/s 时，即认为脱水过程结束，过程中记录实时脱水量和电流变化，计算 W_r。

5.4.1.2 电渗透脱水能耗评价方法

采用脱除单位水分的耗能进行能耗评价，计算如式（5-19）所示（钱旭 等，2016）。

$$E = \frac{P}{m} = \frac{\int UI(t)\mathrm{d}t}{m} \tag{5-19}$$

式中，E 为脱除单位质量水分所需的能耗，kW·h/kg；m 为脱出的水分质量，kg；U 为脱除水过程中的电压，V；$I(t)$ 为脱水过程中的电流变化，A；t 为脱水时间，h。

5.4.2 不同脱水条件对污泥脱水效果和能耗的影响

5.4.2.1 恒定电压对污泥脱水效果和能耗的影响

根据试验流程，控制机械压力为 7.66kPa，恒定电压分别为 8V/cm、11V/cm、15V/cm、18V/cm、21V/cm 进行试验，考察电压对污泥脱水效果的影响，试验结果如图 5-31 所示。

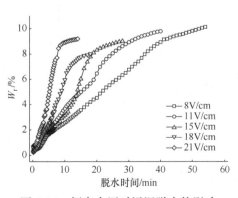

图 5-31 恒定电压对污泥脱水的影响

由图 5-31 分析可知，不同电压下的 W_r 变化均呈现出 S 形，即在脱水初期迅速增加，之后增长趋势减缓。初始阶段电压的增加使得电驱动力相应增加，水分通过电渗流作用从阳极向阴极移动的速率加快，这一变化与 Helmholtz-Smoluchowski 方程相吻合；随着水分脱出，污泥电阻变大，水的迁移速率变慢；电压对污泥脱水时间的影响显著，污泥脱水效果随电压的升高有所提升，这与传统电渗透脱水的研究结论类似（Dong et al., 2009）。

为了解释这一规律，对脱水过程中电流和温度进行了测定，结果如图 5-32 所示。

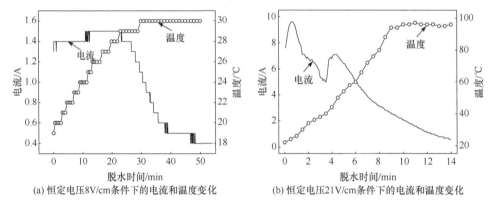

(a) 恒定电压8V/cm条件下的电流和温度变化   (b) 恒定电压21V/cm条件下的电流和温度变化

图 5-32   不同恒定电压条件下的电流和温度变化

由图 5-32 分析可知，在不同电压下，脱水开始的 2min 内电流均出现了第 1 个峰值，因为此阶段污泥在机械压力的作用下与电极接触充分，水分充满了污泥颗粒间的孔隙，电阻减小，电流升高（Yang et al., 2010）；而随着脱水的进行，电解水反应使阳极产生 H^+ 和 O_2，阴极产生 OH^- 和 H_2，污泥中的离子浓度升高，H^+ 和 OH^- 在电场的作用下移动，对电流产生一定的影响，这是电流变化曲线中第 2 个峰值产生的原因。

从图 5-32（a）分析可知，低电压条件下的电流和温度均呈阶梯状，这与单纯电渗透污泥脱水的变化规律相似，体系内的反应属于稳态反应，即以单纯的电解反应为主，电解产物并未参与化学反应，一定时间内污泥的性质相对稳定，电流大小仅与施加的电压大小呈正相关（Shang et al., 1997），体系温度介于 20～30℃ 之间。

当电压提高至 21V/cm 时，图 5-32（b）中的电流变化波动明显，此时体系内部除了存在电解反应外，还会发生过硫酸盐的活化反应：首先，在脱水初始阶段的常温条件下，Fe^{2+} 能够活化 $Na_2S_2O_8$ 分解产生 $SO_4^- \cdot$ [式（5-14）]；其次，随着脱水的进行，电流变化会造成体系的温度升高，在 9min 时趋近于 100℃，过硫酸盐中的 O—O 键在热辐射作用下发生断裂反应[式（5-5）]，反应生成的 $SO_4^- \cdot$ 可以破坏污泥的细胞结构，细胞内物质（营养物质、无机盐离子等）释放，电导率发生改变，从而引起电流的变化（郝健，2015）。

结合图 5-31 和图 5-32 分析可知，虽然不同电压条件下的 W_r 相差不明显，但电压的变化对脱水时间、电流和温度的影响显著，同时其对于能耗也有影响，如表 5-21 所列。

表 5-21　不同电压条件下的脱水能耗

电压梯度/（V/cm）	8	11	15	18	21
能耗/（kW·h/kg）	0.1884	0.2609	0.3792	0.3412	0.3946

由表 5-21 分析，随着电压的升高脱水能耗总体呈现增长趋势，其中 18V/cm 的能耗略低于 15V/cm，因为当电压增加时，水分的迅速流失会导致电阻增大，电流减小，产生的热量减少，对 $S_2O_8^{2-}$ 的活化作用降低；另外温度过高时产生的大量的 $SO_4^- \cdot$ 之间存在猝灭反应（荣亚运 等，2016），污泥细胞不能被有效破坏，电流降低，能耗受到影响。

5.4.2.2　恒定电流对污泥脱水效果和能耗的影响

根据试验流程，控制机械压力为 7.66kPa，恒定电流分别为 1A、2A、3A、4A 进行试验，考察电流对污泥脱水效果的影响，试验结果如图 5-33 所示。

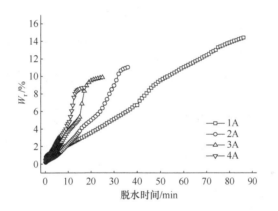

图 5-33　恒定电流对污泥脱水的影响

由图 5-33 分析可知，在电流恒定时随着时间的延长 W_r 逐步递增，但脱水终止的时间逐步提前。因为过程中试验电压始终在发生变化，当电压超过 80V 时，电源将自动转为恒压模式，系统电阻增大，电流迅速降低使试验终止，脱水效果变差。虽然单独电渗透脱水过程中电流密度越高，脱水速率越快，效果越好（Glendinning et al.，2010），但电流增高极易造成体系的热损失，使 $SO_4^- \cdot$ 迅速猝灭而不能完全被利用，导致脱水效果变差。

此外，由于设定了安全电压，电流密度越高，恒流状态维持时间越短，如图 5-34 所示。

由图 5-34（a）分析可知，电流恒定维持在 1A 的脱水时间持续了 85min，并在脱水终止时未达到设定的安全电压，而图 5-34（b）电流维持在 4A 的脱水时间仅持续了 17min，并在脱水 13min 后达到安全电压，最终造成电流越高脱水效果反而变差的结果，结合式（5-19）计算不同恒定电流下的能耗，结果如表 5-22 所列。

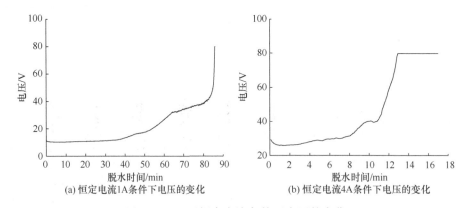

(a) 恒定电流1A条件下电压的变化　　(b) 恒定电流4A条件下电压的变化

图 5-34　不同恒定电流条件下电压的变化

表 5-22　不同电流条件下的脱水能耗

电流梯度/A	1	2	3	4
能耗/（kW·h/kg）	0.3076	0.2872	0.3578	0.3878

由表 5-22 分析可知，电流恒定为 1A 时的能耗高于 2A 时的能耗，由图 5-34（a）可知，恒定电流 1A 条件下脱水过程维持了 86min，而实验过程中恒定电流 2A 条件下实际消耗的时长为 36min，时间的延长造成了能耗的升高；而当电流恒定为 2A 时，脱水能耗为 0.2872kW·h/kg，与表 5-21 中电压为 11V/cm 时的能耗（0.2609kW·h/kg）相当，但由图 5-31 和图 5-33 可知，电流恒定为 2A 条件下与电压恒定为 11V/cm 条件下的 W_r 相比仅增加了 1.24%左右，脱水时间仅节省了 4min。在恒流模式下进行污泥脱水，为了维持电流的恒定，系统所需要的电压可能很高，增加了操作隐患，因此，在实际应用过程中恒压模式更有利于脱水能耗的控制。

5.4.2.3　机械压力对污泥脱水效果和能耗的影响

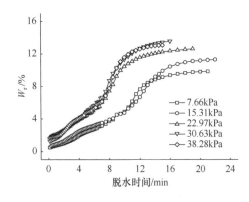

图 5-35　机械压力对污泥脱水的影响

根据试验流程，控制电压为 15V/cm，机械压力分别为 7.66kPa、15.31kPa、22.97kPa、30.63kPa、38.28kPa 进行试验，考察机械压力对污泥脱水效果的影响，结果如图 5-35 所示。

由图 5-35 分析可知，不同机械压力下的 W_r 随时间变化同样呈现 S 形，先快速增加，后趋于平缓。当机械压力小于 22.97kPa 时，W_r 随着压力的增加提升明显，此时污泥颗粒间的空隙逐渐减少，水分均匀分布在体系中，保证了电场的连续性，使得脱水效果提高

（Qian et al.，2015）；但随着压力继续增加，污泥被过分压实，颗粒相互挤压，阻碍了水分的迁移。同时 $SO_4^- \cdot$ 的生成对有机絮体造成破坏，使污泥颗粒变小，高压力的作用容易造成滤布的堵塞，从而使脱水效果变差；另外，铁离子与阴极电解产生的 OH^- 反应生成铁的沉淀物会导致污泥的电导率降低，污泥的过滤难度增加。

根据脱水过程中的电流变化计算不同机械压力条件下的能耗 E，结果如表 5-23 所列。

表 5-23　不同机械压力条件下的脱水能耗

机械压力/kPa	7.66	15.31	22.97	30.63	38.28
能耗/（kW·h/kg）	0.2836	0.3194	0.2655	0.2791	0.2870

由表 5-23 分析可知，不同机械压力对于脱水能耗的影响差别不明显，压力为 7.66kPa 和 38.28kPa 时的脱水能耗仅相差 1.2%。实际应用中机械压力的提高会对设备有更高的要求，同时会增加处理成本，故通过改变机械压力并不能显著降低电渗透/过硫酸盐体系的脱水能耗。

5.4.2.4　不同脱水工艺对污泥脱水效果和能耗的影响

分别称取 140g 脱水污泥，电渗透-过硫酸盐体系根据试验流程，控制电压为 15V/cm，机械压力为 30.63kPa 进行试验。单纯电渗透体系除不加入过硫酸盐外，其他条件与耦合体系保持一致，试验结果如图 5-36 所示。

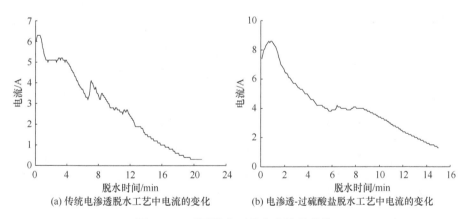

(a) 传统电渗透脱水工艺中电流的变化　　(b) 电渗透-过硫酸盐脱水工艺中电流的变化

图 5-36　不同脱水工艺中电流的变化

从图 5-36 中分析可知，传统电渗透脱水过程中的电流变化呈阶梯状，而电渗透-过硫酸盐耦合脱水过程中电流的波动明显，在接近结束时呈阶梯变化；对比 2 种工艺的初始电流可以发现，传统电渗透脱水的第 1 个电流峰值为 6.3A，而电渗透-过硫酸盐耦合脱水的第 1 个电流峰值达到了 8.6A，电流的增加会带来能耗的差异，结果如表 5-24 所列。

由表 5-24 分析可知，同等条件下单纯电渗透脱水与电渗透-过硫酸盐耦合脱水获得的泥饼含水率和有机质含量相差不大，能耗方面电渗透-过硫酸盐耦合脱水比单纯电渗透工艺高出 0.0893kW·h/kg；同时，电渗透-过硫酸盐耦合脱水的滤液 COD 浓度较传统电渗透脱水滤液的 COD 高出了 31.2%，说明电渗透-过硫酸盐耦合对于细胞结构破坏程度大于传统电渗透，促使更多的细胞内部水转变为自由水进入滤液中，而这种细胞发生的不可逆的破裂反应，使污泥具有更好的干燥特性。

表 5-24 不同脱水工艺对污泥脱水效果和能耗影响

脱水工艺	含水率/%	VSS/TSS/%	COD/（mg/L）	能耗/（kW·h/kg）
电渗透-过硫酸盐	50.28	34.98	4114.1	0.3188
电渗透	49.16	35.93	3113.6	0.2295

5.5　典型应用案例分析

5.5.1　徐州某污水处理厂污泥电渗透干化工艺

徐州某污水处理厂的污泥电渗透干化脱水工艺流程如图 5-37 所示。

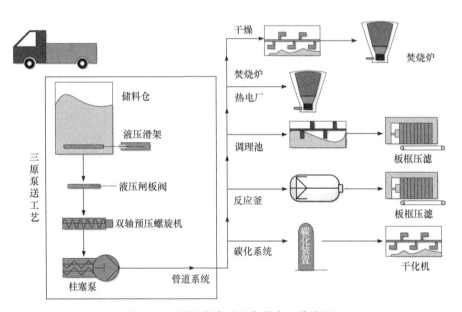

图 5-37　污泥电渗透干化脱水工艺流程

污泥电渗透干化脱水工艺如下。

（1）电渗透污泥干化（将含水率 80%左右的污泥含水率降至约 60%）

运用电渗透污泥干化设备以快效率、经济性、稳定性方式干化，从污泥中提取"自由水"和"细胞结合水"。泥饼进入电渗透干化设备的滚筒和履带之间，通电后，滚筒（正极）和履带（负极）之间产生电位差，这导致强制迁移的现象发生，因此使得污泥颗粒向正极移动而水向负极移动，这样便达到了污泥快速脱水干化的效果，可将含水率为 80%的污泥降低到约 60%。

（2）污泥通风干燥（将含水率 60%左右的污泥含水率降至 20%～50%之间的可控范围内）

① 自然风通气干燥。电渗透过程中发生的布朗运动及摩擦产生的热能，使污泥含水固形物的细胞膜破裂，把水分及 PAM 等分离出来，所以不需要外部热能源，采用自然风干燥，含水率可以达到 20%。

② 加温通气干燥。为了迅速干燥污泥，采用加温通气干燥（80℃左右）方式，含水率可以达到 20%。

（3）污泥能源化（将污泥制作成燃烧颗粒，作为燃料燃烧）

从该污泥电渗透干化脱水工艺处理效果上来说，该工艺的电渗透污泥干化过程将 80%左右的污泥含水率降至约 60%，下一阶段的污泥通风干燥过程将含水率为 60%左右降至 20%～50%之间的可控范围内，总体来讲以污泥含水率降低率为指标可以达到非常好的处理效果，并且此类处理技术耗能与传统的热干燥技术相比较小。

但是在电渗透过程中由于电流作用会产生欧姆热，使系统温度上升蒸发部分水分，加剧污泥干化，降低污泥导电能力。由于电渗透脱水发生电化学反应，会造成阳极材料腐蚀而消耗阳极材料，电解水产生的 H^+ 会降低阳极 pH 值，也会加剧阳极材料腐蚀，使电脱水成本提高。因此，该污泥电渗透干化脱水工艺存在脱水时间较长、会产生较大的热损失、相比而言会有较高的建设及运行费用等问题。

5.5.2　北京某污水处理厂污泥电渗透处理工艺

该污水处理厂的污泥电渗透干化工艺流程如图 5-38 所示。

① 格栅栅渣在贮泥池中混合后提升送入离心脱水机，含水率降至 80%后经螺旋输送机送至污泥贮罐。

② 再将污泥提升进入电渗透高压干化机中进一步脱水处理。电渗透高压脱水机系统通过电渗透以及高压挤压系统的共同作用，由高压油泵提供 5～30MPa 压力压缩高压弹性滤板间污泥，由 PLC 程序控制油缸进行梯度加压压榨，实现泥水分离。最终能够轻易得到含水率为 40%～45%的干泥饼。

③ 将产生恶臭气体的设备、构筑物封闭加盖，臭气在风机的负压作用下进入除臭生物滤池。臭气物质通过填料时，先被填料吸收，然后被填料上附着的微生物氧化分解，从而完成除臭过程。

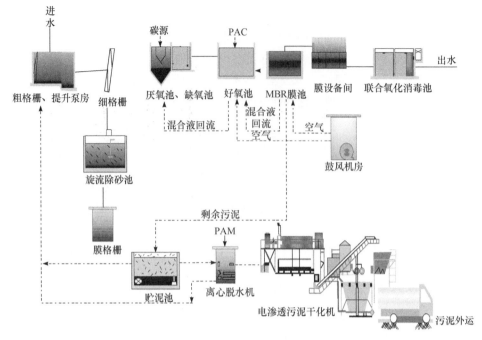

图 5-38　污泥电渗透干化工艺流程

经过本项目污泥电渗透技术处理后的污泥泥饼的含固率可达到 40%～50%，污泥的体积可减少 50%以上，为之后污泥的处理、处置或者运输都提供了便利，同时本项目仅采用电能，不会对环境造成尾气污染等问题，耗能仅为污泥热干化工艺耗能的 1/4～1/2，具有较低的运行成本。除此之外，经过本项目的处理，能够有效减少污泥中的病原微生物及恶臭，污泥中的病菌等有害微生物几乎全部被杀死，可有效控制污泥对环境的二次污染。

5.5.3　南京某环保公司电渗透污泥深度脱水工艺

南京某环保公司开发了一套 SGE-ED 型序批式电渗透污泥深度脱水设备，可以将80%含水率的污水厂生化污泥经电渗透深度脱水机处理，使得污泥含水率从脱水前 80%降低至脱水后 50%～60%，其处理工艺如图 5-39 所示。

该 SGE-ED 电渗透污泥脱水设备解决了阳极板容易腐蚀的问题，将其与序批式处理工艺相结合，可以维持污泥与电极之间有充分的电渗透反应时间，使得污泥含水率从脱水前 80%降低至脱水后 50%～60%，污泥从脱水前的可流动状，被脱水至有硬度的薄层泥饼，污泥体积减小 50%以上，深度脱水后污泥用途广泛，可资源化利用的程度高。同时利用该设备及处理工艺避免了其他药剂的添加，也能够减小相应的能耗。并且该组合工艺的处理规模可选择，从单套设备到多套设备工程化应用，均为模组化，采用 PLC 控制，自动化程度高，但是在该工艺的处理过程中，恶臭气体的产生及其处理可能是项目较难处理的地方之一。

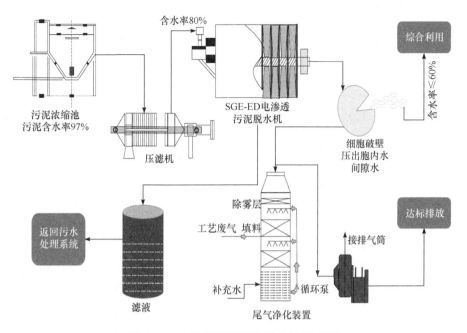

图 5-39　电渗透污泥深度脱水处理工艺

5.5.4　咸宁某电渗透污泥高干脱水项目

湖北咸宁某电渗透污泥高干脱水项目采用"电渗透"与"板框压滤"耦合电渗透污泥高干脱水技术，达到了国际先进水平，其相关工作流程如图 5-40 所示。

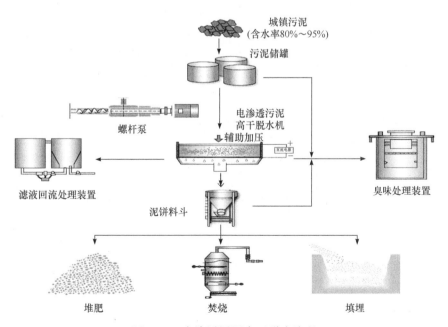

图 5-40　电渗透污泥高干脱水流程

该项目将"电渗透"与"板框压滤"进行耦合，可将城市污泥含水率从 80%～85%降至 40%～60%。在不投加任何化学药剂的情况下，总电耗 80～120kW·h/t，与达到同等脱水效果的现有技术相比，投资和节能效果明显。经过脱水后的污泥又可以用来堆肥、填埋和焚烧，节省了污泥处理过程中的费用。

① 项目技术采用静态铜排牵引电缆配电，有效解决了虚接打火等技术问题，提高了系统的稳定性。

② 项目采用低压开关电源，电能转换效率得到有效提高，也同步提高了系统的安全性。

③ 项目的脱水技术可与现有常规脱水设备直接衔接，不用配套庞大的加药系统，操作管理方便，工艺系统简单。

在污泥深度脱水的过程中，一些问题也随之而来，一是随着污泥电渗透过程的进行，阳极附近会出现脱水速率过快，从而出现不饱和层，造成该部分的电阻快速增加。继续施加电压时，阳极附近电压快速增大，而阴极附近电压过小，造成电渗透脱水效率降低；二是由于电极附近电化学反应会产生一定的气体，产生的气体聚集在阳极表面，阻碍了其与污泥的接触，从而影响了脱水的进行。

第**6**章

脱水污泥末端处理技术

▶ 末端处理传统技术
▶ 末端处理新技术

脱水污泥兼具资源性和危害性的双重特性。一方面，污泥中含有氮、磷等营养物质及其他大量的有机物质，使其具备了制造肥料和作为生物质能源的基本条件；另一方面，污泥中含有大量病毒微生物、寄生虫卵、重金属及特殊有机物等有毒有害物质，容易对地下水和土壤等造成二次污染，存在着严重的污染隐患。如何在有效处置污泥污染物的同时从中最大化地获得有价值物质是当前环境领域研究的一个重点问题。

然而，在现阶段对污泥的资源化的利用处理中，无论是焚烧还是填埋都只能在较短阶段内解决污泥的处理问题，并不能将其最大化利用，因此需要通过新技术的不断研发和应用，从而实现污泥的资源化处置，以满足我国节能减排战略的总体要求。

本章将重点对脱水污泥末端处理传统技术和新型技术进行讲解，通过对国内外研究者在污泥末端处理方面研究得出的成果进行归纳，对不同技术的基本原理、工艺流程以及研究进展进行对比，以期为污泥末端处理提供技术参考。

6.1 末端处理传统技术

脱水污泥末端处理的传统技术主要包括卫生填埋、好氧消化和厌氧消化。城市污泥的填埋技术是最早应用的一种传统工艺，虽然这种工艺操作相对简便、投资较少，但是对污泥的土力学性质要求较高、合适的场地不易寻找且填埋场容量有限；污泥好氧消化技术是在延时曝气活性污泥法的基础上发展起来的，其目的在于稳定并降低污泥对土壤和环境的危害，同时减少污泥的最终处理量；污泥厌氧消化是通过利用兼性厌氧细菌和厌氧细菌进行厌氧生化反应，将污泥中的有机物质分解的一种污泥处理工艺。厌氧消化是使污泥实现无害化、减量化和资源化的一个重要环节。

6.1.1 卫生填埋

污泥卫生填埋是指通过采取工程措施将处理后的污泥集中堆、填、埋于受控制的场地内的处置方式。污泥卫生填埋技术是将不具备土地利用和建筑材料综合利用条件的污泥，先经过改性处理，待其满足填埋泥质要求后，再对其采用卫生填埋处置的污泥处置工艺。污泥卫生填埋工艺流程由6个操作步骤构成，分别为充分混合、单元作业、定点卸料、均匀摊铺、反复压实和及时覆土，其场景如图6-1所示。

污泥填埋的优点是投资量少、处理量大、效果明显，且国家对污泥卫生填埋的卫生学指标和重金属指标要求都比较低。但是，一般经过普通脱水处理后的污泥，含水率通常在80%左右，含固率过低，不能满足填埋的准入条件。同时，污泥填埋造成的后续环境问题也较多：

① 占用大量土地资源，破坏原有生态环境；

② 产生大量渗滤液，如果不进行收集和适当处理，会造成地下水源和地表水源的污染；

图 6-1　城市污泥卫生填埋场景

③ 对填埋气体进行资源化利用的填埋场较少，如果将填埋气体直接排放会污染大气，并对周围的建筑物和植物产生危害；

④ 填埋所产生的气体中含有大量的温室气体，会对环境产生较大的危害。

目前，污泥卫生填埋处理过程中的研究重点主要集中在对实际工程中各项关键技术的完善和改良，涉及的系统主要包括填埋场防渗系统、渗滤液收排系统、填埋气体收集利用系统和终场覆盖系统。

防渗技术作为污泥填埋场的关键技术之一，其作用是将填埋场内外进行隔绝，防止渗滤液进入地下水层，并阻止场外的地表水和地下水进入场内填埋体以减少渗滤液的产生量，同时也有利于填埋气体进一步的收集和利用。

填埋场现有的防渗材料主要分为无机材料和有机材料两大类，另外也可将两类材料结合起来使用。常用的无机材料有黏土和水泥等；常用的有机材料有沥青、聚乙烯、橡胶和聚氯乙烯等；常用的混合衬垫材料有水泥-沥青混凝土和土-混凝土等。

在填埋场防渗材料的选择方面，美国和德国多采用价格较为低廉的膨润土与其他材料进行复合，日本则采用喷射注浆或深层搅拌技术来构筑垂直防渗体系，而国内在选择建造注浆帷幕的材料时，一般选用纯水泥浆材料，少量采用红黏土或水泥等材料构造垂直隔离墙，也有研究采用酸性水玻璃等化学浆料，或者采用粉喷膨润土的方法构筑地下柔性防渗帷幕，选择以黏土固化注浆帷幕为主体的防渗系统（刘福东，2008）。

由于污泥本身具有密度大，固体含量低，含水率高，并有一定黏性的特点，在经过压实等一系列处理后可作为填埋场的防渗材料，而一些关于复合土防渗材料的研究报道中指出，污泥作为高有机含量的固体废弃物，经过适当处理，也具有优良的防渗透性能。因此，国内外学者针对污泥在填埋场防渗中的应用开展了一系列研究。

（1）污泥作为填埋材料

早在 20 世纪 70 年代，国外首先选用造纸厂污泥用作填埋场的覆盖材料进行了相关性的研究（Bonney，1984），为了验证污泥作为覆盖材料的可行性，Malmstead 等（1999）利用小型试验填埋场采用一种高有机质土-造纸厂污泥作为覆盖材料，验证了其可行性，陆续有填埋场采用当地造纸厂的污泥作为覆盖材料。在研究中，研究者发现当选用造纸厂的污泥作为填埋场的覆盖材料时，小于最佳含水率的一侧，污泥干密度随含水率增加而上升；大于最佳含水率的一侧，干密度随含水率增加而显著下降，这些特性与城市污泥的性质基本一致，这为城市污泥作为覆盖材料提供了参考。

之后，在美国的许多州内，允许使用城市污泥作为固体废物填埋场的日常覆盖材料，其污泥是以大于 50%（质量比）的固体含量和以 1:1 配比与土壤混合来作为日常和最终覆盖材料。

我国相对于国外在污泥作为填埋场防渗材料方面进行的研究起步较晚，但截至目前也取得了一系列的研究成果。

张鹏等（2002）以曲阳水质净化厂污泥为研究对象，研究其作为填埋场覆盖材料的可行性。研究发现，含水率为 80% 的污泥，其抗剪切性能满足作为填埋场顶面覆盖材料的基本要求，但是固结压实性能差，现场难以进行压实工作，使覆盖层的渗透系数很难控制。将污泥含水率降低到 45% 后，污泥的抗剪切性能完全符合稳定性的要求，但污泥的干密度基本不会随着压强的增加而变化，污泥的渗透系数却呈数量级递减，按照填埋场压实设备施工 100kPa 压强计算，含水率为 45% 的污泥压实后，覆盖层的渗透系数在 10^{-5}cm/s 数量级，未达到我国《城市生活垃圾卫生填埋场技术标准》规定。最后提出了另一个方案：将含水率 80% 的污泥铺设到填埋场，待污泥的含水率在自然条件下低于 72%后，再压实并控制好覆盖层的渗透系数，但这个方案的可行性还有待进一步的研究。

污泥经过适当处理虽然具有比较优良的防渗透性能，但是其包括力学在内的其他性能往往难以满足作为填埋材料直接使用。因此，陆续有研究者根据不同材料在性质上与污泥存在一定的互补性，如膨润性、几何外形和吸附性等，利用这种互补的性质，在特定的试验条件下将污泥与其他材料进行复合，最终得到在防渗等性能上优于任何一种单体材料的复合材料。

（2）污泥复合土作为填埋材料

国外一些研究者将石灰和粉煤灰作为改性剂对污泥进行改性，并证实了改性污泥的性质满足作为填埋材料的要求。

Lim 等（2002）以城市污泥为研究对象，以熟石灰、黄土和粉煤灰作为改性剂实现了污泥的改性固化，改性后的污泥抗压强度达到 100kPa 以上，渗透系数约为 $1.0×10^{-7}$cm/s，改性污泥中的有害成分浸出率低于规定标准。

Kim 等（2005）将转炉渣和生石灰作为改性剂对消化污泥进行改性固化，改性后的污泥显示出替换当前使用的覆盖土的岩土特性，可用作有效的填埋场覆盖物。

这些研究发现污泥经过改性，污泥复合土的渗透系数可以达到 10^{-7}cm/s 数量级，与普通黏土的防渗透性能基本接近，基于此发现，国内的研究者也开展了相关研究。

李磊等（2005）通过将污泥与固化材料反应形成固化产物骨架来提高固化体强度，达到封闭污染物质的效果。研究结果表明，固化体 7d 无侧限抗压强度可达到 50kPa，渗透系数小于 10^{-7}cm/s，固化体可进行资源化利用，能够满足污泥进行填埋处置或作为填埋场覆土的要求。

李淑展等（2006）以城市污泥与高岭土进行复合后的材料为研究对象，研究了污泥的掺入量及其颗粒大小、复合土密度和渗滤液的性质对污泥复合土渗透性能的影响。结果发现，当污泥掺入量为40%时，污泥复合土的防渗性能最佳，且防渗透性能随复合土干密度增加而增强。当干密度达到1.08g/cm³时，复合土的渗透系数可以达到10^{-7}cm/s数量级，符合垃圾填埋场防渗衬层标准的要求。

张芊等（2017）以煤矸石作为骨架搭建材料，水泥、黏土作为凝胶材料，纤维作为助凝剂对污泥进行改性固化，研究发现，固化体中污泥与水泥、煤矸石等固化材料的掺入量较为适宜时，生成的水化产物多，黏聚力较大，内摩擦角相应较小，抗剪切能力较强。

6.1.2　厌氧消化

厌氧消化技术属于传统的污泥末端处理方式，也是污泥稳定化的主要手段。该类技术是将在厌氧条件下由多种微生物（厌氧或兼性）的共同作用，使污泥中的有机物分解并产生CH_4和CO_2的过程。由于厌氧消化过程兼有降解有机物和生产气体燃料的双重功能，因而得到了广泛的发展和应用。

污泥厌氧消化主要包括水解、酸化、产氢产乙酸和产甲烷4个阶段，其中，污泥絮体和细胞内的大分子有机物的水解过程是污泥厌氧消化的主要限速步骤，制约着传统污泥厌氧消化的能力。基于此，一些研究者提出在污泥厌氧消化前可以增加预处理，预处理技术可以促使污泥絮体解体和细胞破壁，从而释放大量可溶性有机物，提高污泥的生物可降解性及厌氧产气能力。

目前，根据预处理手段的不同，污泥厌氧技术主要分为污泥高温高压热水解、污泥高含固厌氧消化技术和污泥厌氧共消化（协同消化）技术。

6.1.2.1　污泥高温高压热水解技术的应用

污泥高温高压热水解技术（thermal hydrolysis treatment）是针对污泥传统厌氧消化过程中水解酸化进程缓慢、产甲烷底物不足、整个发酵过程周期长且产气率低的缺点而开发出的一种污泥厌氧消化技术。该技术是一种高效且低耗的热水解工艺，可有效提高污泥厌氧消化的速度和产气率，此工艺不仅适用于一般中小型污泥处理工程，而且可用于大型的工程和现有污水处理厂的改造。

传统污泥厌氧消化工艺是将全部的混合污泥经污泥浓缩处理后（其含水率为96%左右），然后再进行后续厌氧消化处理，而高温高压热水解工艺是将混合污泥浓缩处理至含水率为80%～85%后进入热水解系统（王亚妮，2019），工艺流程如图6-2所示。

该工艺是以高含固率的脱水污泥（含固率15%～20%）为对象的厌氧消化处理技术，该工艺是在高温和高压的条件下，对污泥进行热水解与闪蒸处理，从而使污泥中的EPS和大分子有机物被水解，污泥中微生物的细胞壁被破坏，使物料的可生化性能得到了强化，并提高了污泥厌氧消化池的容积利用率、厌氧消化的有机物降解率和产气量。

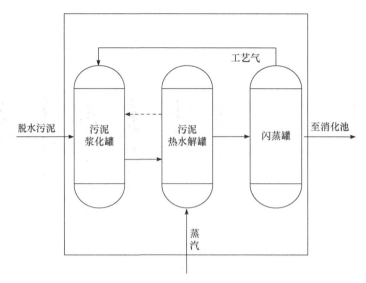

图 6-2　高温高压热水解工艺流程

最初的热水解工艺工程应用开始于 20 世纪 60 年代,分别为 Porteous 工艺和 Zimpro 工艺。首批 Porteous 热水解设施在英国的哈利法克斯(Halifax)和霍舍姆(Horsham)建成,该设施的方法是将污泥加热至 185℃并持续 30min,再通过柱塞泵将污泥注入反应釜内,随后通过热水和蒸汽将其加热至 200℃并持续反应 30min,最后将污泥放入沉淀池进行重力分离;首个 Zimpro 热水解项目在英国的霍克福德(Hockfore)开展,此工艺的主要原理是将污泥在 250℃下进行湿式化处理,在放热的过程中,可以去除掉 65% 的 COD,且该过程使大多数的生物解体(Neyens et al.,2003a)。随后 Cambi 工艺开始推广应用,该工艺的热水解温度为 160~165℃,包括浆化热、热水解、压力释放和闪蒸排泥 4 个步骤,成功地将热水解预处理与厌氧消化相结合,使消化后剩余污泥的脱水性提升了 60%~80%(Armstrong et al.,2018)。

(1)热水解对污泥特性的影响

首先,热水解对污泥的流变特性有较大的影响。对于高含固污泥,流变特性是其厌氧消化工艺设计与运行中的重要参数之一。污泥作为非牛顿流体,其流变特性直接影响着污泥在厌氧消化罐内的搅拌、传热以及传质效果(Füreder et al.,2017)。

Farno 等(2014)研究了污泥在温度为 20~80℃时,热水解对其流变特性的影响,结果发现先将污泥加热至 80℃然后再冷却至 20℃后,其屈服应力比 20℃时的初始屈服应力低 68%,且该种热处理对污泥流变特性的改变是不可逆的。

Urrea 等(2015)在不同温度(160~200℃)和压力(40~80bar,1bar = 10^5Pa)下进行了热水解试验,研究发现热水解可以使污泥的流体特性从最初的宾汉流体转变为牛顿流体,并且其表观黏度下降了两个数量级,提高了物料的流动性。当水解温度达到 180℃时,污泥的黏度由 4480~4530mPa·s 下降至 210~430mPa·s。在污泥与其他物质进行混合、运输和加热时,较低的黏度也可以节省能源,并且有利于后续厌氧消化的传质搅拌,这在一定程度上平衡了热水解预处理所消耗的高能量。

肖雄等（2020）在 120～210℃/30～75min 条件下，对污泥进行热水解试验，结果发现，热水解污泥的 VSS 含量随着热水解温度的升高和热水解时间的延长而降低。污泥粒径随着热水解温度的增大而减小，热水解可有效降低污泥粒径，提高污泥的脱水性能。最终得出污泥热水解最适温度为 165～180℃，此时累积粒径分布达到 10%、50% 和 90% 的粒径分布分别为 4.365μm、15.156μm 和 60.256μm。

其次，热水解对于污泥的化学特性也有一定影响。污泥作为消化底物，其化学组成的变化是影响后续厌氧消化特性的重要因素之一，热水解过程可以通过改变污泥的化学特性，从而改善后续污泥厌氧消化的效果。

Xue 等（2015）研究了热水解对高含固污泥有机质溶解特性的影响，结果发现当热水解温度和时间的不断升高或延长，污泥中的可溶性化学需氧量（soluble chemical oxygen demand，SCOD）、蛋白质以及多糖含量明显增加，当热水解温度升高到 100℃ 之后，污泥溶解的速率开始升高。热水解还加速了污泥中挥发性脂肪酸（volatile fatty acids，VFA）的溶出，特别是当热水解温度大于 160℃ 时现象尤为显著，VFA 作为厌氧消化产氢产乙酸的一种直接原料，会不断强化后续厌氧消化的过程。

Zhang 等（2017）通过对低温热水解（60～90℃）和高温热水解（120～180℃）的比较发现，随着污泥热水解时间的延长，污泥中的 SCOD、可溶性蛋白质和多糖等有机物的溶解量呈现出对数型的增长趋势，在此过程中，蛋白质的溶解速率比多糖的溶解速率高。此外，在低温热水解中，处理时间对增加有机物溶解的影响超过了处理温度的影响。相比之下，在高温热水解中处理温度比处理时间更为重要。

（2）热水解对污泥厌氧消化特性的影响

在污泥进行厌氧消化的 4 个阶段中，水解阶段是控制其速率的一个主要步骤。热水解可以加速固体有机物质降解为溶解性物质，大分子有机物质降解为小分子物质。许多研究者通过加快水解阶段的反应速率，从而改善污泥厌氧消化最终特性。

廖足良等（2014）针对城市污泥在厌氧消化中因为融胞困难而导致消化速率低和生物产气量低的问题，采用热水解的方法对污泥进行预处理，结果发现，含固率为 3% 的污泥在经热水解 30min 后，产甲烷量比未经过热水解处理的污泥提高了 30.62%，并指出污泥在通过合理的预处理技术后可以使其厌氧消化性能得到改善，试验的结果为城市污泥厌氧消化工艺的选择提供了参考。

韩芸等（2016）通过对热水解后高含固污泥及其脱水后固、液分离产物进行厌氧消化试验，并对污泥的产甲烷量和脱水性能进行测定，研究其产气量、有机物分布及生物质能转化的特性，结果表明，在热水解污泥混合液厌氧消化后的沼气中，甲烷产量最大为 77.7%；此外，高含固污泥经过热水解后，污泥中 74.0% 可被甲烷化的有机物在热水解后转移至液相，这是厌氧消化产沼气的主要来源，而固相泥饼中可被利用有机物含量极少，仅为 9.5%。

氨氮，主要以游离氨（NH_3）以及铵离子（NH_4^+）的形式存在，它们在厌氧消化过程中常被用作抑制剂，而热水解工艺在强化污泥厌氧消化的同时，也会伴随着氨氮的富集。

Han 等（2017）通过对污泥进行热水解处理，研究其对高含固污泥厌氧消化能力的影响时发现，厌氧消化后 50% 以上的氮被水解，热水解后氨氮浓度约是未经热水解处理的污泥中氨氮浓度的 2 倍；此外，热水解预处理具有提高低碳氮比废弃物厌氧生物降解能力的潜力。

刘阳等（2015）研究了游离氨对热水解联合中温厌氧消化工艺性能的影响，结果表明，组合工艺的甲烷产量比传统反应器提高 89%～121%，有机物去除率提高了 1.21～1.46 倍。该工艺大大提高了厌氧消化工艺处理污泥的效率，却导致系统中游离氨浓度高达 89～382mg/L，明显高于传统工艺中 37～84mg/L 的范围。乙酸型甲烷菌的活性也被热水解所抑制，从而增加了部分微生物受游离氨抑制的风险。

6.1.2.2 污泥高含固厌氧消化技术的应用

污泥中富含蛋白质类有机质，在厌氧消化过程中，蛋白质水解将释放出氨氮，尤其是游离态氨氮（free ammonia nitrogen，FAN）会通过抑制产甲烷过程中某些酶的活性和透过细胞膜引起电荷变化而产生抑制作用。为了提高厌氧消化效率，Schulze 最早提出了将反应器的进料总固体含量提高至 6%～20% 的高含固污泥厌氧消化。

与传统厌氧消化相比，污泥高含固厌氧消化系统的含固率比传统消化系统高 4～10倍，这意味着，高含固厌氧消化系统内的氨氮浓度将明显增高，游离氨是影响污泥高含固厌氧消化效率的重要影响因素。在相同的总氨氮（total ammonia nitrogen，TAN）浓度下，FAN 浓度受系统 pH 值的影响，随 pH 值的降低而降低。FAN 对甲烷菌的抑制通常会导致 VFA 浓度上升，而 VFA 浓度升高有利于降低系统的 pH 值，从而降低 FAN 的浓度，使抑制作用减弱。因此，在一定浓度范围内（TAN<4000mg/L，FAN<600mg/L），FAN、VFA 和 pH 值的相互作用在一定程度上可以使系统形成一个"氨抑制下的稳定状态"。

Duan 等（2012）研究表明，高含固污泥厌氧消化技术比传统厌氧消化能承受更高的有机负荷，并且在相同污泥停留时间的条件下，甲烷的产量和有机物的去除率基本不受影响，单位容积的产气率得到了一定的提升。

一般加强高含固污泥厌氧消化的传质效果的方法有：
① 优化反应器的构造；
② 改变搅拌的方式；
③ 添加分散剂等。

由于高含固污泥具有比较高的黏度，有研究者通过优化搅拌器和反应器的构造和采用高效的搅拌方式来提高其传质效果。

Rivard 等（1990）利用一种实验室规模的卧式高含固反应器，其大致结构为：水平轴位于两端并加盖，搅拌轴沿着圆筒轴线水平延伸，并且通过 4 个纵向连接到轴上的杆式搅拌器进行搅拌，最终获得了较好的混合效果，反应器如图 6-3 所示。

Latha 等（2019）使用"O"形扩散器设计，并采用沼气循环的方式来改变高含固污泥厌氧消化性能。结果发现，连续沼气循环搅拌比未搅拌和机械搅拌的日产气量高 93%

和 29%，最后构建出了一种最佳间歇式沼气再循环作为大规模厌氧消化的替代混合方式，不仅可以提高沼气产量，而且能降低叶轮功率消耗，还能提高能源效率。

图 6-3　4 个小型高含固反应器

　　另外，现有相关研究显示污泥中的絮体结构是导致污泥水煤浆成浆黏度大、成浆浓度低、稳定性高的主要原因，而污泥中的絮体主要是由丝状菌、菌胶团和胞外聚合物组成，其特点是微生物的生长使其具有不规则的网状结构，并且还有大量的水分填充在其中，通过作用于成浆体系中的水分，进而影响浆体的特性。分散剂可以通过包裹和吸附于污泥颗粒的表面，使其带有相同的电荷，并利用静电斥力使颗粒互相分离，将絮凝状颗粒分散成小颗粒，同时间隙水也能得到释放，最终使得污泥的黏度下降。

　　呼庆等（2010）为了研究有机、无机分散剂对污泥流动性能的影响，通过采用旋转黏度法将有机分散剂萘系磺酸盐和无机分散剂酒石酸钾钠复合后加入含固量为 25% 的脱水污泥中，结果发现当萘系磺酸盐掺量为 1%、酒石酸钾钠掺量为 2% 时，污泥的黏度由 2740mPa·s 下降到 1360mPa·s。而目前有关分散剂对高含固污泥作用的文献报道相对较少，仍有待研究。

　　针对高含固污泥厌氧消化过程中的氨抑制问题，有学者对降低氨抑制的影响进行了多次的尝试。

　　Kayhanian（1999）通过对包含氮化合物的生化途径的基本原理、氨抑制机制和游离氨抑制的影响进行深入研究，结果发现可以通过调节进料碳氮比和淡水稀释消化液两种方法来减轻高含固污泥厌氧消化氨的抑制问题。此外，吹脱和添加可以去除氨的离子交换剂或吸附剂从而对缓和氨抑制也有一定成效。

　　Hidaka（2013）等对高含固污泥进行了间歇试验，研究发现，高含固污泥在高温条件下经过稀释后氨氮的浓度降低，使得产甲烷性能显著提高。但采用稀释的方法降低氨氮浓度会造成消化器的体积庞大、投资费用高和经济效益差等问题。

　　为了解决氨抑制问题，许多研究者采用氨气吹脱的方法，此方法是通过改变厌氧系统中游离氨来建立的一种气液平衡关系，使游离态的氨由液相转为气相，从而脱离消化系统。

Zhang 等（2012）以猪舍废水为研究对象，采用汽提脱氨的方法对其进行预处理，结果发现 pH 值在 10～11 之间的氨汽提能有效去除氨，效率高于 80%。氨汽提可使猪场废水的生物甲烷化程度提升为原来的 2～3 倍，而高含固废厌氧消化系统更容易引发氨抑制问题。

Yao 等（2017）提出高温厌氧消化（thermophilic anaerobic digestion，AD）联合脱氨的理念来处理高总固体（TS）浓度的牛粪，并进行了试验，以克服在消化过程中的氨抑制效应以及成本增加的难题。结果表明，氨抑制发生在 1.8～2.4g/L 总氨氮浓度，对应于10%总固体作为阈值浓度。而在整个高温厌氧消化过程中，氨汽提策略将总氨氮水平保持在 1.5g/L 的抑制极限以下，厌氧消化效能得以提升。

另外，有研究人员选取特殊的吸附材料来解决高含固厌氧消化中的氨抑制问题，一般常用的吸附材料有沸石、活性炭和膨润土等，此技术通过利用吸附材料的独特结构和化学特性对氨氮进行吸附交换，最终达到降低氨氮浓度的目的。

Tao 等（2017）研究了斜发沸石和离子交换树脂在厌氧消化热水解污泥中对氨抑制的影响，结果表明，当温度为 37℃、斜发沸石的投加量为 30g/L 时，对氨的去除率能达到 42.5%；当离子交换树脂的投加量为 5g/L 时，对氨的去除率能达到 50%；而 2 种材料都可使 FAN 浓度从 148mg/L 降至 50mg/L。

为解决高含固消化中的氨抑制问题，有研究者采用厌氧共消化技术来降低氨的毒性。此技术是将发酵特性存在互补性的 2 种或 2 种以上原料一起作为发酵基质对生物进行降解的过程，在一定程度上能够解决单原料厌氧发酵存在的营养比例不平衡问题，进而减轻氨抑制，提高了厌氧发酵的效率。

6.1.2.3　污泥厌氧共消化技术的应用

共消化一般指 2 种或 2 种以上物料进行混合后共同进行厌氧处理，不同物料混合后进行共消化，对于提高消化系统本身的性能和整体的经济性都有积极作用。

在共消化工艺中除了利用城市污泥，还可利用餐厨垃圾、动物粪便以及一些工业有机废弃物。先将这些有机垃圾进行碾磨、粉碎和过筛处理，然后将剩下的有机垃圾置于稀释池中进行稀释，然后送到消毒稳定池进行杀菌消毒，最后与一定量的市政污泥混合在一起加入消化池中进行厌氧发酵处理，产生的沼气可用于发电。该工艺主要设备包括预处理系统、消化池、沼气收集系统和沼气发电系统等。

（1）预处理对厌氧消化的影响研究

在污泥厌氧消化过程中，有机物的水解是限制其速率的一个主要步骤，预处理可以加速水解和增强溶解作用（Carrere et al.，2016）。在厌氧消化中，预处理通常应用于其中一种共底物上，这种共底物的生物降解性较差，而不是应用于整个混合物，这是因为对混合物进行预处理可能会增加资金和运营成本（Mata-Alvarez et al., 2014）。

① 热化学预处理。在全规模系统中，污泥和城市固体废物的有机组分在厌氧消化之前，使用水解消化池（42℃和23h）热预处理可以将沼气产率提高13%。由于沼气产量的增加，热预处理仍然可以导致能量平衡，而所需的热量是通过沼气燃烧而产生（Blank et al., 2011）。然而，当水力停留时间从15d降低到7d时，由于富含有机物且反应时间不足，沼气产量有所下降，预处理的热量需求仅相当于产生沼气的9%(Grim et al., 2015)。

热化学预处理的城市固体废物的有机组分和污泥混合物的沼气产量比未预处理的混合物高2.4倍（Borghi et al., 1999）。尽管碱性预处理有较高的底物溶解效率，提高了沼气产量，但它也存在一些缺点，如化学成本高、消化池中钠或钾的积累，这最终会导致产甲烷的过程受到抑制（Hidalgo et al., 2012）。

与上述结果相反，Zhou 等（2013）发现在预处理城市固体废物的有机组分和污泥混合物（170℃、60min）的厌氧消化过程中，沼气产量没有显著提高。

② 机械预处理。机械预处理可以降低基体的粒径，有助于可接触表面积和胞间物质释放的增加导致基质降解的增强，从而提高厌氧消化的效率（Trzcinski et al., 2015）。

Cesaro 等（2012）在低频（20kHz）超声台上，对城市固体废物的有机组分和污泥混合物进行预处理后，可溶性化学需氧量增加了60%，比未经处理的混合厌氧消化产生的沼气量高出24%。Marañon 等（2012）研究发现在7500kJ/kg TS 超声强度，温度为36℃的条件时，将餐厨垃圾、牛粪和污泥按 20∶70∶10 的比例进行混合预处理，结果表明甲烷产量仅提高了2%，这种情况下，甲烷产量的提高不足以补偿这种预处理所消耗的能量。

尽管机械预处理需要高能量消耗，但与其他方法相比，机械预处理对底物类型的敏感性较低，并且会形成抑制或难降解的化合物。其他的物理化学技术如湿法氧化和蒸汽爆破也被用于生物废物的预处理，也是一种有效的固体废物的有机组分厌氧消化预处理技术。

其中，生物处理在预处理技术中耗能最少，其包括特定的酶、细菌和真菌的作用，需要相当长的接触时间，并有可能造成碳损失。目前，已经报道了生物预处理的效果，如添加成熟堆肥、真菌和活性污泥作为酶促剂，以促进城市固体废物的有机组分中底物的水解和溶解。

腐熟的堆肥是最佳的水解剂，在接种率2.5%(体积分数)相对较低的情况下，COD的增溶率最高，达到51%。在同一研究组的后续研究中，探讨了生物（使用腐熟堆肥、污泥和真菌 *Aspergillus awamori*）预处理对城市固体废物的有机组分干嗜热（20%TS 和55℃）厌氧消化动力学的影响。研究结果表明，与未经预处理的城市固体废物的有机组分相比，预堆肥可使微生物的最大比生长速率从160%提高至205%，基质降解和甲烷生成速率较高（Fdez-Güelfo et al., 2011）。

（2）厌氧共消化研究

相关研究表明，污泥的厌氧消化过程中加入城市固体废物的有机组分，沼气产量会有显著提高，但若想更稳定的运行并获得更高的沼气产量，优化基质配比、适当的碳氮比（C/N 值）、有机负荷率和颗粒粒径均为需要考虑的因素。

首先，优化基质配比会对沼气产量产生影响。在湿式厌氧消化中，当市政固体废物和污泥混合比例为总固体基础上的 80∶20（体积基础上的 25∶75）时，沼气产量和总挥发性固体降低最高（Dereli et al.，2010）。

Nielfa 等（2015）的试验结果表明，所有的共消化混合物都提高了单一基质的产率，为这 2 种废物在不同情况下的共消化提供了机会，城市固体废物的有机组分与一级污泥（原污泥）和活性污泥的最优组合为 80∶20。

Hamzawi 等（1998）研究了城市固体废物的有机组分、活性污泥和原污泥的二元和三元混合物不同配比对沼气产率的影响。城市固体废物的有机组分∶活性污泥∶原污泥（75∶12.5∶12.5）三元混合料比城市固体废物的有机组分∶活性污泥（75∶25）二元混合料的沼气产率提高了 20%。3 种混合物提供了更平衡的产酸和产甲烷微生物群，使挥发性固体处理具有更好的稳定潜力。

其次，城市固体废物的有机组分和污泥共消化时，有必要控制适当的碳氮比（C/N 值），以此来保持良好的营养平衡，促进细菌生长和过程稳定，从而获得更高的甲烷产量。

Kayhanian 和 Hardy（1994）的研究表明 C/N 值在 20~30 之间对于厌氧消化是理想的，C/N 值高于 30 会由于营养缺乏而导致过程不稳定，不易去除基质，生成甲烷；而 C/N 值低于 6 也会对消化过程产生不利影响，原因是碳含量不足，氨水平高，氨对厌氧菌有抑制作用。

Zhang 等（2018）将生物固体与城市生活垃圾有机组分共消化与直接消化进行对比，城市生活垃圾有机组分的添加使原料中 C/N 值由 8.10 提高到了 17.68 或 20.55，而导致消化初期 20d 溶液中挥发性脂肪酸（VFA）浓度较高，约为 1500mg/L，其溶液 pH 值低于 6。混合原料虽然提高了总产气量，但 VFA 的积累导致溶液 pH 值降低，抑制了甲烷的产生，产气高峰的出现推迟了 10d 左右，最大产气量降低。

另外，城市生活垃圾有机组分负荷率对污泥厌氧共消化也有一定的影响（Silvestre et al.，2015）。

Liu 等（2012）在中试反应器上考察了有机负荷率对城市的生物质垃圾（MBW）和废弃活性污泥（WAS）厌氧共消化性能和稳定性的影响。结果表明，有机负荷（OLR）为 1.2~8.0kg（VS）（挥发性固体）/（$m^3 \cdot d$）时，系统运行较为稳定，VS 削减率为 61.7%~69.9%，容积产气量为 0.89~5.28m^3/（$m^3 \cdot d$）。在 OLR 为 8.0kg VS/（$m^3 \cdot d$）、水力停留时间为 15d 的条件下，最大产甲烷速率为 2.94m^3/（$m^3 \cdot d$）。

Mao 等（2015）研究了两阶段工艺对城市固体废物的有机组分与污泥共消化产气的影响。试验证明了该过程是更有效的，沼气生产效率提高了 62.7%，而一段间歇流程的提高率为 49.3%，多段制烃系统能够实现更有效的底物利用，从而提高甲烷生成速率。

最后，颗粒大小同样会对厌氧消化工艺性能造成影响，较小的颗粒尺寸降低了微生物攻击的障碍，增加了比表面积与质量，接触到微生物作用的表面越大，生物降解的速度就越快。然而，由于降低粒径具有成本影响，因此需要对粒径进行优化。

Hamzawi 等（1998）在研究的操作区域内，沼气生产和挥发性固体去除方面的最佳操作条件是小颗粒（0.85mm，最小的研究对象）和高总固体浓度（22.1%，最高的研究对象）。然而，以加速水解为目的将物料的粒径从 20mm 减小到 8mm，并没有显著提高气体产率（Silvestre et al.，2015）。

Esposito 等（2011）模拟了粒径范围为 2.5～50mm 的城市固体废物有机组分对污泥厌氧消化性能的影响，城市固体废物的有机组分粒径越大，基质溶解和酸化速度越慢。

6.1.3　好氧消化

污泥好氧消化法是在延时曝气活性污泥法的基础上发展起的，其目的是为稳定并降低污泥对环境的危害，同时减少污泥的最终处理量。

6.1.3.1　污泥传统好氧消化技术的应用

污泥好氧消化是通过利用微生物的内源呼吸来稳定污泥，当污泥系统中可供微生物利用的基质浓度较低时，微生物会进行内源代谢，自身氧化分解，以获取维持自身生长所需要的能量，这也称为微生物的隐性生长。在此过程中，污泥中的有机质被分解为 CO_2 和 H_2O 等小分子物质，从而使污泥得到有效的处理处置。

传统的好氧消化在工艺流程上分为连续进泥和间歇进泥两种方式，具体工艺流程如图 6-4 所示。

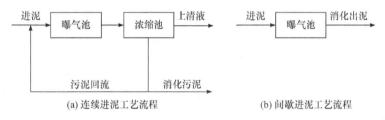

图 6-4　传统好氧消化工艺流程

好氧消化法具有以下优点：
① 对水中悬浮物质的去除率高；
② 上清液中的 BOD 浓度较低；
③ 处理后的污泥产物无臭味，污泥也比较稳定；
④ 工艺运行安全，操作管理方便；
⑤ 需要的处理设施体积小，投资少。

但污泥好氧消化需要的能耗较高，因此缩短消化时间，提高工艺效率，将成为污泥处理处置的趋向（武海霞 等，2010）。

Meknassi 等（2000）研究了氧浓度对污泥消化和金属浸出（SSDML）过程的影响，发现溶解氧浓度在 1～5mg/L 之间时，随着溶解氧浓度升高，污泥酸化率和挥发性有机物（挥发性悬浮物去除率）均有提高；当污泥中的溶解氧浓度为 7mg/L 时，挥发性悬浮物的去除率却下降，可能是由于反应器中剩余氧的浓度过高，对污泥中微生物群落产生了毒害作用，使其活性降低。因此，适当的溶解氧浓度可以保持微生物的活性，从而提高污泥的好氧消化速率。

周春生等（1992）以汽车工业综合污水处理厂的剩余污泥为对象，研究了不同污泥浓度对好氧消化效率的影响，结果表明，当污泥浓度在 6.466～12.878mg/L 范围内，挥发性悬浮物的去除率随着污泥初始浓度的增加而降低，而其去除量随着污泥初始浓度的增加而升高。

张少强等（2007）利用嗜热菌消解城市污水处理厂的剩余污泥，并与传统高温好氧消化的效果进行了对比。结果表明，在有嗜热菌存在的条件下，总悬浮物（TSS）、挥发性悬浮物（VSS）的去除率均比传统高温好氧消化高 15%。这是因为嗜热菌分泌的胞外酶可以破坏细胞壁，加速细胞溶解，从而提高了污泥的消化效果。

黄晴和戴文灿（2016）以城市污水处理厂剩余活性污泥为研究对象，对污泥超声波-缺氧/好氧消化技术与传统好氧消化技术进行比较。结果表明，经过 25d 的消化后，超声波-缺氧/好氧消化污泥 TSS 和 VSS 的去除率分别达到了 35.77% 和 50.02%，比好氧消化污泥分别提高了 3.90% 和 8.99%；超声波-缺氧/好氧消化污泥的总氮去除率比好氧消化提高了 23.9%；消化污泥稳定时间比好氧消化污泥缩短了近 6d；并且超声波-缺氧/好氧消化污泥上清液中氨氮和硝态氮浓度却远低于传统好氧消化，因而降低了上清液回流氨氮和硝态氮对污水处理系统的负荷压力。

由此可见，传统的好氧消化技术将会逐渐被取代，一些具有反应速度快、停留时间短及基建费用低等优点的新技术将被应用于城市污泥的处理。

6.1.3.2　污泥高温好氧消化技术的应用

污泥的高温好氧消化是在 45～65℃ 的高温下运行，高温操作使其具有较快的生物降解速度、低细胞产率及较高的灭菌效率。另外，由于高温下硝化菌的生长受到抑制，高温好氧消化反应器中的 pH 值保持在 7.0～8.0，而且不发生消化反应的同时还可减少需氧量。

污泥高温好氧消化实质是微生物在高温下通过内源代谢过程降解与稳定污泥中的有机成分，通过曝气充氧，内源呼吸阶段的微生物以其自身生物体为代谢底物获得能量并进行生物再合成，细胞物质的分解量大于合成量，可降解的有机物最终分解成 CO_2、NH_3 和 H_2O，从而实现污泥的稳定化和减量化。

高温好氧消化代谢途径和传统好氧消化如式（6-1）和式（6-2）所示，两者相比，氮的消化过程受到抑制，体系对氧的需求更少，消化过程利用较高固含量的污泥底物自身氧化分解释放的热量来维持消化体系的自升温，因而具有供氧动力小、有机物降解速率快、病原菌灭活率高等优点（刘树根 等，2010）。

$$C_5H_7NO_2+5O_2 \longrightarrow 5CO_2+2H_2O+NH_3+能量 \tag{6-1}$$

$$C_5H_7NO_2+7O_2 \longrightarrow 5CO_2+3H_2O+NO_3^-+H^++能量 \tag{6-2}$$

早在 20 世纪 60 年代末期，Kambhu 和 Andrews（1969）就在实验室的反应器中进行了高温好氧消化方面的初步研究，并采用计算机模拟技术，在理论上证明了当总固体（TS）为 4%～6%时且高效曝气，污泥的好氧消化能达到自动升温的状态。

20 世纪 70 年代初期，研究人员进行的高温好氧消化研究尚处于无盖散开式的反应器阶段。

William 等（1980）利用一种简单的自吸式曝气器，能达到较高的氧转移效率，同时相应热损失少，使反应器温度能够维持在 43℃以上，最高温度达到 63℃。采用两种自吸式曝气器实现了有机氧化热的高效守恒，证明其能够达到大于 10%的氧传递效率。在较高的加载速率下，当温度超过 50℃时有机泥浆曝气的氧传递效率可达 23%，总固体含量可达 5%。

20 世纪 80 年代至今，研究人员开始对隔热保温的反应器进行研究，并成功地实现自升温的操作，之后高温好氧消化工艺便开始大量应用于实践。

Messenger 和 Ekama（1993）发现只要反应器是氧气受限的，反应器温度的升高就可以通过氧气供应速率完全且几乎瞬时地控制。氧气转移率与生物产热率之间的快速响应和密切相关性使氧气转移率和氧气供应速率成为双消化中限氧自热好氧反应器运行、控制、设计和模拟的关键参数。于是提出了一种基于能量输入输出的计算机模型，来对高温好氧消化中能达到的温度进行估算。加拿大 UBC 大学对高温好氧消化的优化进行了一系列的研究，其中包括进泥的模式（序批和连续进泥）、污泥停留时间（SRT）、初沉/二沉比例及供氧等因素。

李洵等（2008）研究了曝气量对自热式高温好氧消化污泥减量的影响，试验发现，当曝气量过高时，会产生散热作用，使反应器的温度下降；当曝气量过低时，会影响微生物的生长活性，反应器升温速度变慢，停留时间也会长，这两种情况都会引起总悬浮物固体（TSS）、挥发性悬浮物（VSS）去除率的降低，在搅拌强度为 450r/min 条件下，对 VSS 为 49g/L 的混合污泥的最佳曝气量为 45mL/s，此时 VSS 的去除率可达到 53.98%，最终能达到污泥稳定的目的。

张峥嵘等（2007）自行设计了一套单级污泥预热自热高温好氧消化工艺，采用每间隔 15d 进泥、排泥各 1 次的间歇式运行方式，对污水处理厂浓缩池中的剩余活性污泥进行处理，研究了进泥浓度、搅拌速率、曝气量和固体停留时间对污泥稳定化效果的影响。结果表明，在进泥含固率为 4.3%～6.4%、VSS 质量浓度为 33.4～44.1g/L、搅拌速率为 100～110r/min、曝气量为 0.10～0.12m³/h、污泥停留时间为 10d 时，污泥稳定化效果最佳，VSS 去除率达 53.2%，脱氢酶活性（DHA）去除率为 74%，此时，病原菌的灭活率达到 100%，出泥满足美国环保局规定的 A 级生物固体（污泥）的标准。

目前，高温好氧消化反应器系统已经发展至第二代，其中自热式高温好氧消化（autothermal thermophilic aerobic digestion，ATAD）技术受到了新的关注。

现代的自热嗜热好氧消化是在夹套反应器中对废弃物进行三级处理的微生物发酵过程，该过程可用于各种污泥。污泥基质的消化产生热量，热量被保留在反应器内，反应器温度升高至 70～75℃，在此过程中，蛋白物质也会发生脱氨，导致氨的释放和 pH 值升高，这些条件导致了一个独特的微生物联合体，在加热和保温阶段经历了相当大的动态变化（Pembroke et al.，2019）。

Bartkowska 等（2020）分析了 ATAD 在波兰城市污水处理厂的应用过程，对经过 ATAD 工艺处理后的污泥特性进行了分析，指出了决定污泥作为有机肥料的有用性的参数：总氮含量为干物质的 2.4%～8.1%，铵态氮含量为干物质的 0.8%～1.8%，总磷含量为干物质的 1.1%～4.2%。

Elisaveta 等（2020）提出了不确定工况下热集成两级 ATAD 系统的优化以及设计方法，该模型包括热集成系统的两阶段随机优化模型和优化准则，模拟的最终结果表明，热冲击降低了 5～6℃，入口污泥温度升高了 8～10℃，ATAD 系统接近正常操作温度，2 个生物反应器中的固体减少了约 2%（质量分数）。

6.1.3.3　污泥好氧消化与其他技术结合的应用

单独的污泥好氧消化技术虽然在一定程度上可以稳定污泥，降低污泥对环境的危害，但是单独使用污泥好氧消化技术处理污泥能耗较大。基于此，国内外研究者将污泥好氧消化与其他技术联用来稳定污泥。

Sonnleitner 和 Fiechter（1985）研究了高温好氧-中温厌氧污泥消化工艺中高温好氧段的微生物群落特征，发现嗜热种群在温度、曝气量等发生较大变化时稳定性仍很高，且分离的菌株在简单培养基甚至氧不足的情况下均能快速生长；对分离培养的嗜热微生物菌株进行种属及其理化性质鉴定，95%以上为嗜热脂肪芽孢杆菌（*Bacillus stearothermophilus*），大多数能分泌蛋白酶、淀粉酶等胞外酶。

Zhao 等（2020）将中温厌氧消化与中温好氧消化相结合（MAND/MAD）对污泥进行了消化处理，结果表明，MAND/MAD 污泥稳定过程在厌氧消化的 3 个保留时间（17d、24d 和 38d）进行，MAD 过程的进一步持续时间长达 22d。污泥的滞留时间对污泥的稳定具有重要作用，它的扩展增强了污泥在好氧消化阶段的稳定性。

徐荣险（2010）使用高温好氧-中温厌氧（AERTANM）两级消化工艺对污泥进行处理，该工艺结合了高温好氧消化和中温厌氧消化各自的优点。结果发现，当进泥总悬浮固体（TSS）为 4.2%（质量分数），VSS 为 26.59g/L，高温相污泥停留时间（SRT）为 2d，中温相污泥投配率为 8%，搅拌速度为 100r/min 时，污泥的 VSS 去除率可达 45%以上，沼气产量达到 1.06L/g（以 VSS 计），虫卵的杀灭率达到 95%以上，出泥能达到《城镇污水处理厂污染物排放标准》（GB 18918—2002）的控制要求。

冯凯丽等（2018）在硝酸铁强化的基础上，采用高温微好氧消化（ATMAD）工艺，研究了不同进泥浓度下，ATMAD 系统中污泥的稳定化效果。结果表明，在进泥总固体的浓度从 4.5%增长到 6.5%时，硝酸铁对 ATMAD 工艺污泥消化过程的强化效果降低；较低进泥浓度下 pH 值和磷等指标却相对较高。综合考虑强化消化的效果和自热升温的需求，进泥 TS 浓度选择 5.5%为佳。

吴学深等（2019）研究了热碱解前后污泥理化指标变化，以及不同曝气量和不同固体停留时间条件下好氧消化和热碱解-好氧消化 2 种工艺常规指标和抗性基因的变化。结果表明，在 pH 值为 11、温度为 70℃、时间为 1h 的热碱解条件下，污泥胞内物质被大量释放，热碱解混合物中 SCOD、多糖、蛋白质等的质量浓度可达到原污泥的数十倍。减小曝气量、延长固体停留时间的好氧消化过程有利于抗性基因的削减，热碱解可导致好氧消化中抗性基因的部分回升。

目前，传统的污泥末端治理技术因其技术成熟仍被广泛应用，但传统的污泥末端治理技术大部分仅仅实现了污泥的"减量化"和"稳定化"，在"资源化"方面存在欠缺，如何实现污泥从单纯的减量、稳定到完成其高附加值转化成了当下污泥末端治理亟待解决的问题。

6.2　末端处理新技术

城市污泥的末端处理新技术主要包括污泥土地利用、建材利用和能源利用。土地利用是目前污泥资源化处理的一种新技术，污泥中除了含有植物生长所必需的养分和营养元素，还含有一些重金属和病原体等对环境有害的污染物质，因此需要进行预处理（唐宁，2020）。污泥建材利用是开发污泥资源的有效途径，污泥中含有大量的无机组分且其性质与很多建筑材料较相似，所以污泥可作为建材使用，建材利用的技术难点在于能耗的降低和二噁英等二次污染防治技术的成熟。污泥的能源利用可以减少污染物的排放，具有广阔的工业前景。

因此，研究这些技术在城市污泥处理中的可持续性，对于利益相关方选择最可持续的城市污泥处理方案具有重要意义。

6.2.1　污泥的土地利用处理技术

污泥土地利用是对污泥或其产物经过适当处理以达到一定的质量标准，然后将其作为作物生长所需的肥料或土壤改良材料。这种技术根据土地类型主要分为 3 个方面：
① 作为农业作物、牧场和草地肥料；
② 作为林木、园林肥料使用；
③ 作为沙荒地和盐碱地的土壤改良以及植被恢复的改良基质。

将污泥进行土地利用不仅可以使其中的有机物和营养资源得到充分的利用，而且可以有效地处理处置污泥，是一种积极、可持续的污泥最终处置方式。

6.2.1.1　污泥在农业的应用

污泥农用主要体现对污泥中有机养分的重视与充分利用，其应用范围包括粮食作物、果树、蔬菜和花卉以及油料、纤维等经济作物。

污泥中含有大量的有机质，将其应用于土壤能够增强团聚体的稳定性，而且可以使土壤孔隙度、透水性和持水能力得到提高，有利于降低土壤的容重和抗剪切强度，提高土壤总有机碳组分含量及土壤腐殖化程度。利用污泥改良土壤能够在一定程度上促进土壤微生物活性，增加其数量。在施用形式上，污泥主要以基肥（底肥）为主，这与污泥所含有机养分的长效缓释性密切相关；也可作为堆肥使用，这与污泥中有机养分以易矿化态类型为主有关，在施用后较其他有机肥料其速效养分释放更为迅速，从这点来讲污泥是一种兼具长效和速效的有机肥料。

目前，针对污泥土地利用的安全性，国内外学者进行了较系统、全面的研究，研究内容主要包括污泥土地利用的稳定化及无害化方法、污泥所产生的肥效对农作物产量的影响等几个方面，经过长期的发展，污泥在农业领域的利用技术已经取得了一定的进展。

Thomsen 等（2017）将城市脱水污泥与其他物质气化和共气化后所产生的固体残渣作为肥料，试验表明，秸秆与污泥在低温流化床气化炉中共气化所产生的灰渣中碳、磷、钾等含量相对较高，重金属含量较低，用于土壤可表现出较好的肥质，说明低温流化床的气化和共气化是一种高效的污泥处理方法。

Nahar 和 Hossen（2021）以胡萝卜为试验材料，在盆栽试验中研究了污泥的施加对土壤理化性质、作物生长和重金属吸收效率的影响。研究发现，污泥施用对土壤 pH 值、有机质、电导率、交换性钾和速效磷均有显著影响，一方面可提高土壤的肥力，另一方面可提高胡萝卜产量，可获得最佳效益。

姚佳璇等（2021）采用田间定位试验，基于常规施肥和城市污泥堆肥设置了 5 组不同的施肥方案进行对比，探讨了不同的施肥处理对小麦-玉米轮作的作物产量和土壤理化性质等的影响。研究表明：施用污泥提高了总氮、总磷、碱解氮、有效磷以及土壤有机质的含量，显著提高了土壤肥力和小麦产量。

武升等（2021）以小麦为试验对象，研究了施用污泥对其产量、品质及安全性的影响，结果表明施用污泥能够使小麦的产量以及品质得到提高。而且与不施肥小麦相比，单施污泥能够使其增产 83.85%～139.04%，且在一定范围内产量随污泥用量的增加而不断提高。

污泥中含有植物生长所需的丰富营养物质。在利用过程中，可以提供氮、磷养分，一方面减少生产过程中化肥的使用和生产成本的增加，另一方面可以促进植物的生长。

同时，也有相关研究表明，长期施用污泥将导致氮、磷等营养物质和重金属在土壤中大量累积，最终将导致水体富营养化以及地下水的污染。

李雅嫔等（2015）测定了北京市施用污泥后的土壤以及作物中的重金属含量，结果表明，与未施用区相比较，施用污泥的土壤表层重金属锌和铜含量分别增加 86.3%和63.0%，作物中锌和铜含量也显著高于对照组。

高文娅等（2016）在长期施用污泥的土壤种植伴矿景天，并将玉米-小麦-胡萝卜轮作的土壤作为对照组，探讨长期施用污泥对土壤所种植的产品受重金属污染的风险。结果表明，长期施用污泥的土壤其作物生长良好，与未施用污泥的土壤作物相比，玉米-小麦-胡萝卜轮作的土壤作物中重金属（锌和镉）浓度均有所上升，且小麦和胡萝卜中镉的浓度均超过国家食品安全标准。

子瑾等（2018）通过盆栽试验，研究了施加不同含量的污泥对作物的影响，评价了作物和土壤中重金属的积累情况。结果表明，当污泥施加比大于 6%时，植物和土壤中铜、铅、镉和铬的单项和综合污染指数均存在超标风险。

6.2.1.2 污泥在园林绿化的应用

污泥中含有丰富的有机质和养分，对其进行厌氧消化或堆肥处理后，可消除异味，减弱重金属活性，提高养分有效性，杀灭病原菌和寄生虫，使之达到土地利用的质量要求。

污泥用于园林绿化是将其用于绿地系统的建设和维护，将城市中断裂的能源循环链连接起来，同时避开食物链，具有改善土壤并处理污泥的作用。虽然会导致重金属的积累，但只要合理应用就不会超过相关国家标准；污泥经高温发酵腐熟后，不含对人体有危害的病原菌，可以在绿地上安全地应用；而且污泥在园林绿化上应用不进入食物链。从发展的角度看，园林绿化是土地利用的主要方式之一，具有广阔的应用前景。

巩潇等（2017）在园林废物堆肥中添加一定量的污泥，研究温度、pH 值等指标的变化情况，探索了堆肥产品在绿化行业中的可行性。结果表明：添加一定量的污泥可以改善堆肥环境。合理配比的混合堆肥在升温速度、腐熟效率和安全性等方面具有一定的优势。

朱盛胜等（2018）研究了污泥施用对公路绿化带的影响，发现施用污泥堆肥产品后，土壤含水率、速效氮、速效磷和有机质含量均有所提高，植物覆盖率也显著提高。

张冬弛等（2019）通过将污泥与园林叶片以一定比例混合作为绿化基质，研究了污泥施用对黑麦草幼苗生长的影响。结果表明，厌氧消化后的污泥重金属的含量均达到国家园林绿化标准。当污泥的质量分数分别在 60%和 50%时，黑麦草的形态指标与生理生化指标最好。

谭艳霞等（2021）探究了园林绿化废弃物复合污泥发酵堆制有机肥的适宜条件。试验发现，当发酵剂的添加量为 6%、园林绿化废弃物粒径为 4mm、园林绿化废弃物与污泥的质量比为 25：75 时，制备出的有机肥不仅可有效提高土壤肥力，而且可以改善土壤结构，促进植物生长。

6.2.1.3 污泥在土地恢复的应用

生态修复与植被恢复是污泥应用于土地改良的具体途径。需要生态和植被恢复的土地类型主要是矿山废弃地、沙荒地和退化土地，基本失去了利用特性，大部分成为废弃地类型。有的存在一定程度的环境污染特点，有的主要为土壤地力严重退化，亟待提升培肥土壤养分水平。

由于污泥中氮、磷含量较高，所以在缺氮缺磷的土壤修复中效果较好。污泥的施用不仅可以增加土壤的养分，促进植被恢复，而且可以提高废弃地土壤的稳定性和保水能力，在很大程度上减少土壤侵蚀。

从泥质要求来讲，由于其着眼点为尽快恢复已退化或失去使用性质且已存在一定程度污染的土地，因此对污泥所含的重金属、有机污染物等限值要求较为宽松，当然需经过好氧发酵处理等无害化和稳定化措施的前处理是必不可少的技术环节。根据土地条件和环境质量要求，在土地利用之前，适当对污泥进行预处理，控制其用量，可以提高土壤肥力，对污染的土壤进行修复，而且可以避免有害物质通过食物链危害人类，而实现污泥的减量化和资源化。

徐慧等（2017）的研究表明污泥可用于矿山废弃地的恢复，探讨了修复后的土壤其肥力的变化情况。结果表明，废弃地的植被经过修复之后将会使土壤的理化性质得到提高，土壤有机质、水解氮、速效磷和速效钾含量均有所降低，但依然能够保持较高的水平，能够支撑植物生长，对废弃地的绿化起到较好的作用。

翟全德（2020）利用粉煤灰、石灰、土壤对城市污泥进行改良，并将改良后的城市污泥作为生态修复基质，采用覆盖优良基质的煤矸石进行种植黑麦草，通过对渗滤液、基质以及黑麦草物理化学性质进行分析，探究了改良城市污泥对矿山的生态修复效果。结果表明，将城市污泥和粉煤灰按2:1比例混合得到的基质用于煤矸石的生态修复，可以有效避免酸性矿山废水的产生及重金属的迁移转化，所以二者可以作为良好的矿山废弃地生态修复基质。

潘志强（2020）以污泥作为改良剂，研究了污泥对矿山土壤的改良效果及对重金属的吸收富集机理；结果表明，污泥的添加可以改良土壤结构，提高养分含量，但在一定程度上也导致了重金属的污染作用。

6.2.2 污泥的建材利用处理技术

建筑材料一直是资源和能源的消耗大户，也是固体废物回收利用的重要领域。污泥的建材利用主要是指以污泥作为原料制造建筑材料，最终得到用于工程的材料或制品。污泥用于建筑材料可以减少黏土和天然岩石等自然资源的消耗，而且能够充分利用污泥燃烧所产生的热值。因此，污泥建材利用有利于节约资源和保护环境。

6.2.2.1 污泥制备陶粒的应用

陶粒是以黏土、泥岩、煤矸石和粉煤灰等为主要原料，经加工制粒或粉磨成球，经烧胀或烧结而成的一种人造轻骨料。适用于生产陶粒的材料的化学组成如表6-1所列。

表 6-1　陶粒原料的化学成分要求　　　　　　单位：%

化学成分	SiO_2	Al_2O_3	Fe_2O_3	CaO+MgO	K_2O+Na_2O
含量	48～79	8～25	3～12	1～12	0.5～7

此外，原料的化学组成还应满足如式（6-3）所示的要求：

$$\frac{P(SiO_2)+P(Al_2O_3)}{P(Fe_2O_3)+P(CaO_2)+P(MgO)+P(FeO)+P(Na_2O)+P(K_2O)}=3.5～10 \quad （6\text{-}3）$$

式中，P 为各化学成分的含量。

由于陶粒特别是轻质陶粒具有诸多优点，而且需求量大，因此使用一种新的原料来制备陶粒以及轻质陶粒具有重要意义。

污泥陶粒一般指以城市污泥、工业污泥、建筑废弃土为原料并加入其他原料、添加剂烧制的轻质骨料。由于污泥产量巨大，所以以污泥为原料来制备陶粒可获得巨大的经济和环境效益。

污泥制陶粒的工艺有以下两种：一种是利用生污泥或厌氧发酵污泥焚烧后的灰分造粒后烧结的工艺；另一种是以脱水污泥为原料烧制陶粒的工艺。前者是污泥焚烧后再制陶粒，该方法需要建造单独的焚烧炉，而且能耗较大，不能充分利用污泥有机成分。目前后者应用较多，但后者的工艺中，由于污泥有机物含量高，污泥加入量不能太多，否则将造成陶粒膨胀不好，微孔大小不一，甚至出现开裂。当混合料含水率较高时，陶粒的热耗也较大。因此，受混合料含水率和污泥中有机物的限制，污泥掺入量不宜过多。

污泥制陶粒的典型生产工艺流程如图 6-5 所示。

图 6-5　污泥制陶粒的典型生产工艺流程

Chen 等（2020）试图通过生物质与污泥灰（CBSA）的混烧、煤飞灰（GCFA）与污泥（SS）的气化处理 Pb（Ⅱ）污染的废水，合成一种具有优良吸附性能的新型陶粒，结果表明，其最佳制备条件为：CBSA∶SS∶GCFA = 70∶18∶12，480℃预热，1060℃烧结 15min，所制备的新型陶粒的基本特性和环境特性符合具体标准要求。

Chiara 等（2019）把污泥添加到陶器中（质量分数可达 10%），在制备过程中，根据污泥的添加量，其所需最高温度从 1200℃降至 1140℃，所制备的陶瓷砖具有较好的工艺性能，但污泥会降低其容重，增加封闭孔隙率。

Giuseppe 等（2019）将传统的陶瓷混合料部分替换为污泥灰，然后按工业生产流程循环生产陶瓷砖，并对材料样品进行了金属浸出测试。结果表明，底灰污泥资源化可获得良好的环境和能源效益，避免排放对环境存在负面影响的物质。

余锋波等（2017）以污泥和黏土为原料制备陶粒，测定了其吸水率、表观密度和侵蚀率。结果表明，制备陶粒最佳配比为 3∶1，烧结温度为 1000℃，保温时间为 30min，所制备的陶粒可用于废水的处理。

李佳丽等（2019）以剩余污泥和磷石膏为原料制备多孔陶粒，研究了不同配比、烧结温度及时间对陶粒容重和吸水率的影响。结果表明：污泥与磷石膏配比 1∶4、1050℃下烧结 15min 时，可制备出含有丰富的可膨胀孔隙的陶粒，可作为水处理滤料或建材。

6.2.2.2 污泥制备水泥的应用

污泥的水泥协同处置是利用水泥窑高温处置的一种方式。水泥高温煅烧窑炉协同处置使城市污泥能够实现减量化和资源化。污泥在焚烧过程中，有机物被完全分解，致病菌和微生物等被净化，重金属被稀释固化。同时，水泥生产过程中可系统回收污泥中有机组分用于焚烧产生的热量，并将燃烧所获得的灰渣作为水泥组分直接进入水泥熟料产品中，从而达到污泥安全处置的目的。

污泥制水泥的工艺流程同污泥与水泥窑协同焚烧，通常水分含量为 60%～85% 的污泥可以利用水泥窑直接焚烧处置，但由于污泥处置过程中需要吸收大量的水分蒸发热形成水蒸气，导致水泥生产线的高温区域温度有所降低，且总的排气量显著提升，因此其处置规模严格受到水泥产量控制指标及生产线热工制度稳定的要求。一般在减产损失＜5% 的前提下，水泥生产线能够处置湿污泥的规格如表 6-2 所列。

表 6-2 水泥窑直接焚烧湿污泥的处置能力

水泥生产线规模/（t/d）	80%湿污泥处置量/（t/d）	减量水平/%	系统拉风变化/%
2500	100	＜5	＞7.5
5000	200	＜5	＞7

对现有主流水泥生产线，在不考虑余热发电的前提下，采用烟气直接干化含水率 80% 的湿污泥（见图 6-6），其能力约为每 1000t 熟料生产能力可配置 80～100t 污泥干化能力。

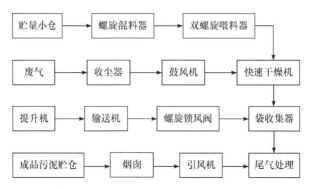

图 6-6 利用水泥窑废热烟气直接干化污泥的工艺流程

Simão 等（2017）尝试利用石灰污泥、煤炭生物质灰分以及废水污泥生产水泥熟料。在 1350～1450℃的温度下进行焙烧，结果表明，在 1450℃时，69%的石灰污泥、29%的生物质灰分和 2%的废水污泥的配比显示了水泥中常见的主要结晶相。

Gu 等（2021）通过试验在水泥窑模拟过程中分析了不同氧含量和温度条件下 NO_x 浓度的变化。为了达到最佳的 NO_x 减排条件，在生产试验中向分解炉中加入污泥，NO_x 浓度比不添加污泥平均降低 $67mg/m^3$。通过多项试验，分析了协同处理污泥对降低 NO_x 排放的效果，并为降低 NO_x 排放的最佳条件提供了技术指导。

赵维等（2018）通过掺加不同比例污泥灰来制备水泥熟料，采用易烧性试验和岩相分析等方法，研究了其对熟料矿物和微观形貌的影响。结果表明：随着污泥含量的增加，游离钙的含量先减小后增大；岩相分析得出污泥灰掺量为 1%时，所制得的水泥熟料晶型完整。

韩长安等（2019）将污泥和煤矸石以一定比例混合制备水泥，并对其性能进行优化，结果表明，当污泥占比为 10%～15%，石灰石、煤矸石分别占比 20%～60%时，制备的水泥具有人工火山灰质材料特性。

6.2.2.3 污泥制砖的应用

污泥制砖以污泥作为原料，在高温焙烧时，可以实现污泥无害化、减量化和资源化。污泥灰中 SiO_2 含量远低于黏土，Fe_2O_3 与 P_2O_5 含量比黏土高 10%左右，重金属含量比黏土要高得多，高温焙烧后的重金属能够形成稳定的固溶体，不会对环境造成不利影响。因此，用黏土制砖时，加入一定量的干污泥一般是可行的。

同时，污泥中大量的有机物使得污泥具有一定的燃烧热值，其热值约为 10000J/g，因此污泥制砖可节约大量能源。污泥砖作为一种产品，具有可观的经济效益，目前污泥制砖技术在国内外正逐渐形成相对成熟的工艺，常用的污泥制砖工艺如图 6-7 所示。

Ibrahim 等（2021）采用污泥为原料替代黏土用于制砖工艺，将所制得的砖在 500℃、900℃两种不同的温度下烧制。研究发现，温度越高，砖的力学性能越好；同时，在制砖过程中加入污泥能够提高其吸水能力，表明污泥在制砖工艺中具有巨大的发展潜力。

Amin 等（2018）将干燥的污泥以 5%～35%的比例添加到普通地砖混合料中，在高达 1150℃的温度下焙烧 15min。根据 ISO 标准进行收缩率、孔隙度、吸水率和力学性能的测试。结果表明，砖瓦生产中污泥的最佳添加量为 10%。

罗立群等（2018）通过加入污泥及其他辅料制得铁尾矿-煤矸石-污泥复合烧结砖，研究了铁尾矿、煤矸石和污泥配比，成型压力，烧结温度和时间对砖的质量的影响。结果表明，当铁尾矿、煤矸石、污泥及页岩配比为 54∶30∶6∶10，成型压力 20MPa，烧结温度 1100℃，时间 3h 时，所制备出的砖符合相关标准。

高德明（2019）研究了污泥的理化性质以及污泥湿法制砖的工艺，将砖的抗压强度作为标准来探究污泥掺量、成型压力、烧结温度和时间对砖物理性质的影响。结果表明，

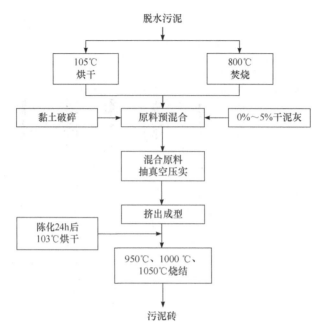

图 6-7　利用污泥制砖技术的工艺流程

污泥掺量 25%，烧结温度 1100℃，时间 2h，成型压力 15MPa 时制得的砖抗压强度可达12.54MPa。

6.2.3　污泥的能源利用处理技术

污泥中含有大量有机质和氮、磷等营养物质，其资源化及能源化潜力巨大。污泥作为能源既能减轻环境污染，又能降低资源的损耗，在提供能量的同时也实现了减量化。

6.2.3.1　污泥制油的应用

污泥低温热解制油是一种新的污泥末端处理技术，其原理是在无氧、常压（或高压）条件下加热污泥至 300～500℃，借助污泥中的硅酸铝和重金属的催化作用将脂类和蛋白质转变成碳氢化合物，最终产物为油、炭、不凝气体和反应水。

污泥低温热解制油生产流程如图 6-8 所示。污泥经脱水、干燥后在转化反应器中产生衍生燃料油和副产物（炭、不凝气体和反应水），副产物在流化床中燃烧，其尾气中显热用于干燥和反应过程的加热。

该技术资源化效益主要表现在：能有效控制重金属排放；可回收，易于贮藏液体燃料，大约可提供 700kW/t 的净能量；可破坏有机氯化物的生成，且反应器中燃烧温度应处于尽可能低（＜800℃）的水平，可减少蒸气中金属的排放，气体净化简单；占地面积小，运行成本低。

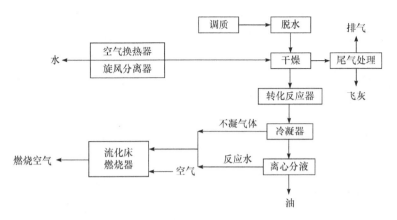

图 6-8　污泥低温热解制油生产流程

Chen 等（2018）采用田口法考察了不同参数对污泥热解制取热解油工艺的影响。结果表明，当热解温度为 450℃、停留时间为 60min、升温速率为 10℃/min、氮气流量为 700mL/min 时，热解油产率达到最大为 10.19%，影响污泥热解油产率的参数的敏感度顺序为氮气流量、热解温度、加热速率和停留时间。

Supaporn 等（2019）为了最大限度地利用污水处理过程中产生的污泥，采用微管反应器热解污泥工艺生产生物油，其产量随反应温度的升高和时间的延长而增加。在 390℃ 下热解 5min，生物油产率最高为 33.3%。

杨天华等（2011）以预处理后的湿污泥为原料在反应温度 340℃ 及停留时间 40min 的条件下，对其进行水热液化研究。探讨预处理条件对污泥有机质提取、水热液化产物产率及生物油组成成分的影响。结果表明，预处理可明显提高从污泥中提取出的有机质的含量，生物油产率及其中酯含量最高可达 43.70% 和 58.67%。

6.2.3.2　污泥制氢的应用

污泥可以通过厌氧发酵生物、污泥高温气化和污泥超临界水气化来制氢。

（1）厌氧发酵生物制氢

厌氧发酵生物制氢是指在氮化酶或氢化酶的作用下细菌将底物分解制取氢气。这些细菌包括大肠埃希菌和产气肠杆菌等。底物包括甲酸、丙酮酸、CO 和各种短链脂肪酸等有机物以及淀粉纤维素等糖类。这些底物大量存在于污泥中，可以通过上述细菌的厌氧发酵产生氢气。

厌氧发酵制氢工艺具有产氢多、速率快、持续稳定、装置简单、原料广及成本低等特点，易于实现规模化生产，解决了有机废物污染和能源短缺这两个难题，因此得到世界各国科学家越来越广泛的关注和研究。

Tena 等（2020）研究了污泥和酒糟在不同混合比例下协同发酵来提高产氢量。结果表明，酒糟的添加可以提高污泥发酵过程的产氢量，与单独发酵污泥相比，加入酒糟可将氢气产率提高 13～14 倍。

Chen 等（2021）以活性污泥为底物进行生物制氢，研究了 Ni^{2+} 浓度对底物降解、挥发性脂肪酸（VFA）积累以及微生物群落分布的影响。结果表明，利用活性污泥进行产氢可显著提高发酵效率。Ni^{2+} 降低了微生物多样性，为产氢菌的微生物生长和活性提供了更适宜的条件。

Hu 等（2021）研究了一种将冷冻与高铁酸钾（PF）结合污泥预处理以促进新型高效厌氧发酵产氢技术，结果表明，冷冻和 PF 联合对污泥胞外聚合物（EPS）和微生物细胞均能够产生有效破坏，加速污泥的分解，冷冻与 PF 预处理具有积极的协同作用。

王园园等（2016）从产氢菌和基质污泥 2 方面研究了污泥预处理对产氢的影响。研究发现，污泥的预处理常采用热、酸、碱和灭菌等处理来提高产氢率；而产氢菌富集的热、酸、碱等能抑制嗜氢菌活性，从而提高产气效率。

刘常青等（2018）采用 SARD 和 CSTR 反应器，以污泥和餐厨垃圾作为基质，考察了不同运行时间和投配比下的产氢速率。结果表明，投配比为 50%、进料时间间隔为 8h 时产氢较理想，且 SARD 的运行效果优于 CSTR。

厌氧发酵生物制氢容易实现大规模工业化生产，是集环境效益、社会效益和经济效益于一体的新型环保产业，利用有机废物产氢，是解决能源危机、实现废物利用、改善环境的有效措施，是制氢工业的新方向，具有广阔的社会和经济前景。

（2）污泥高温气化制氢

污泥高温气化制氢一般是指将污泥通过热化学方式转化为高品位的气体燃气或合成气，再分离出氢气，气化时需要加入活性气化剂和水蒸气，活性气化剂一般为空气、富氧空气或氧气。

Midillia 等（2002）采用污泥高温气化的方法进行氢气的制备，在常压条件下，当反应温度处于 366~473℃ 时，经分析，所产气体主要成分为 H_2、N_2 和 CH_4 等，其中 H_2 占比为 10%~11%，混合气体产热量为 $4MJ/m^3$。在反应中，当反应区域温度超过 750K 时，主要发生式（6-4）和式（6-5）的反应，反应温度分别为 1000~1100℃ 和 550℃。

$$C+H_2O \longrightarrow CO+H_2(\Delta H = 131.3 \text{ J/mol}) \tag{6-4}$$

$$CO+H_2O \longrightarrow CO_2+H_2(\Delta H = -41.2 \text{ J/mol}) \tag{6-5}$$

王欢（2013）采用管式高温电热炉和蒸汽发生器进行污泥产氢试验，研究了单批进料量、反应停留时间和升温方式对污泥产氢最优条件的影响。试验结果表明，在最终反应温度为 1000℃，单批投料量为 250g 湿污泥时，可在较短的时间内获得优质富氢燃气。

何丕文等（2013）采用固定床气化装置，在温度为 900℃ 时进行污泥蒸汽气化试验，结果表明污泥蒸汽气化的产氢速率、能源转化率优于污泥热解，蒸汽和污泥中碳元素比为 2.72 时，产氢率、气体转化率可达到峰值。

（3）污泥超临界水气化制氢

污泥超临界水气化制氢指在水的温度和压力均高于其临界温度（374.3℃）和临界压力（22.05MPa）时，以临界水作为反应介质与溶解于其中的有机物发生强烈化学反应。在超临界状态下进行的化学反应，通过控制压力、温度以及反应环境，具有增强反应物和反应产物的溶解度、提高反应转化率、加快反应速率等优点。

对于在超临界条件下污泥分解反应中的气化反应，主要考虑与 C、H、O 有关的水蒸气重整反应（吸热反应）、甲烷生成反应（放热反应）、氢生成反应及水煤气转化反应。在高温、高压条件下发生反应，向反应体系中添加 $Ca(OH)_2$ 可吸收并回收 CO_2，从而促进氢生成反应的发生。

Hantoko 等（2019）研究了温度（380～460℃）、污泥质量分数（5%～30%）和活性炭添加量（2%～8%）对超临界水气化的影响。结果表明，较高的温度和较低的污泥浓度有利于合成气的产生，产氢率越高。

Gong 等（2019）采用间歇式反应器（460℃、27MPa、6min）对超临界水中污泥的催化气化进行了研究，考察了催化剂单独和联合作用对产氢的影响。结果表明，K_2CO_3 单独作用时提高了氢气产率、气化效率和碳气化率。最大氢气产率为 54.28mol/kg，约为无催化剂时的 3 倍。

Chen 等（2021）研究了高升温速率间歇反应器在超临界水中的污泥气化。考察了温度、压力、停留时间和催化剂对反应的影响。结果表明，温度对产氢速率、气化效率、碳气化效率和产氢潜力影响较大，在温度 750℃，无催化剂停留 30min 时，其最大值分别为 20.66mol/kg、73.49%、61.16% 和 41.34%。

曾佳楠（2017）以城市污泥为原料，分析了 $AlCl_3$ 对脱水污泥超临界水气化产氢的影响并探讨了 $AlCl_3$ 的催化机理，结果表明，$AlCl_3$ 可以促进脱水污泥超临界水气化产氢，与不加入 $AlCl_3$ 相比，当添加量为 6%（质量分数）时氢气产率可提高 43 倍。

6.2.3.3　污泥制吸附剂的应用

污泥中含有大量有机物，其含量随社会发展水平的提高而升高，它具有被加工成类似活性炭吸附剂的客观条件。通过在一定的温度下对污泥进行改性可制备含碳吸附剂。由污泥制成的活性炭吸附剂对 COD 及某些重金属离子有很高的去除率，是一种优良的有机废水处理剂。如果吸附物不能再生，可以在废气控制条件下作为燃料燃烧。

许多学者认为将污泥制备成吸附剂，如活性炭，可以实现环境保护和废物综合利用的双重目的。吸附剂的制备方法主要有化学活化法和物理活化法。化学活化法采取的一般工艺是先用化学试剂浸渍污泥原料，然后在一定温度惰性气体保护下直接活化。物理活化法是将炭材料在高温下用水蒸气、二氧化碳或空气等氧化性气体与炭材料发生反应，在炭材料内部形成发达的微孔结构。污泥制吸附剂工艺流程如图 6-9 所示。

Fan 等（2017）以城市污泥为原料制备生物炭吸附剂，采用扫描电子显微镜和傅里叶变换红外光谱对其进行表征。研究了吸附剂用量、接触时间、pH 值、温度等因素对污泥

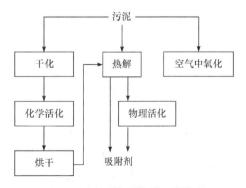

图 6-9　污泥制吸附剂工艺流程

生物炭吸附亚甲基蓝（MB）的影响。结果表明，随着初始 MB 浓度和温度的升高，吸附量也增加，吸附效果较好，污泥生物炭可作为处理废水的有效吸附剂。

Li 等（2021）以污泥为原料制备去除二甲基硫（DMS）和二甲基二硫（DMDS）的吸附剂。采用酸碱活化法制备了污泥基活性炭（SAC），并对椰壳混合进行了评价。结果表明，不掺椰壳的 KOH 活化制备的 SAC 能显著提高 SAC 的比表面积和孔容，对 DMS 和 DMDS 的吸附量最大。

王家宏和何登吉（2016）以污泥为原料制备多孔污泥炭吸附剂。当固液比为 1:2，碳化温度为 400℃，碳化时间为 60min 时，多孔污泥炭的碘值为 682.99mg/g。各因素对制备的多孔污泥炭的碘值影响大小顺序为：炭化温度＞固液比＞碳化时间。

李荣等（2021）以污泥为主要成分复合粉末活性炭制备净水污泥吸附剂（MP）用于去除水中氨氮，并对其进行表征。研究了吸附时间、pH 值、氨氮含量、吸附剂投加量等因素对吸附效果的影响。研究表明，与原泥相比，MP 对氨氮具有更好的吸附性能，当吸附时间为 120min，pH 值为 3～9 时氨氮去除效果为佳，对氨氮的吸附量达 2.3mg/g。

第 **7** 章

动态仓式好氧堆肥新技术在污泥末端处理中的应用

▶ 动态仓式好氧堆肥技术的基本原理

▶ 试验材料与方法

▶ 动态仓式好氧堆肥控制参数研究

▶ 堆肥后污泥中重金属形态、含量分析

▶ 堆肥后污泥肥效分析

▶ 典型应用案例分析

从第 6 章对污泥脱水末端处理技术的介绍中可以看出，脱水污泥末端处理技术类型众多，各有其优缺点。本章将重点围绕笔者及其研究团队在动态仓式好氧堆肥新技术应用于强化污泥末端处理中的研究工作（刘帅霞 等，2016），通过对动态仓式好氧堆肥试验，动态仓式好氧堆肥的基本原理、试验数据以及典型应用案例的阐述和分析，为动态仓式好氧堆肥技术在污泥末端处理中的应用提供技术参考。

7.1 动态仓式好氧堆肥技术的基本原理

7.1.1 污泥堆肥技术的基本作用原理

污泥堆肥是一种利用微生物来降解污泥中的有机物，从而生产出一种适宜作物生长且可增加肥效的产品。污泥堆肥工艺的作用原理是利用微生物的发酵作用，通过人为控制来改变温度、有机质组分含量、水分含量、pH 值、碳氮比和通风条件等参数，将污泥中木质纤维素类、蛋白质类及脂肪酸类的 3 大类有机质经一系列的生物转化，同时释放出 CO_2，使有机质最终以稳定有机碳的形式贮存。

污泥堆肥工艺的一般流程如图 7-1 所示，主要分为前处理、一次发酵、二次发酵和后处理 4 个过程：首先将调理剂、污泥以及补充结构调理剂混合，发酵前进行处理；然后进行发酵，包括一次发酵和二次发酵；最后进行后处理，加工为堆肥产品（罗金华，2004）。

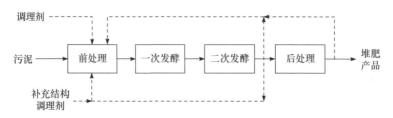

图 7-1 污泥堆肥工艺的一般流程

7.1.2 好氧堆肥技术的作用原理

目前，堆肥工艺的类型划分主要是以堆体的 O_2 浓度值进行区分，包括好氧堆肥和厌氧堆肥（陈同斌 等，2004），其中好氧堆肥又称污泥生物干化技术，在我国工业化堆肥中有着广泛应用。污泥好氧堆肥处理技术是指污泥经过机械脱水过程处理后，微生物活动产生大量热能，使温度升高到较高水平，有机物进一步生物降解，最终形成理化性质稳定的熟化污泥的技术（Mitsuhiko et al.，2018）。

本章节中的研究工作即在污泥脱水的基础上，采用好氧堆肥工艺对污泥进行末端处理，使污泥中的有机质降解，最终得到堆肥产品。

首先，针对污泥好氧堆肥中的关键影响因素对污泥的脱水配方进行了优选，采用生石灰和粉煤灰作为骨架构建体与混凝剂 $FeCl_3$ 复配作为调理剂对污泥进行调理后机械脱水，此工艺将生石灰和粉煤灰加入污泥中，能够形成易穿透且坚固的网格状骨架，这种坚固的不可压缩结构，能使污泥在高压下保持高度的多孔性，减弱污泥颗粒的亲水性能，并更易形成泥饼，再与无机混凝剂 $FeCl_3$ 复配使用，能更有效地降低污泥的比阻及泥饼的含水率。此过程得到的污泥泥饼可以实现对堆肥原料的含水率调节、减轻臭气并调节污泥中重金属的活性。

之后，在污泥的好氧堆肥过程中，微生物由于自身代谢需求，首先利用堆肥中非结构性小分子有机质，并向细胞外分泌大量水解酶将易水解的大分子物质蛋白质、烷烃脂肪酸等物质分解，为后续的自身生长提供了充足的底物条件（Chen et al., 2019; Malik et al., 2018）。好氧堆肥技术基本原理如图 7-2 所示。

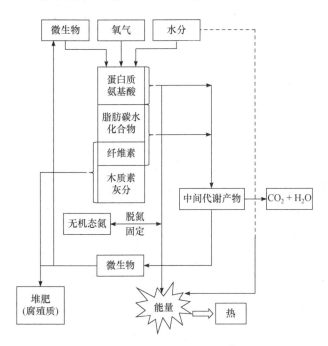

图 7-2　好氧堆肥技术基本原理

微生物的代谢活性会随堆肥的进行而增强，同时堆体的温度也随之逐渐升高，堆体中会逐渐形成大量的木质素、纤维素水解酶的微生物群落，这些微生物类群主要以放线菌、真菌等抗逆性强的微生物为主，它们可将堆肥体系中难水解有机质进一步水解（Mitsuhiko et al., 2018），具体的反应如式（7-1）～式（7-4）所示。

（1）有机物氧化

不含氮有机物（$C_xH_yO_z$）

$$C_xH_yO_z+(x+1/2y-1/2z)O_2 \longrightarrow xCO_2+1/2yH_2O+能量 \tag{7-1}$$

含氮有机物（$C_xH_yO_z \cdot aH_2O$）

$$C_sH_tN_uO_v \cdot aH_2O+bO_2 \longrightarrow C_wH_xN_yO_z \cdot cH_2O(堆肥)+dH_2O(l)+eH_2O(g)+fCO_2+gNH_3+能量 \tag{7-2}$$

（2）细胞物质的合成（包括有机物的氧化，并以 NH_3 为氮源）

$$nC_xH_yO_z+NH_3+(nx+ny/4-nz/2-5x)O_2 \longrightarrow$$
$$C_5H_xNO_z \cdot cH_2O(细胞物质)+(nx-5)CO_2+1/2(ny-4)H_2O+能量 \tag{7-3}$$

（3）细胞质的氧化

$$C_5H_7NO_2(细胞质)+5O_2 \longrightarrow 5CO_2+2H_2O+NH_3+能量 \tag{7-4}$$

堆肥过程大致可分以下 3 个阶段（王涛，2012）。

① 升温阶段：堆肥初期温度逐渐升高至 45℃左右，常温细菌（或称中温菌）作为主导性微生物，分解有机物中易分解的糖类、淀粉和蛋白质等可溶性物质，产生能量使堆层温度迅速上升。

② 高温阶段：当温度超过 50℃时，大部分常温菌受到抑制，活性逐渐降低，呈孢子状态或死亡，此时嗜热性微生物逐渐代替了常温性微生物的活动，成为主导微生物。堆肥残留物与新形成的有机物将继续被分解，此外大分子的半纤维素、纤维素等也开始分解。嗜热微生物通常在 50℃左右最活跃，但当温度高达 60~70℃时真菌几乎停止活动，仅剩下嗜热菌。当温度在 70℃以上时绝大多数嗜热性微生物开始不适应，逐渐进入休眠阶段甚至死亡。

③ 降温阶段：降温阶段也称腐熟阶段。温度超过 70℃时，大多数嗜热性微生物已不适宜生存，大量微生物被杀死或活性降低，堆肥过程在持续高温一段时间后，易分解的或较易分解的有机物已大部分分解，剩下的是难分解的有机物和新形成的腐殖质。此时，微生物活动减弱，产生的热量减少，温度逐渐下降，常温微生物又成为优势菌种，残余物质进一步分解。

7.1.3　动态仓式好氧堆肥的作用原理

利用自行设计的筒体状好氧发酵反应器完成动态仓的堆肥过程，原料污泥和秸秆/树叶/木屑交替放置形成堆体，堆肥过程中湿度维持在 50%~60%，过程中进行通风，通过控制温度、通氧量等因素实现污泥的动态仓式堆肥。动态仓式好氧堆肥原理如图 7-3 所示。

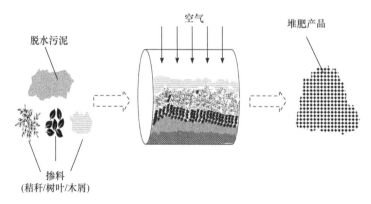

图 7-3　动态仓式好氧堆肥原理

污泥与掺料按照一定的堆层装入小型堆肥反应器，混合物料在滚筒中受到机械搅拌的作用混合并在微生物的作用下发生好氧发酵。物料在滚筒式反应器内发生好氧发酵过程中为保证氧气的含量，通常采用鼓风机对物料进行强制供氧。经过一定时间的发酵后，堆肥从装置中取出。

7.2　试验材料与方法

7.2.1　试验污泥来源及其性质

试验污泥来自郑州市某污水处理厂初沉池和二沉池排出的混合浓缩污泥。由于污泥容易变质，本章中试验污泥根据需要，分批从污水处理厂获得，所取污泥放入 4℃冰柜中冷藏保存并尽快完成相关试验，污泥的基本特性如表 7-1 所列。

表 7-1　污泥的基本特性

批次	pH 值	含水率/%	COD /（mg/L）	SCOD /（mg/L）	TOC /（mg/L）	VSS/TSS/%	SRF /（10^{13}m/kg）
L1	7.2	97.12	20705	3314.5	—	43.77	1.06
L2	6.9	96.82	17850	2410.0	—	53.03	1.70
L3	7.0	94.78	—	2797.0	—	45.0	5.42
L4	7.1	96.65	—	831.1	411.8	50.8	1.624
L5	6.9	96.89	—	—	430.0	54.5	3.76

注："—"表示未检测。

7.2.2　其他主要原料及试验药剂

污泥脱水试验中的骨架构建体为生石灰和粉煤灰，生石灰为普通建筑石灰（湖北众为钙业有限公司，有效 CaO 含量＞60%），粉煤灰为二级粉煤灰（平顶山姚孟电厂），石灰和粉煤灰经磨细并过 0.5mm 标准尼龙方孔筛，取筛下物备用，其组分如表 7-2 所列，无机混凝剂 $FeCl_3$ 为工业级（河南佰利联化学有限公司）。

表 7-2　骨架构建体的无机化学成分（质量分数）　　　　　　单位：%

骨架构建体	SiO_2	CaO	Al_2O_3	MgO	K_2O	Fe_2O_3	Cl^-	SO_3	LOI
生石灰	1.71	58.07	0.69	10.08	0.13	0.32	—	0.79	28.19
粉煤灰	52.50	5.68	26.28	—	—	—	3.60	0.50	2.20

注："—"代表未检出；"LOI"（loss on ignition）表示烧失量。

7.2.3 试验装置

污泥堆肥好氧发酵反应器为自行设计，装置为筒体状。筒体的体积 0.785m³（直径 1m、高 1m），离地高度 30cm，筒体外安装一加热厚夹层（电热毯），用于给堆肥试验进行加热或保温；筒体正上方左、中、右各开一圆孔（ϕ3.5cm），用于放置热电偶进行温度的测定；筒体下方设置凹型槽（100cm×15cm），槽两侧各开有一个气孔（ϕ2.0cm），一端密封，一端与鼓风机相连；筒体中轴安装一个金属转盘，中心与筒体衔接，用于筒体转动，可定期全面翻动、拌匀堆肥物料。污泥好氧堆肥反应器示意见图 7-4。

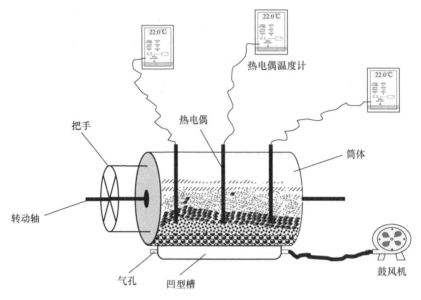

图 7-4 污泥好氧堆肥反应器示意

7.2.4 试验方法

7.2.4.1 试验整体流程

（1）污泥调理试验及脱水方法

污泥脱水烧杯试验采用六联式标准搅拌器进行调理，为了避免污泥中较大的砂石、杂物等对试验均匀性造成影响，烧杯试验所使用的污泥均过 1mm 标准方孔筛以除去大颗粒杂质。

堆肥原料污泥的脱水使用小型板框进行脱水，隔膜板框压滤机过滤面积为 250mm×250mm，脱水分为进泥压滤和隔膜压榨两个阶段。污泥首先经过螺杆泵泵入搅拌罐中，加入调理剂后进行搅拌调理，调理过后的污泥由螺杆泵输送至加压泥罐，然后以空气压力将污泥压入板框进行脱水（最大脱水压力 0.8MPa），完成进料过程后，再进行一定时间的隔膜压榨脱水，使泥饼中剩余的水分在隔膜的作用下尽可能地去除（最大压力为 1.2MPa）。整个试验过程中，记录压力、滤液随时间的变化情况，并取样分析。

（2）污泥堆肥试验方法

向污泥堆肥好氧发酵装置加料时在煤渣上加一层秸秆、树叶或木屑，然后原料污泥和秸秆、树叶或木屑交替放置，堆高约为 40cm，断面成梯形状，泥堆表面覆盖一层一定厚度的秸秆、树叶或木屑以利于保温。污泥堆肥结构示意如图 7-5 所示。

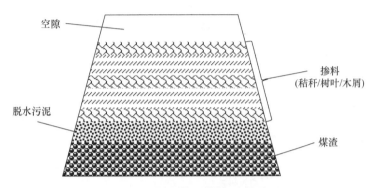

图 7-5　污泥堆肥结构示意图

取 20kg 污泥装入自行设计的小型堆肥反应器（共 2 个反应器）中进行堆肥。秸秆、树叶或木屑与污泥按照一定体积比例混合，在自制堆肥装置中鼓风充氧。为了对比动态仓堆肥与常规堆肥的效果差异，同步进行自然堆肥化处理，自然堆不进行强制通风，仅有自然风，所用污泥初始含水率几乎相等，除了通风条件不同外，其他条件皆相同。

7.2.4.2　各项指标的测定方法

（1）污泥基本特性指标的测定

污泥含水率、pH 值、比阻的测定参照 4.2.3 部分中的测定方法。

（2）COD 和有机质

COD 和有机质（VSS/TSS）的测定参照 4.2.3 部分中的测定方法。

（3）氮、钾、磷含量的测定

全氮含量采用半微量凯氏法测定（中华人民共和国农牧渔业部，1987）；全钾含量采用氢氧化钠熔融后火焰光度法测定（全国农业分析标准化技术委员会，1988a）；全磷含量采用氢氧化钠熔融-钼锑抗比色法测定（全国农业分析标准化技术委员会，1988b）。

（4）重金属的提取及形态测定

重金属 Cu、Zn 的含量用硝酸-高氯酸消煮样品，Pb、Cd 先用硝酸-高氯酸消煮样品，用甲基异丁基甲酮（MIBK）萃取，用原子吸收分光光度计［AA-6880F/AC，岛津仪器（苏州）有限公司］测定（孙颖 等，2004）。污泥中重金属有效态分别用 BCR 法（Rauret et al.,

1999）和 Sposito 法浸提（Fuentes et al., 2004），使用原子吸收分光光度计［AA-6880F/AC，岛津仪器（苏州）有限公司］进行测定。

（5）种子发芽率

取 3 个直径为 9cm 的平皿，每个平皿在底部铺一张吸水纸，并分别注入对照组堆肥和试验组堆肥浸提液以及蒸馏水 6mL，然后在每个平皿中均匀摆放绿豆种子 20 粒，盖好平皿盖，在 30℃培养箱中培养 48h。分别测量各平皿中的绿豆总根长，种子发芽率按式（7-5）计算（刘卫，2013）：

$$GI = \frac{GI_1 \times L}{GI_0 \times L} \times 100\% \qquad (7-5)$$

式中，GI 为种子发芽率，%；GI_1 为堆肥浸提液的种子发芽率，%；GI_0 为蒸馏水的种子发芽率；L 为种子根长，cm。

7.3 动态仓式好氧堆肥控制参数研究

7.3.1 堆肥污泥的前处理

7.3.1.1 城市污泥成分分析

为了更好地研究污泥基本特性和污泥调理深度脱水过程中的最佳参数，选取郑州某污水处理厂的污泥进行了春（4 月）、夏（8 月）、秋（11 月）、冬（1 月）4 个季度的特性和脱水性能的系统分析研究。开展的特性分析指标包括含水率、pH 值、VSS/SS、SS、COD、SCOD、SRF、CST 及重金属含量等。污水处理厂不同季度的污泥基本指标如表 7-3 所列。

表 7-3　污水处理厂不同季度的污泥基本指标

批次	含水率/%	pH 值	VSS/TSS/%	COD /（mg/L）	SCOD /（mg/L）	CST/s	SRF /（10^{13}m/kg）
4 月	95.3	6.8	43.86	24502.7	566.3	187.7	1.608
8 月	97.4	6.6	42.59	11714.8	1366.1	69.5	1.590
11 月	96.6	6.6	47.10	—	971.5	67.7	1.321
1 月	96.4	6.4	46.04	528.0	142.8	502.3	1.097

注："—"为未检测项目。

由表 7-3 可以直观看出该污水处理厂的污泥 4 个季度间的指标变化较小。

为了后续堆肥物料中重金属形态及含量的分析，对取回的污泥样品同样进行了包括

Cd、Cu、Pb、Zn 等重金属含量分析，结果如表 7-4 所列。

表 7-4　污水处理厂不同季度的污泥重金属含量

批次	Cd/（mg/kg DS）	Cu/（mg/kg DS）	Pb/（mg/kg DS）	Zn/（mg/kg DS）
4 月	3.27	46.96	70.14	405.63
8 月	5.36	127.62	435.70	385.14
11 月	6.38	98.12	319.80	395.50
1 月	5.50	85.20	47.00	418.10

从表 7-4 分析，污泥重金属含量随着季节变化有所变化，且无明显规律性，因此在不同季节对污泥进行处理处置过程中，应对重金属进行详细分析。

7.3.1.2　污泥脱水方式的比选

污泥中含水率的高低直接影响堆肥的效果，水分溶解有机质，为微生物代谢活动提供营养及能源；同时能通过控制水分蒸发调节温度，水分含量的多少将影响堆肥反应的正常进行，影响堆肥产品质量，甚至直接关系到好氧堆肥工艺的成败（Trémier et al.，2009）。

含水率的控制非常重要，堆体中含水率过高，自由空间小，堆料透气性能降低，会导致 O_2 供应不足，影响好氧代谢，并产生恶臭。含水率过低则不能溶解足够的有机物质，导致微生物所需的有机物质量减少，也会影响微生物依靠液体活动的环境，不利于微生物的好氧代谢。

罗维和陈同斌（2004）在对前人的资料进行总结的基础上提出，堆肥最佳初始含水率范围为 50%～60%，堆肥过程中含水率也应大体维持在此范围内。然而，国内大多数污水处理厂采用聚丙烯酰胺（PAM）高分子絮凝剂调理后，经过离心或带式压滤脱水，仅能得到含水率 80%左右的污泥，高含水脱水污泥会导致运输成本增加以及后续处置困难（Zhan et al.，2014）。所以，污泥脱水困难目前被认为是制约污泥堆肥处置的瓶颈问题。

笔者对生石灰-铁盐污泥脱水工艺进行了优化，考虑到后续堆肥的通风需要，在污泥脱水药剂中加入了粉煤灰，即生石灰-粉煤灰-铁盐的复合脱水药剂对污泥进行深度脱水，采用板框脱水进行了放大脱水试验，并与现有 PAM 脱水工艺得到的污泥进行了特性对比。

采用生石灰-粉煤灰-$FeCl_3$ 复配作为调理剂对含水率为 97%～98%的浓缩市政污泥进行脱水配方的优选研究。研究发现生石灰、粉煤灰的加入能够显著改善污泥的脱水性能，污泥比阻和脱水泥饼含水率显著降低，结果如图 7-6 所示。

随着生石灰投加量的增加，脱水泥饼的含水率及调理后污泥的比阻均随之降低，在此阶段脱水泥饼的含水率降低了 7.9%，比阻降低了 36.5%。污泥比阻在生石灰投加量为20g/L 后变化不大，仅降低了 2.5%。而此时泥饼含水率继续降低了 15.8%。

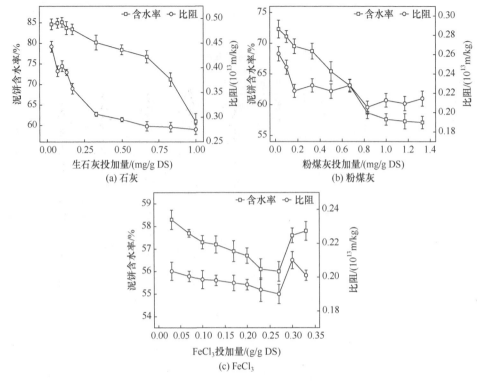

图 7-6　药剂投加量对污泥比阻和脱水泥饼含水率的影响

粉煤灰投加量的增加同样会降低脱水泥饼的含水率，整个过程中脱水泥饼含水率降低了 15.2%。调理污泥的比阻总体呈现出下降的趋势，在粉煤灰投加量为 0.83g/g DS 时变化不大。在粉煤灰和生石灰投加量固定的情况下，当 $FeCl_3$ 的投加量小于 0.27g/g DS 时污泥脱水过程中的比阻随着 $FeCl_3$ 投加量的增加而降低，而当 $FeCl_3$ 的投加量大于 0.27g/g DS 时比阻则随着 $FeCl_3$ 投加量的增加而升高，在 0.27g/g DS 处达到最低，此时泥饼含水率也达到最低。

通过正交试验中脱水泥饼含水率与比阻的直观分析得出结论：在 $FeCl_3$ 为 0.30g/g DS，粉煤灰为 1.0g/g DS，生石灰为 0.83g/g DS 时，调理污泥的比阻及泥饼含水率达到最低。

根据正交试验的结果，确定最佳药剂投加量，进行脱水试验，并与传统脱水工艺进行对比，以确定 2 种脱水工艺效果的区别。现有文献和实际工程中，污泥脱水过程中 PAM 的投加量为干污泥质量的 0.1%～0.4%，结合前期实验室研究和其他水厂固体药剂投加量确定对比试验方案及结果如表 7-5 所列。

表 7-5　新工艺与传统工艺脱水试验方案及结果

组别	$FeCl_3$ 投加量 / (g/g DS)	粉煤灰投加量 / (g/g DS)	生石灰投加量 / (g/g DS)	PAM 投加量 / (g/g DS)	含水率/%	SRF / (10^{13}m/kg)
N-1	0.3	0.67	1.0	—	56.1	0.1812
N-2	0.3	0.83	1.0	—	54.3	0.1710

续表

组别	FeCl₃ 投加量 /（g/g DS）	粉煤灰投加量 /（g/g DS）	生石灰投加量 /（g/g DS）	PAM 投加量 /（g/g DS）	含水率/%	SRF /（10¹³m/kg）
N-3	0.3	1.00	1.0	—	51.3	0.1666
T-1	—	—	—	0.1	85.7	2.0406
T-2	—	—	—	0.2	84.2	1.7747
T-3	—	—	—	0.4	81.0	1.7284

结合表 7-5 分析，使用 PAM 作为传统药剂进行污泥脱水得到的泥饼含水率远高于使用无机复合调理剂进行污泥脱水得到的泥饼含水率，且污泥调理后的比阻较大，原因是 PAM 调理污泥形成了高度可压缩的泥饼。高度可压缩的泥饼在低压泥饼增大阶段，絮凝结构中存在空心状态，自由水很容易被排出；然而在压缩阶段，颗粒在高压下被压缩，由于变形的颗粒堵塞了泥饼的空隙，结构中的空心处逐渐消失，阻止了水的外排，因此增加了过滤过程中的比阻，延长了过滤的时间，降低了脱水泥饼的含固率（Liu et al.，2012）。

而使用 FeCl₃、粉煤灰以及生石灰调理污泥，能够大幅度降低泥饼的可压缩性，形成一个不易压缩的结构，因此脱水过程中的比阻较小，且脱水后泥饼的含固率也相对较高。将 FeCl₃、粉煤灰、生石灰加入污泥中，能够形成易穿透且坚固的网格状骨架，这种坚固的不可压缩结构，能使污泥在高压下保持高度的多孔性，减弱污泥颗粒的亲水性能，并更易形成泥饼，再与无机混凝剂 FeCl₃ 复配使用，因此能更有效地降低比阻及泥饼的含水率（Li et al.，2014）。

7.3.1.3 污泥原料的处理

传统加入 PAM 对污泥调理后再采用带式压滤机或离心机脱水，泥饼的含水率在 75%～80%，需经过预处理降低含水率，然后才能进行堆肥试验。目前最经济的污泥干燥方式是自然晾晒，但传统 PAM 脱水污泥晾晒过程中往往出现污泥堆表面水分丧失后形成硬壳，阻碍下层水分蒸发，如图 7-7 所示。因此，在现有条件下自然晾晒时污泥层不宜过厚，一般控制在 5～8cm，而这样的操作造成的问题有 2 个：

① 相对较薄的污泥晾晒层要求必须有较大的晾晒场所对污泥进行晾晒，扩大了工艺操作的占地面积，增加了处置成本；

② 传统 PAM 脱水污泥晾晒根据天气和季节情况需晾晒 3～5d，天气状况良好的情况下也需要 3d 左右的晾晒才可以使污泥的含水率降低到 70%左右，后续要再通过添加调理剂的方式才能使污泥含水率基本达到堆肥装置的含水率 55%～60%的要求。

该小节分别在夏季与秋季对不同脱水工艺得到的脱水污泥进行了晾晒试验，结果如表 7-6 所列。

(a) PAM脱水污泥表面干燥　　　　　(b) PAM脱水污泥内部高含水率

图 7-7　PAM 脱水污泥晾晒图

表 7-6　不同工艺脱水污泥晾晒后含水率变化

晾晒时间/d	新工艺含水率/%		传统工艺含水率/%	
	夏季	秋季	夏季	秋季
0	56.3	55.9	79.7	81.7
1	46.5	48.1	74.6	78.3
2	38.4	39.2	69.7	76.7
3	28.3	31.4	62.2	72.0
4	21.1	28.2	56.1	67.3
5	14.7	25.4	50.0	65.0

由表 7-6 分析，传统工艺得到的脱水污泥，在夏秋两季污泥经过 3d 左右的晾晒，污泥的含水率仅能降低到 70% 以下，后续仍需要大量添加填料来调节含水率；而采用新工艺得到的脱水污泥初始含水率能满足堆肥装置含水率 55%～60% 的要求，并且脱水污泥含水率下降速率优于 PAM 脱水污泥。

7.3.1.4　小结

① 采用生石灰、粉煤灰与 $FeCl_3$ 复配进行污泥脱水，在 $FeCl_3$ 为 0.30g/g DS、粉煤灰为 1.0g/g DS、生石灰为 0.83g/g DS 时，调理污泥的比阻及泥饼含水率达到最低，可以有效降低脱水污泥的含水率，同时增加了污泥的透气性，有利于堆肥过程中空气的进入。

② 相较于采用 PAM 进行污泥脱水的传统工艺而言，采用新工艺得到的脱水污泥初始含水率即能满足堆肥装置含水率 55%～60% 的要求，无需进行自然晾晒。

7.3.2　堆肥污泥含水率的控制

（1）污泥含水率与堆温的关系

如前文所述，现有研究普遍认为污泥堆肥过程中的湿度应维持在 50%～60%，而含水率是直接影响堆体温度的因素，针对上述脱水污泥采用自然堆肥试验对不同含水率条件下的堆温变化进行了测定，结果如表 7-7 所列。由表 7-7 分析，在同等的通气条件下，含水率较高则堆温较低，反之亦然；在自然通风的条件下，进料的含水率在 60% 和 50% 时，55℃ 以上的堆温均能保持 3d，但是含水率达到 60%，污泥容易成团，影响供气设备的正常工作。但当进料含水率在 20% 以下时，整个堆体温度改变不大，发酵作用不明显。由此说明，堆肥的最佳湿度范围应该控制在 50%～60%，这也与目前研究者普遍认为的堆肥最佳含水率吻合。

表 7-7　不同含水率时堆温的变化

混合物料含水率/%	堆温/℃				
	1d	2d	3d	4d	5d
60	69.7	63.9	58.1	46.6	45.7
50	69.7	64.9	57.2	44.7	42.8
40	52.4	49.5	48.5	46.6	44.7
30	47.6	41.8	39.9	38.0	38.0
20	37.0	33.2	33.2	31.3	30.3

（2）通风方式与通风量的确定

在污泥好氧堆肥过程中，含水率和堆温主要可以通过控制通风方式与通风量来调节，通风操作是给堆体提供 O_2 的主要途径，微生物分解有机物需要大量的 O_2，另外在堆肥的一系列生化反应中会有大量的 CO_2 生成，如果要保证体系中的 O_2 含量，需要通过通风赶出 CO_2；同时，通风也是对堆体含水率和温度的一种调节，可以蒸发水分、驱散热量。

因此，通风量的控制对堆肥进程的影响至关重要，在进行堆肥前需要对通风量进行估算，一般会根据供氧、水分去除和散热 3 个方面分别计算所需的通风量，根据理论计算，对于采用好氧生化处理的城镇污水厂，每氧化 1g 有机物约需要 2g O_2（魏源送 等，2000）。

除了通风量，通风方式也直接影响着堆肥的进程，主要有自然通风、连续强制通风和间歇强制通风 3 类。

目前堆肥中常用的通风方式是间歇强制通风，但这种通风方式不论采用多大的通风速率，在堆肥的过程中必然会造成某些阶段通风过量或某时风量不足。为了改善间歇通风存在的问题，有研究者将间歇式堆肥过程的通气量控制可分为 3 个阶段：第 1 阶段通风量尽量小，以保证在好氧条件的前提下使气体对堆肥过程的冷却作用最小，使堆肥尽快达到最佳温度范围；第 2 阶段，应加大通气量，使反应热量和散热量持平，以控制堆温不至于过高；第 3 阶段，反应速率因有机物含量的减少而下降，无法产生足够热量以维持最佳堆温，温度开始降低，此时应逐渐减少通气量（Epstein，1976）。

本试验对强制连续通风、强制间歇通风和自然通风 3 种通风方式进行了比较，过程中均采用上述 3 阶段通风方式，第 1 阶段及第 3 阶段采用 0.50m³/min 的小风量，第 2 阶段采用 1.5m³/min 的大风量，对比试验共进行 5d，以堆体温度作为评定指标，具体结果如表 7-8 所列。

表 7-8　通风方式与温度变化

通风时间	强制连续通风/℃			强制间歇通风/℃			自然通风/℃		
	上层	中间	下层	上层	中间	下层	上层	中间	下层
1d	58.88	57.94	57.00	66.50	64.60	47.50	70.56	69.58	69.58
2d	55.12	55.12	54.18	68.40	66.50	52.25	67.62	65.66	64.68
3d	56.06	55.12	54.18	59.85	58.90	50.35	68.60	67.62	66.64
4d	57.00	55.12	53.24	64.60	63.65	51.30	66.64	65.66	63.70
5d	52.30	52.30	50.42	62.70	62.70	51.30	64.68	63.70	61.74

根据上述结果可知，在强制间歇通风和自然通风条件下，堆体温度均可以接近 70℃，因此，在后续试验中，堆肥系统采用时间控制和时间-温度反馈控制的间歇通风方式。当堆心的温度达到 55℃ 或 65℃ 时进行手动翻转反应器并进行强制通风，O_2 的体积浓度控制在 5%～10%。

7.3.3　填料的选择与混掺方式

试验中采用木屑、秸秆、树叶等作为外源有机填料和膨松剂，其中木屑、秸秆、树叶的基本性质如表 7-9 所列。

表 7-9　木屑、秸秆、树叶的基本性质

物质	含水率/%	pH 值	TN/（mg/kg）	TC/（mg/kg）	C/N 值
木屑	11.77	6.65	0.8	371	463.8
秸秆	11.73	6.31	6.3	402	63.8
树叶	12.29	5.89	12.6	326	25.9

根据堆肥的适宜条件 C/N 值=20～40、含水率 40%～70%、pH=5～9，设计不同物料配比的堆肥试验，控制脱水污泥与填料的湿重比为 3∶1、2∶1、1∶1、1∶2、1∶3、1∶4，好氧堆肥 26d 温度变化情况如表 7-10 所列。

表 7-10　不同比例污泥与填料好氧堆肥的温度变化

混掺比例	3:1	2:1	1:1	1:2	1:3	1:4
堆肥 26d 温度变化/℃	21～28	23～32	23～41	26～55	24～58	25～60

由表 7-10 可以看出，随着填料比例在混合物中所占的比例越大，堆肥 26d 中堆体的最高温越高，但同时发现比例为 1:2、1:3 和 1:4 的混合比在堆肥过程中温度差别不大，初步确定污泥与填料混合比为 1:2 为适宜混合堆肥比例。另外，针对表 7-9 中堆肥物料进行了 C/N 的测定，结果显示物料的 C/N 值介于 20～35 之间满足堆肥处置要求。

由于填料本身含水率差异较小，与脱水污泥混掺过程中仅存在物理作用而无化学反应，混掺后污泥的含水率能够降低主要是含水率折减所造成的，因此在含水率试验中根据堆肥的适宜条件 C/N 值=20～40、含水率 40%～70%、pH 值为 5～9，设计不同物料配比的脱水试验，控制脱水污泥与木屑/秸秆/树叶的湿重比为 3:1、2:1、1:1、1:2、1:3、1:4，脱水结果如表 7-11 所列。

表 7-11　填料混掺比例与含水率

物质	混掺比例					
	3:1	2:1	1:1	1:2	1:3	1:4
秸秆混掺含水率/%	55.0	54.5	54.0	53.8	53.4	49.0
树叶混掺含水率/%	56.7	55.4	55.0	54.8	53.7	49.6
木屑混掺含水率/%	55.2	54.6	53.9	53.8	48.9	48.0

由混掺试验结果可以看出，随着混掺比例的变化，含水率变化并不明显，因此确定将 3 种填料进行等比例混掺，作为复合填料。

7.3.4　堆肥过程中各参数的变化

7.3.4.1　堆肥过程温度的变化

堆肥过程中堆体的温度会对生物群落质量和数量造成直接影响，同时也和堆肥过程中的灭菌效果有很大的联系。在堆肥的初始阶段，堆体温度一般与环境温度一致，过低的堆温会使腐熟时间大大延长，影响堆肥发酵效率，而过高的堆温（＞70℃）也会影响堆肥细菌的活性及种类，产生不利的影响（卢淑宇，2013）。

鉴于堆体为层状结构，堆肥过程中手动翻转是以堆心温度为控制指标，因此分别对动态仓和自然堆的堆心温度进行了测定和对比，温度变化如图 7-8 所示。

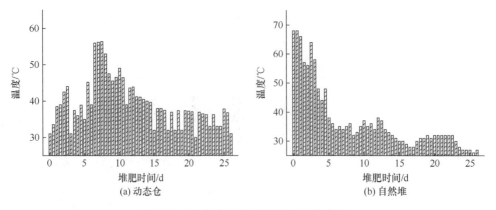

图 7-8　动态仓和自然堆堆心温度变化

由图 7-8 分析可知，在堆肥过程的初期，自然堆相较于动态仓的堆体温度爬升较快，1d 后堆温达到最高值即进入到堆肥高温阶段，但随着堆肥时间的延长，自然堆温度下降，在 5d 后温度下降到 40℃以下进入到低温阶段；相较于自然堆，动态仓在堆肥初期温度上升较慢，在堆肥 7d 后进入到高温期，之后温度维持一段时间后出现下降，但总体温度高于自然堆的温度，从污泥的好氧堆肥原理和过程可知高温阶段的维持时间是保证污泥分解腐熟的关键。因此，动态仓与自然堆相比更有利于堆肥的腐熟。

7.3.4.2　堆肥过程中含水率的变化

试验中分别对动态仓和自然堆的含水率进行了测定和对比，含水率变化如图 7-9 所示。

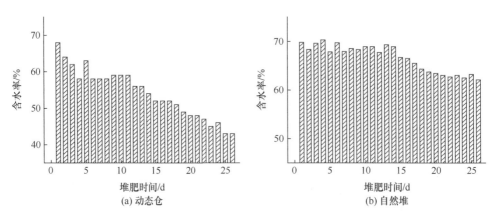

图 7-9　动态仓和自然堆含水率变化

由图 7-9 可看出动态仓和自然堆的含水率随着堆肥时间的延长均呈现出下降的趋势，且整个过程中动态仓的含水率较低。动态仓的含水率由 68%下降至 43%，而自然堆的含水率由 70%下降至 62%。因为堆肥过程中影响物料的含水率的因素很多，由式（7-1）～

式（7-4）中的有机物氧化分解可以看出在各个阶段均会有 H_2O 的产生，这些 H_2O 是导致物料含水率上升的重要原因；而 H_2O 的散失主要与体系中的温度变化和通风作用相关联（常勤学 等，2006）。试验中动态仓因为采用通风的形式对体系供氧，所以 H_2O 的散失速率快于自然堆。

7.3.4.3 堆肥过程中有机质的变化

堆肥过程中有机质含量的变化可以在一定程度上反映出物料的腐熟程度，试验中分别对动态仓和自然堆的有机质进行了测定和对比，有机质变化如图 7-10 所示。

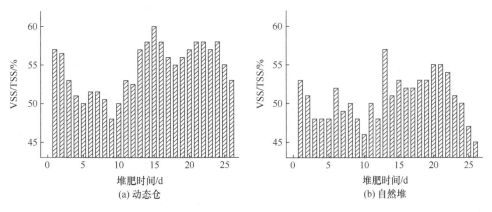

图 7-10 动态仓和自然堆有机质变化

由图 7-10 可以看出动态仓和自然堆的 VSS/TSS 值随着堆肥时间的延长均呈现出先降低后升高的趋势。在堆肥初期到堆肥中期，物料中的易降解有机物首先被微生物降解，体系中的 VSS/TSS 值出现下降趋势，当易降解的有机质降解完全后，微生物开始降解难降解的有机物，但在降解的初期，微生物会经历一段时间的潜伏阶段，即适应新的环境，此时体系中的 VSS/TSS 值出现逆向上升，之后随着微生物将复杂有机物分解为小分子有机物，体系中的 VSS/TSS 值再次下降（李宇庆 等，2005）。

7.3.4.4 堆肥过程中浸出液 pH 值及 COD 的变化

堆肥过程中从 pH 值的变化可以比较直观地反映微生物的生存环境（冯磊 等，2005），而 COD 可以反映堆肥过程中可被微生物利用的有机物量（刘卫，2013），试验中对动态仓浸出液的 pH 值及 COD 进行了测定，结果如图 7-11 所示。

由图 7-11（a）分析可知，在堆肥过程中浸出液的 pH 值出现了一个先减后增的变化，这是因为在堆肥反应的初期，体系中的有机物被微生物分解产生大量的有机酸，导致 pH

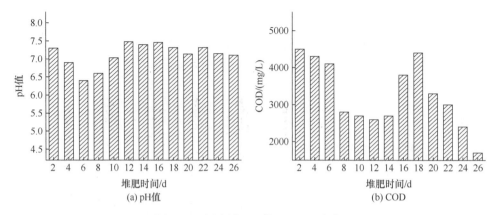

图 7-11　浸出液 pH 值及 COD 变化

值下降，浸出液的 pH 值在堆肥 6d 时降至最低。随着堆肥的继续进行，体系中会发生氨化作用，产生大量的 NH_4^+，浸出液的 pH 值也随之升高，并且伴随着 pH 值超过 7.0，氨开始以 NH_3 的形式挥发，特别是高温之后发生硝化反应，pH 值逐渐降低。

　　而从图 7-11（b）分析可知，堆肥初期由于水溶性碳属于易降解有机质，在堆肥前期即被快速降解，浸出液 COD 有明显下降趋势；在堆肥进入到中期，浸出液的 COD 又一次显著增加，这是由于在堆肥中期难降解有机质被水解为可溶性有机质；而在堆肥后期，COD 又开始下降，这说明堆肥中期由难降解有机质水解产生的可溶性有机质被微生物有效利用。

7.3.4.5　小结

　　① 动态仓与自然堆相比，堆肥初期动态仓的堆体温度爬升较慢，在堆肥 7d 后进入到高温期，但总体温度高于自然堆的温度，动态仓与自然堆相比更有利于堆肥的腐熟。在整个过程中动态仓的含水率下降幅度高于自然堆。

　　② 堆肥过程中动态仓的 VSS/TSS 值随着堆肥时间的延长呈现出先降低后升高的趋势，浸出液 pH 值呈现出先减后增的趋势，浸出液 COD 的变化为先降低后升高。

7.4　堆肥后污泥中重金属形态、含量分析

　　城市污水厂污泥成分复杂，重金属类型及含量因污水来源而异，其作为污泥中主要的污染物，是限制污泥土地利用的主要因素之一。针对污泥在土地利用中重金属含量限值的问题，我国相继制定了相关标准用以限定污泥在农用、园林、绿化等用途时的重金

属含量。但通过重金属总量并不能准确地判断重金属的潜在环境影响，重金属的形态与重金属对生物的毒害作用有很大的相关性。

因此，本小节在对污水处理厂污泥重金属含量进行连续 10 个月监测的基础上，分别采用 BCR 法和 Sposito 法测定了污泥在堆肥过程重金属形态的变化。

7.4.1　污泥中重金属含量的变化

对污水处理厂污泥中重金属含量连续进行了 10 个月的监测，具体结果如表 7-12 所列。

表 7-12　污水处理厂污泥中重金属含量的月份变化　　　单位：mg/kg

月份	Zn	Cu	Pb	Cd
2	291.76	138.65	40.21	1.20
3	276.60	127.35	48.57	4.71
4	282.19	115.66	27.46	0.74
5	283.83	130.77	45.83	1.04
6	278.60	133.39	47.24	1.12
7	285.99	186.61	44.44	0.80
8	285.03	183.39	61.22	0.76
9	285.28	140.28	70.82	0.79
10	285.64	161.60	55.13	0.63
11	286.30	154.27	45.28	0.84

从表 7-12 分析可知，污泥中各种重金属含量变化除了 Cd 的变化幅度较大，其他重金属的含量变化基本稳定在同一数量级上，在 10 个月的连续测定中，其他重金属含量低于检出限或未检出。试验中污泥来源的污水处理厂所处教育园区，周边企业多为事业单位和涉农单位，污染源较少。从污泥监测的情况来看，重金属含量均不高，这与实际情况相符，各种重金属各月份间的变化并未呈现出明显的规律性。

7.4.2　堆肥过程中重金属的总量变化

采用动态仓 26d 的污泥堆肥，过程中各重金属总量变化如图 7-12 所示。

由图 7-12（a）分析可知，污泥中重金属含量的大小顺序为 Zn＞Cu＞Pb＞Cd，且由于堆肥过程中浸出作用使得重金属减少，除 Cd 以外所有重金属含量均随着堆肥天数的增加而呈现下降趋势。Cd 的总量在堆肥过程中有一阶段呈现增长趋势，但最终含量较开始时降低，原因有待于进一步研究。堆肥最终产品中各金属的总量分别为：Zn 为 281.79mg/kg，Cu 为 115.32mg/kg，Pb 为 39.06mg/kg，Cd 为 9.30mg/kg。

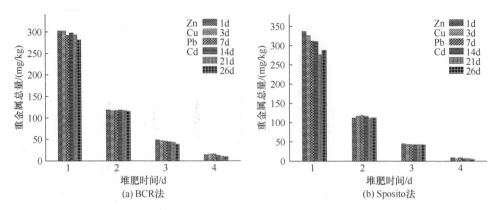

图7-12 堆肥过程中各重金属总量变化

1—Zn；2—Cu；3—Pb；4—Cd

由图7-12（b）分析可知，Sposito法提取重金属总量的变化趋势与BCR法一致，大小顺序同样为Zn＞Cu＞Pb＞Cd，Cd的总量变化趋势也与BCR法一致。堆肥最终产品中各金属的总量分别为：Zn为288.30mg/kg，Cu为112.53mg/kg，Pb为42.78mg/kg，Cd为4.64mg/kg。

与不同国家和地区的城市污泥土地利用重金属控制标准（如表7-13所列。孙西方，2007；中华人民共和国住房和城乡建设部，2018）相比，各种重金属均未超过欧盟、法国、德国和瑞典的标准，其中Cd总量超过中国标准中的A级（耕地、园林、牧草地），低于B级（园林、牧草地、不种植食用农作物的耕地）。

表7-13 不同国家和地区的城市污泥土地利用重金属控制标准　单位：mg/kg

标准		Cu	Zn	Cd	Ni	Cr	Pb	Hg	As
欧盟		1750	4000	40	400	1000	1200	25	—
法国		1000	3000	15	200	1000	800	10	—
德国		800	2500	10	200	900	900	8	—
瑞典		600	800	2	50	100	100	2.5	—
中国	A级	500	1200	3	100	500	300	3	30
	B级	1500	3000	15	200	1000	1000	15	75

7.4.3　堆肥过程中重金属的形态变化

（1）BCR法

BCR法分析过程中重金属形态分为弱酸提取态、还原态、氧化态和残渣态4种。为了考察堆肥产品中的重金属变化，分别在堆肥0d、3d、7d、14d、21d、35d、49d、63d、84d、120d的10组样品进行分析重金属的形态分布，具体结果如图7-13所示。

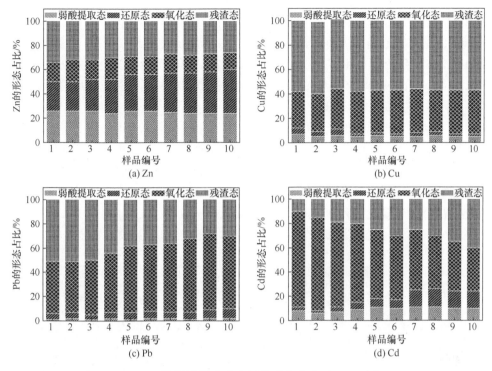

图 7-13　堆肥过程中重金属的形态分布（BCR 法）

由图 7-13 分析可知，在堆肥过程中除 Cd 外，Zn、Cu 和 Pb 的可交换态形式呈现下降趋势；除 Zn 和 Cd 外，Cu 和 Pb 的可还原态也均呈现下降趋势，经过堆肥后大部分的重金属有效性降低。

由图 7-13（a）分析可知，Zn 的氧化态占比在 14%～16%，其余几种形态占比均高于 20%，其中弱酸提取态占比高于 25%，但国内土壤中的 Zn 含量普遍较低，对土壤一般不会造成污染（陈同斌 等，2003）。堆肥后 Zn 的稳定态占比增加，说明 Zn 的生物有效性降低，但降低幅度不大。

由图 7-13（b）分析可知，Cu 在堆肥过程中残渣态占比最高，为 59%，其次是氧化态，弱酸提取态（交换态）和还原态含量较少且含量均呈现下降趋势，说明 Cu 在堆肥过程中具有较好的稳定性。

由图 7-13（c）分析可知，Pb 在堆肥过程中的弱酸提取态和还原态占比几乎无变化，因为 Pb 在水中几乎是不溶的，无法以可交换态形式存在；残渣态的占比总体呈现下降趋势，而氧化态呈现上升趋势，推测与堆肥过程中的酸碱度变化有关。

由图 7-13（d）分析可知，Cd 在堆肥过程中的弱酸提取态和还原态占比有小幅度增加，其中弱酸提取态占比由 8% 增加至 10%，还原态由 3% 增加至 14%，氧化态含量占比有大幅下降，由 79% 降低至 36%，而残渣态占比由 10% 增至 40%，说明虽然堆肥处理使 Cd 向着更稳定的形式转化，但 Cd 的生物有效性增加，这与其他研究的结论一致（Simeoni et al.，1984）。

（2）Sposito 法

Sposito 法分析过程中重金属形态分为交换态、吸附态、有机结合态、碳酸盐结合态、硫化物残渣态和残渣态 6 种形态。为了考察堆肥产品中的重金属变化，分别在堆肥 0d、3d、7d、14d、21d、35d、49d、63d、84d、120d 的 10 组的样品进行重金属的形态分布的分析，具体结果如图 7-14 所示。

由图 7-14（a）分析可知，Zn 在堆肥过程中的硫化物残渣态占比最多，为 38%～50%，并在堆肥过程中呈现增长趋势；有机结合态和碳酸盐结合态占比相差不大，且均呈现降低趋势；残渣态占比基本无变化，经过堆肥处理后 Zn 的生物有效性稍有增加。

由图 7-14（b）分析可知，Cu 在堆肥过程中主要以有机结合态存在，占比为 52%～85%，呈增加趋势；硫化物残渣呈降低趋势，降低幅度较大，从开始时的 38.5% 降到 120d 时的 6%；碳酸盐结合态占比低于 1%，交换态占比低于 3%，残渣态占比低于 7%。

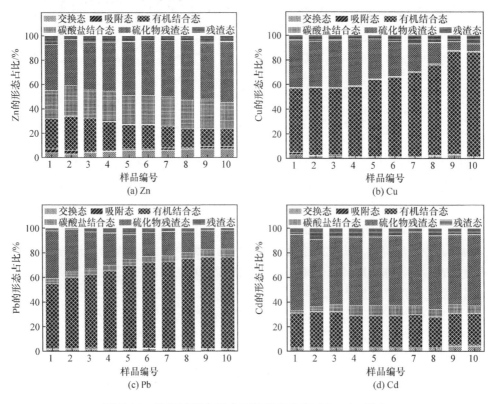

图 7-14 堆肥过程中重金属的形态分布（Sposito 法）

由图 7-14（c）分析可知，Pb 在堆肥过程中有机结合态占比最高，为 53%～74.5%，呈现增加趋势；其次是硫化物残渣态，占比为 15%～39%，呈现减少趋势，2 种形态占比的总和超过 90%。

由图 7-14（d）分析可知，Cd 在堆肥过程中的硫化物残渣态占比最多，为 55%～62%；其次是有机结合态，占比为 25%～26%，无明显变化，2 种形态占比的总和超过 80%。

在 BCR 法和 Sposito 法的结果对比中可以发现 2 种分析方法出现了不一致的地方：

BCR 法中发现 Zn 的有效性是降低的，而 Sposito 法的分析结果显示 Zn 的有效性却是增加的；其中的原因有待于进一步去探讨。另外，所有的重金属用 BCR 法分析的 4 种形态的总量要稍高于用 Sposito 法的分析结果。

但 2 种分析方法均显示 Cu 和 Pb 经过堆肥处理，易活动态（指重金属不稳定的存在形态，该形态含量越高，危害越大）含量均呈下降趋势，堆肥处理对这 2 种金属起到稳定化作用；Cd 经过处理易活动态含量上升。

7.4.4　小结

① 取用污水处理厂的污泥中重金属主要有 Zn、Cu、Pb 和 Cd，其他重金属含量均未检出或低于检出限，重金属含量随季节变化并无明显规律。

② BCR 法和 Sposito 法提取的重金属总量分析均表明堆肥产品中的重金属含量大小顺序同样为 Zn＞Cu＞Pb＞Cd，Cd 的总量变化趋势也呈现一致的趋势。各种重金属均未超过欧盟、法国、德国和瑞典标准，其中 Cd 总量低于中国标准的 B 级。

③ BCR 法和 Sposito 法对污泥堆肥前后的重金属形态变化分析显示，经过堆肥处理，Cd 的有效性增加，Cu 和 Pb 的有效性降低；Zn 元素在 BCR 法中有效性降低，而在 Sposito 法中有效性是增加的。

7.5　堆肥后污泥肥效分析

7.5.1　堆肥中养分含量的变化

堆肥后污泥肥效的影响因素主要是肥料中养分含量的变化，本试验中选取氮、磷、钾、$NO_3^- - N$ 和 NH_4^+-N 为指标衡量堆肥前后主要养分含量变化，如表 7-14 所列。

表 7-14　堆肥前后的主要成分的变化

堆肥时间/d	有机质降解率/%	氮（N）/%	磷（P_2O_5）/%	钾（K_2O）/%	$NO_3^- - N$/%	NH_4^+-N/%
0	0	2.10	1.84	0.56	1.25	0.0673
14	49.22	2.58	2.50	0.72	14.76	0.0476
26	59.92	3.22	3.06	0.92	16.90	0.0456

由表 7-14 分析，堆肥后污泥中有机质由于微生物的分解作用降解率随着堆肥的时间延长而增加，N 与堆料相比流失严重，主要是因为在堆肥的过程中发生了式（7-2）中的反应，细胞物质在氧化过程中产生 NH_3 以气态形式挥发掉，造成了 N 的损失（Wei et al.，2003）。但最终 26d 堆肥产品中的 N：P_2O_5：K_2O=3.22%：3.06%：0.92%，总量约占 7.20%，再添加搭配适当的营养元素可达到优质复合肥的标准。

7.5.2　堆肥产品的腐熟度判定

腐熟度是指堆肥中有机质经矿化及腐殖化后达到稳定化的程度。多年来，国内外许多专家学者为建立一个合理的、统一的腐熟标准而进行了深入的研究，提出不少判定堆肥腐熟度的方法。但因污泥腐熟度评价与堆肥系统紧密相关，会受到堆肥方式、污泥成分及填充料等多种因素的影响，对污泥腐熟进行评定的方法，至今还没有权威性的定论。

试验中通过表观特征、有机质降解率、C/N 值、电导率、pH 值和 NH_4^+-N/NO_3^--N 对动态仓的堆肥产品进行了腐熟度的判定，具体指标如下：堆肥产品呈现疏松的团粒结构，呈黑褐色，有机质的降解率为 59.92%，C/N 值为 22，电导率为 2.9μS/cm，pH 值为 7.23，NH_4^+-N/NO_3^--N 为 0.27%。由上述指标可以看出堆肥的 C/N 值低于 30∶1，不会与植物形成氮竞争（蒋克彬，2002）；相关研究中认为当 NH_4^+-N/NO_3^--N 低于 0.004%、C/N 值小于 25 时即算腐熟，显然试验中得到的堆肥产品是符合这一标准的，但仍需进行种子发芽率试验来验证其腐熟度（程永高，2012）。

7.5.3　种子发芽试验

堆肥过程中种子发芽指数（GI）变化如图 7-15 所示，从试验结果可以发现在试验的堆肥初期产品中的有机物质较为丰富且未开始分解，GI 值为 90%；随着堆肥时间的延长，有机物质开始分解，微生物活动产生有机酸和 NH_3 较多，会产生植物毒性，GI 值降低，在堆肥 9d 后降至 50%；后期体系中的植物毒性源物质挥发转化，GI 值回升，达到 96%。

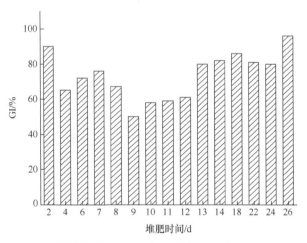

图 7-15　堆肥过程中种子发芽指数变化

一般认为 GI≥50% 时，堆肥基本无毒；GI≥85% 时达到腐熟（张勇 等，2021），绿豆种子总体上能正常发芽；堆肥过程中的 GI 值均可以保持在 50% 以上，因为不同植物种子对植物毒性的承受能力和适应性存在较大差异，推测相对于其他作物，绿豆种子对植物毒性承受能力较强。GI 值的变化说明污泥熟肥对堆肥的植物毒性去除效果显著，能有效缩短堆肥腐熟时间。

7.6　典型应用案例分析

7.6.1　唐山城市污泥无害化处置工程

唐山市城市污泥无害化处置工程是唐山市重点工程，建设目的是为解决唐山市西郊污水处理二厂、北郊污水处理厂、东郊污水处理厂和丰润污水处理厂360t/d脱水污泥无害化处理问题，以及丰南、唐海、玉田等周边县区污泥消纳，设计日处理规模达到400t脱水污泥（80%含水率）。该项目采用全机械化隧道仓好氧堆肥工艺（SACT工艺），双层发酵仓结构形式，核心工艺设备均为国产。二层发酵仓及配套系统与一层相比，平行设计，相互独立，理论上可以向上再次复制，形成三层甚至更多层发酵仓形式。污泥SACT工艺流程如图7-16所示。

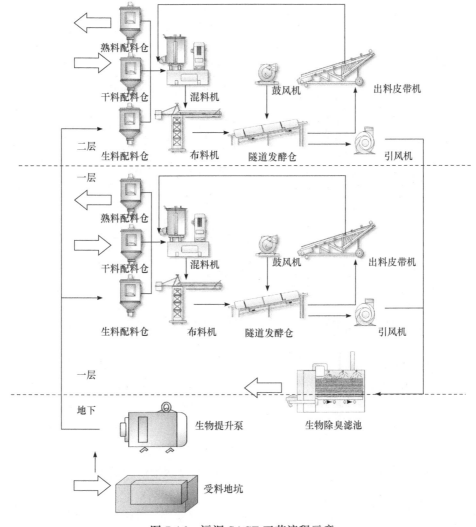

图 7-16　污泥 SACT 工艺流程示意

SACT 工艺如下：

① 污泥运入处理厂后，直接卸于混料车间受料地坑内，再由螺杆泵系统输送至生料配料仓，回填料通过回料皮带输送至熟料配料仓。

② 脱水污泥进行烘干处理，与粉煤灰等工业废料、回填物及除臭剂作为调整剂按一定比例进入混料机混合。

③ 物料由布料机输送至卧式发酵仓内，强制通风使物料充分好氧发酵，同时借助翻堆机机械搅拌使其发酵均匀，同时将物料推向下一工序。

④ 物料经 10 余天发酵，含水率大幅降低，干燥后的物料一部分作为回填物循环利用，一部分再进行磁选和粉碎，通过物料调整装置调节含水率和物流量，加入营养素再输送至精混机中进一步混合充分。造粒成形后，物料进入气流干燥机中进行风干，经干燥处理后的肥料通过袋机包装成袋装肥料。

⑤ 在发酵仓和气流干燥机分别安置臭气处理装置和除尘器，以防发酵过程中产生的臭气及粉尘对环境造成的污染。收集来的粉尘可作为回填物循环利用。

SACT 工艺相对于国外的技术，主要在仓型、核心设备、成套系统及设计理念 4 个方面有重大技术突破。在仓型上，采用独有的天轨行走隧道仓型，实现了双层以及多层发酵仓，成倍压缩自由空间，减小系统消耗的动能。在核心设备方面，打破国外技术的垄断，在现已投入运行的污泥专用翻堆机中 F5.110 翻堆机功率排名占首位。在成套系统方面，整个机械化多层堆肥系统是一个基于现有成熟技术的复杂成套优化系统。在设计理念上，引入 MCCD 理念（即建筑-机械协同设计），为需要依赖机械化物流输送的污泥堆肥项目提供了新的思路。

SACT 系统虽较传统技术具有诸多明显优点，但该系统由于采用多层结构需要特别注意物料输送过程设备的可靠性及臭气收集系统的效果。如在实际应用中由于车辆无法直接进入厂房的二层以上区域，因此设备的安装与维护比单层厂房复杂很多，对系统的运行可靠性要求也较高，需要设计特殊设施，并且需要注意备用系统的选择与选型方面的问题。另外，对于多层结构的系统，终端除臭系统水平高度的不同可能影响整个系统的臭气收集效果，有待考虑解决。

7.6.2　沈阳某污水处理厂污泥处理工程

沈阳市某污水的污泥好氧发酵工艺为西门子 IPS 好氧发酵技术，工艺流程如图 7-17 所示。

污泥 IPS 好氧发酵工艺如下：

① 脱水污泥和辅料通过污泥运输专用自卸车分别运输到受料车间中的污泥料仓和干料仓。

② 脱水污泥由受料车间内的液压柱塞泵系统输送至生料配料仓，辅料由罗茨风机通过管道运送至干料配料仓，回填料通过卸料皮带输送至熟料配料仓。

③ 生料配料仓、干料配料仓、熟料配料仓下分别设有计量螺旋定量配料至预混螺旋输送机进行预混合，然后由上料螺旋输送机输送至混料机。完成混料过程后，含水率 55%

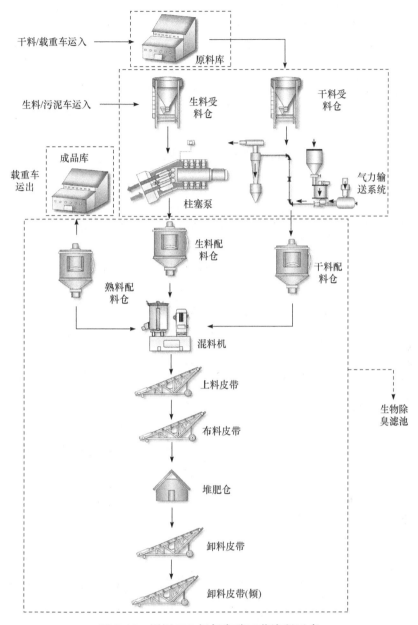

图 7-17　污泥 IPS 好氧发酵工艺流程示意

的混合物料由上料皮带输送机输送至布料机，利用布料皮带机上的卸料器完成自动进仓过程。

④ 混合均匀的物料在通风曝气的条件下，进行高温好氧发酵。槽底部布置有曝气系统，采用 576 台曝气鼓风机对发酵槽的不同区域，也针对发酵不同的反应阶段，进行分区域精确供氧，以控制发酵工艺反应过程。物料从槽内一侧向另一侧移动，由在槽两侧墙顶往复运动的翻抛机完成，在翻抛物料的同时，打碎物料颗粒，保证均匀性，且有效蒸发水分，最终实现从槽尾端出料的工艺运行效果。物料在槽内通过好氧

生化反应，降解有机物的同时释放大量的生物热，嗜热菌种不断大量繁殖，湿污泥中的水分得到蒸发。

⑤ 物料从槽尾端出料后通过卸料皮带输送机输送到熟料配料仓，其中一部分物料作为堆肥产物，由移动皮带机输送至污泥运输车后装车运走或暂存；另一部分物料作为混料组分之一，输送至混料机，与污泥和干料按设计比例进行混合，循环利用。

该项目中所使用的的 IPS 系统是一种结合了强制曝气、槽内翻堆的自动好氧发酵系统，这种技术具有诸多优势，如具备自动翻堆机并实现自动化控制，全封闭系统，持久高效，且易于操作和维护，通用型工业应用，已在全世界超过 25 家工厂投入使用。20 多年来，IPS 通过精确的工艺控制，利用机械化生物处理技术对有机固体废物进行稳定处理，并把有机废物转变成高品质畅销的可用产品。

IPS 系统与静态堆肥比较，缩短了 50%的好氧发酵时间，可以适应多种进料，有效堆高较高、相对占地面积小，高度自动化和高效能保证了较低的运营费用。该系统是完全封闭的好氧发酵系统，发酵过程中产生的气体容易收集并集中处理，不会对周围环境产生任何影响。经过 IPS 处理的高品质堆肥成品可用于景观美化、园林绿化、土壤改良及水土保持等土地利用。

7.6.3　洛阳两期污泥处理工程

洛阳市污泥一期、二期工程时间跨度近 10 年，为数据分析与经验积累提供了难得的机遇。分别对洛阳污泥两期工程概况、工艺流程、工程设计和设计特点进行了详细阐述，并对核心设计参数进行了对比。

7.6.3.1　洛阳污泥一期工程设计

项目采用动态（翻堆曝气）条垛堆肥工艺，核心设备采用德国 BACKHUS 车式翻堆机，并设置了较为完善的营养土造粒（制肥）系统，工艺流程如图 7-18 所示。

此工艺的设计如下：

① 简洁的工艺流程。项目工艺流程简洁，管理水平要求较低，系统可靠性较高，抗冲击负荷能力较强。

② 自然晾晒前处理工序。自然晾晒作为好氧堆肥前处理工序，具有减量化程度高、运行成本低等优势，在用地和自然条件允许的情况下，自然晾晒是经济有效的堆肥预处理技术；与传统自然晾晒系统相比，洛阳项目采用全 FRP 屋面板晾晒车间，自然气候适应性和运行可靠性明显提高。

③ 封闭式大跨度堆肥车间和车式翻堆机的应用。动态条垛式堆肥工艺在国外多为露天条件下采用，洛阳项目同样基于自然气候适应性和运行可靠性的考虑，并根据车式

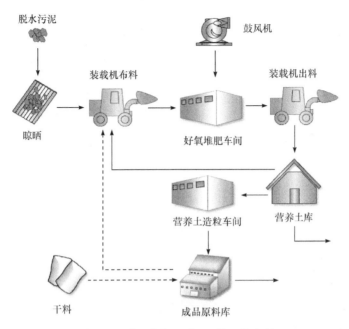

图 7-18　洛阳污泥一期工程工艺流程

翻堆机的特点设计了封闭式大跨度堆肥车间，162m 的车间长度和 136m 的条垛长度使翻堆机尽量直线运行，减少挑头作业，提高设备有效利用率，并且在增加车间封闭性的前提下，最大程度适应设备使用条件。

④ 完善的制肥系统。项目设置了完善的营养土造粒生产线，可以生产有机颗粒肥，略加改造即可满足有机无机复混肥料生产要求，并且设置了专门颗粒肥料库房。

污泥市场被迅速激活，但在国内堆肥技术相对于大规模集中处理尚未成熟的情况下，该工程中使用的德国 BACKHUS 系统以其简单、便捷和高可靠性等特点进入中国并迅速占领市场，洛阳污泥一期项目就是在这一背景下完成并投入使用的，与之类似的还有 2008 年投运的北京庞各庄二期项目、厦门项目，以及 2009 投运的郑州市八岗污泥处理厂项目。

7.6.3.2　洛阳污泥二期工程设计

项目采用 SACT 隧道仓堆肥工艺，核心设备采用国产 F5.110 翻堆机，并增设了专用生物除臭系统，工艺流程如图 7-19 所示。

设计特点如下：

① 隧道式发酵仓与 F5.110 翻堆机。F5.110 翻堆机的特殊设计使发酵仓形成与翻堆机尺寸匹配且周圈封闭的矩形断面隧道，臭气收集容易；自由空间极大压缩，臭气收集动力消耗降低。

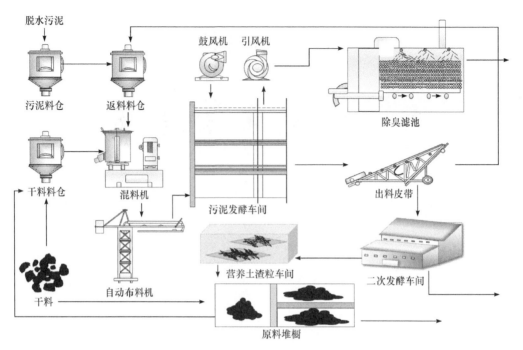

图 7-19　洛阳污泥二期工程工艺流程

② 生产车间采用机械-建筑协同理念设计。"机械-建筑协同设计"（简称 MCCD）就是在整个建（构）筑物设计中融合建筑设计与机械设计理念、方法、过程，使机械与建筑设施共同完成建（构）筑物功能的设计过程。通俗地讲就是将建（构）筑物看作一台设备，土建设施作为壳体或结构支撑件，机械作为运动部件。MCCD 可以极大压缩系统无效空间，对堆肥系统除臭具有积极意义，并且在保障性能的前提下降低投资、减少占地面积。MCCD 首先做到"机械设计建筑化"。在核心非标机械设计过程中，充分考虑到土建施工精度极限，在确保性能的前提下排除不必要的精度要求。MCCD 其次要做到"建筑设计机械化"，在工程设计中充分考虑与机械的配合。

③ 臭气收集系统引入 FLUENT 辅助设计。在洛阳项目中根据设计参数建立模型，通过 FLUENT 模拟验证实施效果，为寻找最佳通风量与最经济通风量的结合点提供了量化参考依据。

④ 多段曝气与多种控制模式。项目采用动态槽式曝气，为优化工艺运行控制，每条发酵槽采用 4 台鼓风机进行 4 阶段曝气，并且曝气系统可以根据实际情况在时间模式、温度模式等多种模式间自由切换。

⑤ 自动布料与出料系统。项目参考了沈阳市污水处理厂污泥处理工程布料系统的特点，采用犁式卸料器完成卸料工序；项目参考了唐山城市污泥处理工程出料系统的特点，采用转仓机导流板与皮带输送机配合完成出料工序。

随着污泥堆肥技术的快速发展、日臻完善，早期堆肥系统存在的技术问题逐渐凸显出来，系统地改造提升也随之展开，洛阳污泥二期也正是在这一背景下立项、建设、投入运行。这一阶段堆肥技术总体呈现规模化、精细化发展趋势。

污泥堆肥系统运行环境一般呈现高温、高湿、腐蚀性特点，因此从目前的运行经验来看，平均改造周期为 10 年。洛阳污泥二期工程已正式运行超过 3 年，利用原来 1/3 的面积将处理能力提升近 50%，在高自动化水平的前提下展现了系统的可靠性，同时展现了项目良好的经济性。项目所采用的技术和模式为今后陆续到达改造周期的污泥堆肥项目提供了一个不错的参考。

第8章

污泥蒸压砖新技术在污泥末端处理中的应用

- ▶ 制砖技术的基本原理
- ▶ 试验材料与方法
- ▶ 污泥制砖控制参数研究
- ▶ 污泥砖的耐久性分析
- ▶ 典型应用案例

从第 6 章对污泥脱水末端处理技术的介绍中可以看出，污泥建材利用是一种有效的污泥减量化及资源化手段。本章将重点围绕研究团队在污泥制备蒸压砖技术应用于污泥末端处理中的研究工作开展（李亚林 等，2016c），通过对蒸压砖制砖技术的基本原理、试验数据以及典型应用案例的阐述和分析，为污泥蒸压砖技术在污泥末端处理中的应用提供技术参考。

8.1　制砖技术的基本原理

蒸压砖一般是利用粉煤灰、煤渣、煤矸石、尾矿渣、化工渣或者天然砂和海涂泥等（以上原料的一种或数种）作为主要原料，不经高温煅烧而制造的一种新型墙体材料，通常也称之为免烧砖。

蒸压砖制备的原料中主要含有的化学成分包括 SiO_2、Al_2O_3、Fe_2O_3、CaO、MgO、SO_3、TiO_2、K_2O 和 Na_2O 等，其中含量较高的 SiO_2、Al_2O_3 和 Fe_2O_3 经过混合在含 H_2O 条件下，经过碱激发会形成 Si、Al 型玻璃体，这种玻璃体与水化后的氧化钙化合，发生化学反应，称之为"火山灰反应"（Shi，1998），其化学反应如式（8-1）～式（8-3）所示。

$$2CaO+ H_2O \longrightarrow Ca(OH)_2+O_2 \uparrow \tag{8-1}$$

$$xCa(OH)_2 + xSiO_2 + nH_2O \longrightarrow xCaO \cdot SiO_2 \cdot H_2O \tag{8-2}$$

$$xCa(OH)_2 + xAl_2O_3 + nH_2O \longrightarrow xCaO \cdot Al_2O_3 \cdot H_2O \tag{8-3}$$

上述化学反应中生成的 $CaO \cdot SiO_2 \cdot H_2O$ 和 $CaO \cdot Al_2O_3 \cdot H_2O$ 分别为水化硅酸钙和水化铝酸钙，是一种胶状玻璃体，这种胶状玻璃体并不稳定，但在添加剂作用下，随反应时间的延长而逐渐凝固，形成一种高强度的网络结构，加之原料合理调配及养护，从而形成了蒸压砖的结构强度。

城市污泥的主要成分与上述制砖的无机材料相类似，成分主要包括 Fe_2O_3、Al_2O_3、SiO_2、CaO 和 MgO 等黏土矿物质，其性质近似黏土，具有可塑性、耐热性和吸附性，并且污泥中含有的大量灰分和铝盐或铁盐等混凝剂成分，在建筑材料中可以作为添加剂，这一特性是污泥可作为制砖材料的基础（杨斌，2007）。

8.2　试验材料与方法

8.2.1　试验材料来源及其性质

8.2.1.1　污泥

试验污泥来自郑州市某污水处理厂初沉池和二沉池排出的混合浓缩污泥。由于污泥容易变质，本章中试验污泥根据需要，分批从污水处理厂获得，所取污泥放入 4℃冰柜中冷藏保存并尽快完成相关试验。污泥的基本特性如表 8-1 所列。

表 8-1 污泥的基本特性

pH 值	含水率/%	COD/（mg/L）	SCOD/（mg/L）	有机质/%	比阻/（10¹³m/kg）
6.50	97.5	19880	328	71.7	0.9312

试验中制备蒸压砖试件所用的脱水污泥均取自小型隔膜板框脱水试验，基本特性如表 8-2 所列。

表 8-2 脱水污泥的基本特性

批次	脱水污泥质量/kg	活化过硫酸盐投加量/（mg/g DS）	生石灰投加量/（mg/g DS）	粉煤灰投加量/（mg/g DS）	脱水污泥含水率/%
S-1	30.31	833.04	341.44	435.21	53.7
S-2	35.71	833.04	512.16	652.82	46.2

将污泥置于105℃烘箱内烘干得到干污泥，对其进行 X 射线衍射仪（X-ray diffraction，XRD）、X 射线荧光光谱仪（X-ray fluorescence spectrometer，XRF）和重金属含量分析，其中干污泥 XRD 分析结果如图 8-1 所示，干污泥的主要矿物成分为石英（SiO_2）和云母。

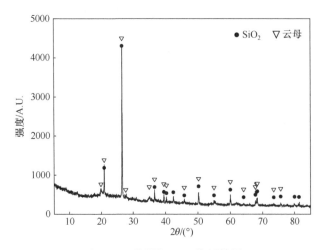

图 8-1 干污泥 XRD 分析结果

干污泥的 XRF 分析和污泥重金属含量分析结果分别如表 8-3 和表 8-4 所列。

表 8-3 干污泥 XRF 分析结果

物质	Na₂O	MgO	Al₂O₃	SiO₂	P₂O₅	MnO	K₂O	CaO	Fe₂O₃
含量/%	0.42	2.41	12.73	23.41	4.47	0.33	1.71	1.22	3.56

续表

物质	CuO	ZnO	ZrO₂	BaO	PbO	Cl	I	TiO₂	
含量/%	0.01	0.10	0.01	0.01	0.04	0.28	0.03	0.40	

表 8-4　污泥重金属含量分析结果

重金属	Cu	Fe	Pb	Zn	Cd
浓度/（mg/L）	1.375	145.623	18.954	3.179	0.221

8.2.1.2　掺料

制备蒸压砖的掺料包括粉煤灰、水泥和炉渣，其中粉煤灰为二级粉煤灰（平顶山姚孟电厂），水泥为市售 325 号普通硅酸盐水泥，粉煤灰和炉渣的化学成分如表 8-5 所列。

表 8-5　粉煤灰和炉渣化学成分（质量分数）　　单位：%

原料	SiO₂	CaO	Al₂O₃	Fe₂O₃	TiO₂	P₂O₅	SO₃	LOI
粉煤灰	51.26	9.11	27.84	4.16	0.37	0.01	0.64	6.24
炉渣	52.50	5.68	26.28	—	—	—	0.50	2.20

注："—"代表未检出；"LOI"（loss on ignition）表示烧失量。

8.2.2　试验方法

8.2.2.1　试验整体流程

试验整体流程如图 8-2 所示。

以污泥调理脱水配方优选结果为依据，得到优选配方后进行放大脱水试验，结合烧杯试验和放大脱水试验对污泥脱水性能进行评价；得到的脱水污泥取样进行分析表征，其余泥饼经过自然干化和破碎后与掺料混合压制成型，制得污泥蒸压砖试件；试件经养护后进行力学性能测试，测试后的破碎试件进行表征分析。

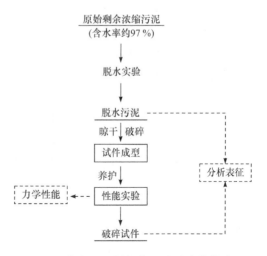

图 8-2　脱水污泥制备蒸压砖试验整体流程

8.2.2.2 蒸压砖制备方法

（1）脱水污泥制备方法

试验中所使用的脱水污泥均经过第 4 章中活化过硫酸盐-骨架构建体复合调理技术调理后使用高压隔膜板框压滤机脱水所得，污泥调理脱水设备为自制设备，其中隔膜板框压滤机的主要参数如表 8-6 所列。

表 8-6　隔膜板框压滤机主要参数

项目	滤板面积/mm²	滤室个数	进料压力/MPa	隔膜压力/MPa
参数	250×250	4	0.8	1.2

（2）蒸压砖制备方法

脱水试验获得的污泥置于通风处两周后，含水率可降低至 25%左右，经辊碾机粉碎过孔径为 2mm 的方孔筛后作为制备污泥蒸压砖的原料；过筛污泥与粉煤灰、炉渣、水泥按照一定比例进行混料，混料完成后，将砖块压制成型，砖块的成型压强为 20MPa，换算为压力是 60.80kN。成型尺寸为 80mm×38mm，砖块厚度约为 18.5mm。蒸压砖制备流程示意如图 8-3 所示。

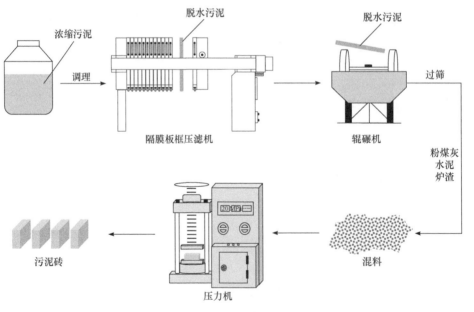

图 8-3　蒸压砖制备流程

砖块压制成型后需陈化 24h 以上，再进行高压蒸汽养护，养护设备为蒸压釜，养护氛围为饱和水蒸气。通过高温、高压、高湿的环境，加速混合料中的钙质成分和硅质成分的反应，生成水化产物，获得一定的强度和各种性能，最终得到产品。蒸压釜技术参数如表 8-7 所列。

表 8-7 蒸压釜技术参数

容积/L	设计压力/MPa	最高工作压力/MPa	设计温度/℃	最高工作温度/℃
50	2.5	2	250	250

8.2.2.3 蒸压砖性能测定方法

（1）强度试验

强度试验需要测定砖块的抗折强度和抗压强度，使用的设备分别为路面材料强度试验仪和强度试验机。强度测定方法依照《砌墙砖试验方法》（国家质量监督检验检疫总局 等，2012）和《蒸压灰砂实心砖和实心砌块》（国家市场监督管理总局 等，2019）进行。

1) 抗折强度的测定

① 蒸压砖经过蒸养后放在温度为（20±5）℃的水中浸泡 24h 后取出，用湿布拭去其表面水分进行抗折强度试验。

② 测量试样的宽度和高度尺寸各 2 个，分别取算术平均值，精确至 1mm。

③ 调整抗折夹具下支辊的跨距为砖规格长度减去 40mm。

④ 将试样大面平放在下支辊上，试样两端面与下支辊的距离应相同，当试样有裂缝或凹陷时，应使有裂缝或凹陷的大面朝下，以 50～150N/s 的速度均匀加荷，直至试样断裂，记录最大破坏荷载 P。每块试样的抗折强度（R_c）按式（8-4）计算，精确至 0.01MPa：

$$R_c = \frac{3PL}{2BH^2} \tag{8-4}$$

式中，R_c 为抗折强度，MPa；P 为最大破坏荷载，N；L 为跨距，mm；B 为试样宽度，mm；H 为试样高度，mm。

2) 抗压强度的测定

① 取抗折强度测定的同一块试样两半截砖切断口相反叠放，叠合部分不得小于 100mm（如图 8-4 所示），即为抗压强度试件，如果不足 100mm 时则应剔除，另取备用试样补足。

② 测量每个试件连接面或受压面的长、宽尺寸各两个，分别取其平均值，精确至 1mm。

③ 将试件平放在加压板的中央，垂直于受压面加荷，应均匀平稳，不得发生冲击或振动，加荷速度以 4kN/s 为宜，直至试件破坏为止，记录最大破

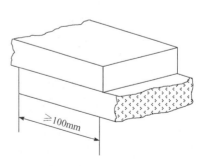

图 8-4 抗压强度试件示意

坏荷载 P。每块试样的抗压强度（R_p）按式（8-5）计算，精确至 0.01MPa：

$$R_p = \frac{P}{LB} \tag{8-5}$$

式中，R_p 为抗压强度，MPa；P 为最大破坏荷载，N；L 为受压面的长度，mm；B 为受压面的宽度，mm。

（2）冻融试验

蒸压砖的冻融性能测定依照《蒸压灰砂实心砖和实心砌块》（GB/T 11945—2019）进行，具体如下：

① 用毛刷清理试样表面，将试样放入鼓风干燥箱中在（105±5）℃下干燥至恒重（在干燥过程中，前后两次称量相差不超过 0.2%，前后两次称量时间间隔为 2h），称其质量 G_0，并检查外观，将缺棱掉角和裂纹作标记；

② 将试样浸在 10～20℃的水中，24h 后取出，用湿布拭去表面水分，以大于 20mm 的间距大面侧向立放于预先降温至 −15℃ 以下的冷冻箱中；

③ 当箱内温度再降至 −15℃ 时开始计时，在 −20～−15℃ 下冰冻 5h，然后取出放入 10～20℃ 的水中融化 3h；

④ 每 5 次冻融循环，检查一次冻融过程中出现的破坏情况，如冻裂、缺棱、掉角、剥落等；

⑤ 冻融过程中，发现试样冻坏超过外观规定时，应继续试验至 15 次冻融循环结束为止，15 次冻融循环后，检查并记录试样在冻融过程中的冻裂长度、缺棱掉角和剥落等破坏情况；

⑥ 经 15 次冻融循环后的试样，放入鼓风干燥箱中，干燥至恒量，称其质量 G_1；

⑦ 将干燥后的试样按 8.2.2.3 部分的规定进行抗压强度试验、强度损失率（P_m）按照式（8-6）计算，精确至 0.1%；

$$P_m = \frac{P_0 - P_1}{P_0} \times 100\% \tag{8-6}$$

式中，P_m 为强度损失率；P_0 为试样冻融前强度，MPa；P_1 为试样冻融后强度，MPa。

质量损失率（G_m）按式（8-7）计算，精确至 0.1%：

$$G_m = \frac{G_0 - G_1}{G_0} \times 100\% \tag{8-7}$$

式中，G_m 为质量损失率；G_0 为试样冻融前干质量，g；G_1 为试样冻融后干质量，g。

（3）浸出毒性试验

浸出毒性的对象为强度试验完成后收集的碎砖。试验操作依照《固体废物 浸出毒性浸出方法 硫酸硝酸法》（国家环境保护总局，2007）进行，检测及鉴别方法参照《危险废物鉴别标准 浸出毒性鉴别》（国家环境保护总局 等，2007）。

强度试验完成后收集的碎砖样品通过 9.5mm 孔径的筛，对于粒径大的颗粒可通过破碎、切割或研磨降低粒径。称取 150～200g 样品，置于 2L 提取瓶中，根据样品的含水率，按液固比为 10∶1（L/kg）计算出所需浸提剂的体积，加入浸提剂，盖紧瓶盖后固定在翻转式振荡装置上，调节转速为（30±2）r/min，于（23±2）℃下振荡（18±2）h。在压力过滤器上装好滤膜，用稀硝酸淋洗过滤器和滤膜，弃掉淋洗液，过滤并收集浸出液，于 4℃下保存。

浸出液中的重金属采用原子吸收分光光度法或电感耦合等离子体发射光谱仪测定。

8.2.2.4   蒸压砖微观表征方法

待测样品取样后放入封口袋中，用无水乙醇浸泡 48h，终止其水化反应，再将待测样品放入鼓风干燥箱中于 40℃下干燥 48h 或采用冷冻干燥器进行干燥后放置于干燥器中备用。试样干燥后，吸去其表面灰尘，用银导电胶将其固定在样品台上。通过试样离子溅射仪在其表面喷涂导电层，之后通过场发射扫描电子显微镜对样品进行形貌表征。

8.3   污泥制砖控制参数研究

8.3.1   脱水污泥含水率对制砖的影响

根据 8.2.1.1 部分中表 8-2 的 2 组脱水污泥进行了为期 10d 的自然干化试验，污泥保持自然通风状态，含水率的变化如图 8-5 所示。

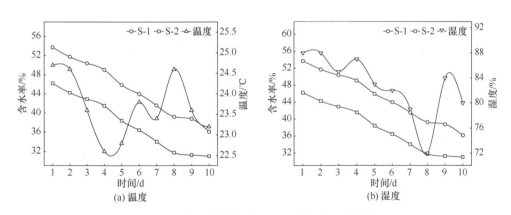

图 8-5   脱水污泥自然干化含水率变化曲线图

由图 8-5 分析可知，2 种脱水配方得到的脱水污泥在自然通风的条件下含水率均会随着时间的延长而下降，其中 S-1 配方得到的脱水污泥经过 10d 的自然干化含水率由最初的 53.7%下降至 36.1%，而 S-2 脱水污泥的含水率则由 46.2%下降至 31.0%，S-2 较 S-1 配方得到的脱水污泥更易风干，主要是因为生石灰和粉煤灰作为骨架构建体的加入可以使泥饼保持一定的孔隙率，在自然干化过程中有利于水分更好的蒸发（Li et al.，2014）。

同时可以看出在自然干化的过程中，在一定范围内温度和湿度的波动对于含水率的变化影响不大。

8.3.2　蒸养条件对制砖性能的影响

在制砖试验的前期，污泥蒸压砖的蒸养过程直接套用了免烧砖制砖厂的蒸养条件（180℃、0.80MPa、8h），但在对污泥蒸压砖进行性能测定时发现砖块的强度普遍偏低，分析其原因是与免烧砖制砖厂采用的粉煤灰、煤渣和煤矸石等无机材料相比，脱水污泥中含有的有机组分含量偏高，在较高的蒸养温度下发生的一系列反应会在一定程度上对蒸压砖的强度造成影响（梁梅，2009）。

基于上述原因对蒸养条件进行了试验，使用 S-1 和 S-2 两批脱水污泥制备了蒸压砖，将蒸压砖在不同的温度下进行蒸养，对制得的蒸压砖进行了抗折和抗压强度的测试。根据探索试验的结果，设定蒸养温度分别为 110℃、120℃、130℃、140℃、150℃、160℃、170℃、180℃，共 8 个温度，蒸养压力设定为 0.74MPa，蒸养时间为 8h。每个温度下蒸养 10 块砖，其中 5 块为 S-1 脱水污泥制备而成，5 块为 S-2 脱水污泥制备而成，试验结果如图 8-6 所示。

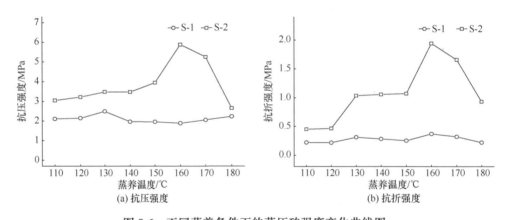

图 8-6　不同蒸养条件下的蒸压砖强度变化曲线图

由图 8-6（a）分析可知，S-1 脱水污泥制备的蒸压砖的抗压强度随着蒸养温度的变化并未呈现出明显的规律性，抗压强度维持在 1.89～2.49MPa，在图 8-6（b）中的抗折强度也无明显变化规律，抗折强度维持在 0.22～0.37MPa。而 S-2 脱水污泥制备的蒸压砖强度优于 S-1 脱水污泥制备的蒸压砖强度，并且 S-2 脱水泥饼制备的蒸压砖的抗压和抗折强度总体上随着温度的升高而变强，并均在 160℃强度到达峰值，此时蒸压砖的抗压强度为 5.876MPa，抗折强度为 1.942MPa。

造成上述结果的原因主要是因为 S-2 脱水污泥与 S-1 脱水污泥相比，脱水污泥中含有的生石灰和粉煤灰组分更多，换言之即污泥的占比较少，虽然污泥中含有的球形蛋白和糖类物质会在加热加压条件下与 Ca(OH)$_2$ 反应，凝固变性形成树脂，起胶黏剂作用（王铮，2004），对蒸压砖的强度起到了一定的贡献，但是蒸压砖的强度最主要还是来自无机组分的水化反应，为了使蒸压样品有较高的强度，必须提高水化体系的 CaO 与 SiO_2 比值，因此污泥的掺量必须控制在一定的范围内。

8.3.3 混料掺比对制砖性能的影响

根据《蒸压灰砂实心砖和实心砌块》（GB/T 11945—2019）中的规定，强度级别为MU15 的砖块抗折抗压强度均值分别为 15MPa 和 3.3MPa，强度级别为 MU10 的砖块抗折抗压强度均值分别为 10MPa 和 2.5MPa，而 8.3.2 部分中的蒸压砖的抗压性能和抗折性能均未满足该标准。

初期试制的蒸压砖强度较低，经分析，原因可能是干污泥及掺料的混掺比例存在问题，造成混料体系中的 CaO 与 SiO_2 比值失衡而阻碍了水化反应的进行，从而阻碍了蒸压砖强度的提升。因此，本小节以 S-1 和 S-2 脱水污泥掺量和水泥掺量为固定比，动态调整粉煤灰和炉渣 2 种掺料的混掺比例设计了新的混料配比试验，具体的掺料配比如表 8-8 所列。

表 8-8　配比试验的原料掺量　　　　　　　　　单位：%

编号	原料			
	脱水污泥	粉煤灰	炉渣	水泥
R-1	50	3	39	8
R-2	50	8	34	8
R-3	50	13	29	8
R-4	50	18	24	8

对 S-1 和 S-2 脱水泥饼按照表 8-8 中不同配料比制成的污泥蒸压砖进行蒸养后进行强度测试，结果如图 8-7 所示。

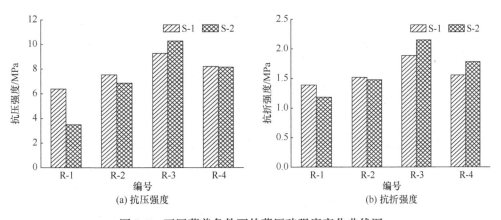

(a) 抗压强度　　　　　　　　　(b) 抗折强度

图 8-7　不同蒸养条件下的蒸压砖强度变化曲线图

由图 8-7 分析可知，在污泥掺量和水泥掺量不变的情况下，随着粉煤灰掺量增加和炉渣掺量减少，S-1 脱水污泥和 S-2 脱水污泥制备的蒸压砖强度均呈现先增加后降低的趋势，其中 S-2 脱水污泥制备的蒸压砖强度较 S-1 脱水污泥制备的蒸压砖强度变化更加明显，R-1 和 R-2 配料比条件下，S-1 脱水泥饼制备的蒸压砖强度优于 S-2 脱水泥饼制备的蒸压砖，R-3 配料比条件下 S-2 脱水泥饼制备的蒸压砖强度更好。综合比较，确定脱水污泥、粉煤灰、炉渣和水泥的掺量分别为 50%、13%、29% 和 8%，此时蒸压砖的强度最佳。

8.4 污泥砖的耐久性分析

（1）污泥蒸压砖强度的形成机理

为了探明污泥蒸压砖强度的形成机理，分别采用 XRD 和 SEM 表征手段对 S-1 脱水污泥和 S-2 脱水污泥制备的蒸压砖进行了物相和形貌的分析。S-1 脱水污泥和 S-2 脱水污泥制备的蒸压砖 XRD 表征结果如图 8-8 所示。

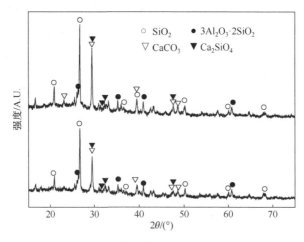

图 8-8 蒸压砖 XRD 表征结果

由图 8-8 分析可知，蒸压砖中的主要物相为 SiO_2、$CaCO_3$、Ca_2SiO_4 以及莫来石（$3Al_2O_3 \cdot 2SiO_2$）。因为在高压蒸汽养护条件下，混掺料中的活性 SiO_2 和 Al_2O_3 会反应生成莫来石，莫来石的晶体结构是由铝氧四面体和硅氧四面体无序排列组成双链，双链间由 $[AlO_6]$ 八面体连接，其强度和断裂韧性较高（刘振英 等，2020），提高了蒸压砖的结构强度。同时，无机掺料中的 CaO 在高温高压的情况下与水泥中的硅酸盐以及其他组分中的 SiO_2 会发生式（8-8）中的反应生成 Ca_2SiO_4（张浩 等，2019），这些产物也为蒸压砖提供了强度来源。

$$2CaO + SiO_2 \longrightarrow Ca_2SiO_4 \tag{8-8}$$

S-1 脱水污泥和 S-2 脱水污泥制备的蒸压砖 SEM 表征结果如图 8-9 和图 8-10 所示。

图 8-9　S-1 脱水污泥制备蒸压砖的 SEM 谱图

从图 8-9 可以看出，在图 8-9（a）和图 8-9（b）中可以观察到镶嵌在其他物质内部的表面光滑的球状体，这些球状体是水化反应不充分的粉煤灰颗粒，其镶嵌在其他物质内部起到了良好的骨架支撑作用；在图 8-9（c）和图 8-9（d）中观察到了莫来石和水化产物的存在，针棒状莫来石相互交织在一起形成簇状可以提高蒸压砖的强度，水化产物的包裹作用使蒸压砖内部变得紧凑密实，同样可以起到提高蒸压砖强度的作用。

由图 8-10 分析可知，图 8-10（a）中同样观察到未参与反应的球状粉煤灰，图 8-10（b）中发现大量的卷曲状水合硅酸钙（C-S-H）凝胶，结构致密形成了空间网状的结构，

图 8-10

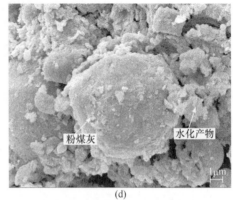

(c)   (d)

图 8-10　S-2 脱水污泥制备蒸压砖的 SEM 谱图

图 8-10（c）中发现了大量簇拥的针棒状莫来石，图 8-10（d）中同样发现被水化产物紧密覆盖的粉煤灰。

综合以上蒸压砖的 XRD 和 SEM 分析结果可以判定蒸压砖强度的主要来源是蒸养过程中形成的莫来石和 C-S-H 凝胶。

（2）污泥蒸压砖的冻融性能

试验通过改变蒸压砖的环境加速模拟自然条件下的冻融作用，蒸压砖的混料比例为脱水污泥、粉煤灰、炉渣和水泥的掺量分别为 50%、13%、29% 和 8%，蒸养条件为 160℃、0.74MPa、8h，在经过 5 次冻融循环后蒸压砖的边角完整，无裂痕、剥落情况出现，稳定性良好，10 次循环后蒸压砖出现了轻微剥落的现象，15 次循环后出现掉角和裂痕。试验结果如表 8-9 所列。

表 8-9　污泥蒸压砖冻融循环试验结果

指标	抗压强度/MPa	吸水率/%	质量损失率/%
试验前	10.31	11.6	0.8
5 次循环后	10.04	17.3	1.1
10 次循环后	8.22	23.4	1.4
15 次循环后	无法测定	32.3	18.3

由表 8-9 分析，蒸压砖在经过 5 次和 10 次循环后的抗冻性能能够满足《蒸压灰砂实心砖和实心砌块》（GB/T 11945—2019）中合格品 MU10 等级要求的抗冻指标：冻后抗压强度均值大于等于 8.0MPa，干质量损失小于等于 2.0%；但经过 15 次冻融循环后，蒸压砖破碎严重，质量损失较大，无法完成强度测试。

（3）污泥蒸压砖的浸出毒性

试验对 S-1 和 S-2 脱水污泥制备得到的蒸压砖进行浸出毒性测定，结果如表 8-10 所列。

表 8-10 污泥蒸压砖浸出毒性试验结果　　　　单位：mg/L

组别	重金属			
	Zn	Cu	Pb	Cd
S-1	未检出	3.674	0.231	0.744
S-2	未检出	4.527	0.213	0.126

由表 8-10 分析，国家标准中规定蒸压砖中的浸出毒性限值分别为 Zn 低于 100mg/L、Cu 低于 100mg/L、Pb 低于 5mg/L、Cd 低于 1mg/L，由此可知重金属在砖块中得到了有效固化，制作的污泥蒸压砖具有良好的环境相容性。

8.5　典型应用案例

8.5.1　浙江某环保公司掺烧污泥烧结制砖工艺

浙江某环保公司以页岩（矿石）配制污泥采用国内先进的自动化烧结工艺，制成多孔砖。产品完全符合国家新型墙材的工艺技术要求和质量要求，且孔洞率系数和保温系数均优于同类产品。

该公司的污泥烧砖工艺主要是将污泥与页岩、煤等原材料按一定比例混合烧结成多孔砖。该技术属国内首创，填补了我国污泥无害化处置的空白，是实现无害化、产业化和资源化的一种最佳方法。

工艺流程如图 8-11 所示。

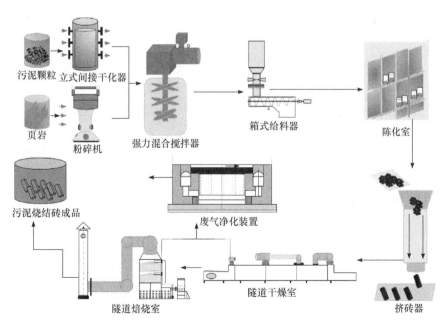

图 8-11　污泥烧结砖项目生产工艺流程

生产工艺流程如下。

① 污泥的干化处理：将污水处理厂运来的污泥入池，加入污泥水稀释，得到含水率为 92%～93% 的污泥，之后经过一系列处理得到污泥泥饼，经输送带送入利用烧砖焙烧隧道窑余热的烘干窑，经烘干后得到干化污泥。

② 污泥和页岩、煤矸石的混合粉碎处理：将干化的污泥、页岩和煤矸石分别装入箱式给料器，最后经滚筒过筛，控制混合料的细度。

③ 陈腐处理：通过计量秤，配建筑废弃土，经粗、细对辊后再加入高分子黏结剂和水的混合液，控制混合料的含水率，经搅拌后送入陈化室。

④ 污泥制烧结保温砖坯：将在陈化室陈腐 72h 以上的干化污泥、页岩、煤矸石和高分子黏结剂混合粉碎料送入对辊机进行辊压、破碎细化和揉碾，调节混合料的含水率和增加塑性，再经输送带送入 75 型双极真空硬塑挤出机，制成保温砖坯。

⑤ 保温砖坯静停处理：将成型好的保温砖通过隧道干燥室，停留 24h，使保温砖坯充分静停，达到提高保温砖砖坯强度的目的。

⑥ 保温砖坯预热烘干处理：经静停处理的砖坯送到隧道焙烧室中，使保温砖坯表面的水分烘干，提高保温砖坯强度。

⑦ 保温砖出窑：在隧道焙烧室中经 35～40h 的连续烧制，最终出窑，经装卸、分检、打包、堆放，得到烧结保温砖。

该工艺中污泥在制砖的生产过程中易产生扬尘，例如污泥在运送过程中的抛、洒和堆放的场地；页岩与污泥按比例混合的环节易产生扬尘，在运送过程中应该使用封闭式输送，并在堆场加盖，可定时在厂区喷洒水，可有效防止产生大量的扬尘。在日常运行过程中会产生废气、噪声等，其会对周围环境产生一定的影响。

8.5.2　南京某建筑材料公司污泥干化烧结制功能砖工艺

该公司在密闭的污泥干化车间，设有长 60m、宽 30m 的污泥干化生产线，利用车间顶部的阳光板照射，在生产线下方，从窑炉内抽取的大量余热烘烤，再通过翻抛晾晒技术，污泥迅速脱水。加入污泥烧制的节能砖，砖身含有大量微小的细孔，减轻了节能砖本身的重量，热阻性能却大大增强，更加节能、保温、光洁。

其中城市污泥干化处理后可制作可再生烧结砖，砖体结构包括底板，底板为长方体中空结构，且底板由多层复合材料挤压聚合成，下表面与地面抵触，且上表面与砖体的下表面固定连接，砖体的上表面贴有一层陶瓷纤维网，陶瓷纤维网位于砖体和盖板之间，上下两侧均开设有用于砖体拼接的拼接槽，2 组砖体上的拼接槽互相对接形成一个容纳腔，容纳腔的直径与拼接板的直径一致，具体如图 8-12 所示。

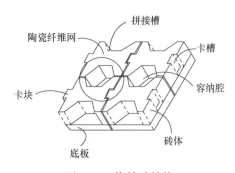

图 8-12　烧结砖结构

该城市污泥干化处理可制作可再生烧结砖,将相邻 2 组砖体上的卡块和卡槽对接,2 组砖体卡接完成后再将砖体依次进行卡接铺设,这样铺设出来的路面平整,铺设速度提高,从而实现了砖体的便于铺设和提高工作效率的功能。

该工艺利用窑炉余热将污泥翻抛晾晒,含水率分可以从 80%干化至 25%,按 10%的比例将干化后的污泥添加到煤矸石中,在经过高温煅烧后,污泥最终能烧制成一种多孔节能砖,其强度、吸水率等主要指标都符合国家标准。

建成项目每天消耗污泥 300t,约节省制砖原料 80t,每年可生产 6000 万块节能环保砖,效果较好,经济效益较高。但污泥在干化焚烧项目中,应该注意控制回转焚烧炉的炉内燃烧温度在 850℃以上,可以从焚烧源头控制二噁英的产生。另外,在焚烧和烧结制砖的过程中煤的燃烧会产生大量的 SO_2、NO_x 等污染物,因此在焚烧、烧结过程中应控制减少煤的用量或者提高煤的质量。

8.5.3　盐城某污水处理厂污泥深度脱水制砖工程

盐城某污水处理厂经过近两年的试验,于 2012 年 5 月上了一套这种深度污泥脱水设备,经半年的试生产,污泥经脱水后,含水率稳定在 55%以下。日处理含水率为 80%的污泥约 40t。该工艺技术提供一种污泥深度脱水工艺及设备,设备不添加任何辅料,也不需要加热源,而且占地面积少,能快速将污泥含水率降低至 55%以下,然后用于制砖,实现资源化利用,具体工艺流程如图 8-13 所示。

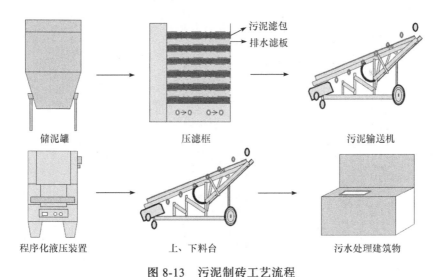

图 8-13　污泥制砖工艺流程

生产工艺流程如下:

① 将含水率约 80%的城市污泥用专用污泥泵送进储泥罐。

② 通过特定装置将污泥装入污泥滤包,污泥滤包放在有排水滤板的压滤框内。每一层污泥滤包之间都有一层排水滤板。当污泥滤包叠加到一定高度后,经过一段时间的静

置，将压滤框经导轨移到液压台上并固定。

③ 启动液压装置对污泥滤包进行程序化加压，污水通过排水滤板排出，从而实现泥水分离。

④ 压滤后的污泥经导轨到下料平台卸泥，污泥外运到砖厂，由砖厂按一定掺拌比例进行制砖，烧制的砖经专业检测机构抽样检测，符合国家标准。压滤产生的污水，回流到污水处理建筑物，再进行处理。

该工程利用污泥烧砖充分且有效地利用了污泥中的有机质，有机物彻底分解，病原菌被彻底杀灭，污泥得以彻底减容、减量和稳定化。整个生产过程无任何添加辅料，污泥滤包与卸泥部分由人工完成，其他可实现自动完成，也不会产生二次污染。

8.5.4 宝鸡某污水处理厂污泥焙烧制砖工程

宝鸡市水系发达，因此妥善处理污泥，有利于保护水系安全。此外，随着宝鸡市城市化进程不断加快，其对建筑材料的需求不断提高。污泥制作建筑用砖不仅可以充分利用固体废弃物，而且可以减少对黏土的需求，保护山体和生态。宝鸡市某污水处理厂污泥灰制砖工艺是将污泥在室外晾干或烘干后，再进行磨细处理后与黏土等其他原料混合加压成型，最后焙烧制成污泥砖，其工艺流程如图 8-14 所示。

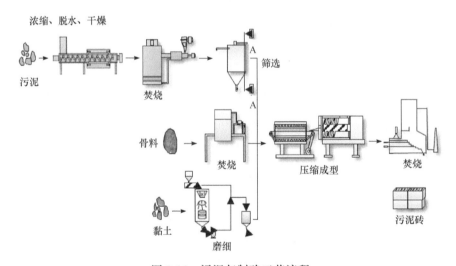

图 8-14　污泥灰制砖工艺流程

生产工艺流程如下：

① 首先烧结制品其他物料按配比破碎到 1mm 以下，含水率为 80% 的污泥经烘干到含水率为 40%，再按干化污泥和物料的配合比例将它们送进强力挤出搅拌机混合。

② 再经轮碾碾压后送入陈化室陈化；再进入强力真空挤出机成型，成型湿砖经自动码坯机码上窑车，进入隧道干燥窑，利用焙烧的余热在 100～150℃ 热风中干燥脱水。

③ 最后干燥后进隧道窑焙烧，利用污泥自身及物料中的热值进行焙烧到 1000～

1100℃，焙烧 24～32h 时产出烧结建筑材料制品。

　　污泥中的重金属离子远高于黏土，在污泥灰制砖过程中，对重金属有效固结至关重要。污泥灰制备的建筑用砖，能够有效固结 Cu、Cr、As、Pb 等金属离子，浸出液金属离子在不同 pH 值下的浓度远低于国家限值，说明污泥制砖的方法安全可靠。在重金属含量达标前提下，用宝鸡市焚烧后的污泥灰制作建筑用砖，可降低污泥焚烧厂 17%的运营成本，具有可观的经济效益。

第**9**章

热解减排新技术在污泥末端处理中的应用

► 脱水污泥末端热解减排的原理
► 试验材料与方法
► 不同添加剂对污泥热解的影响
► 不同工况下污泥能量回收的计算比较
► 典型应用案例分析

近年来全球已经做了大量努力来克服污染物排放并探索新的清洁能源来替代化石燃料,例如来自城市或工业废水处理厂的高有机物污泥已经出现在新的可再生能源的前沿。本章将重点围绕笔者研究团队在热解减排新技术应用于污泥末端处理的工作（李钢 等,2010；李钢 等,2011；李钢 等,2018；李钢 等,2021）,通过对试验基本原理、试验数据以及典型应用案例的阐述与分析,为热解减排新技术在污泥末端处理中的应用提供技术参考。

9.1　脱水污泥末端热解减排的原理

污泥是一种固体物质,其主要是无机和有机化合物的混合物,例如氮磷等营养元素、重金属和致病菌等。污泥成分较复杂,而且不同地区其性质会有一定差异。因此,对其处理处置及污染控制应采取不同的技术方法。常见的污泥热化学处理技术包括焚烧、烘焙、气化和热解,并对其所释放的能量进行回收。焚烧可以去除污泥中的病原体和微生物,但会产生对环境有害的二噁英、呋喃、NOx、N2O、SO2、HCl 和 HF 等污染物;烘焙方法的使用较单一, 仅适用于生产固体碳质废弃物;污泥的气化方法可以产生优质的燃气,但会因能耗较高而受到限制。

污泥的热解是指在一定温度、惰性气体存在的条件下使污泥分解的处理方法,由于热解过程与外界氧气隔绝,且温度低,大量的减少了氮氧化物、硫氧化物等污染气体的产生及排放,此外污泥热解所产生的热解炭残渣、热解焦油和热解气均可实现资源化,其中热解炭残渣的多孔性能使其具有催化和吸附的作用,热解焦油和热解气的可燃性使其可从中回收部分能量（武舒娅 等,2020）。

根据污泥的热解温度不同,可将其分成 3 个阶段:第 1 阶段为去除其表面吸附水的过程,热解温度为 100～120℃,主要产物为水分;第 2 阶段为污泥中所含的脂肪类、蛋白质以及糖类等有机物的分解过程,热解温度为 150～450℃,此过程为放热过程,320℃以下时为脂肪类的分解,320℃以上为蛋白质和糖类的分解,此阶段所得到的产物为液态脂肪酸类;第 3 阶段为第 2 阶段形成的大分子分解及小分子的聚合阶段,反应温度为 450～700℃,与第 2 阶段相比其失重速率相对较小,主要产物为气态小分子烃类化合物。

热解对整个分子的结构以及一些特定的官能团更有利。由于热解的影响因素有很多,即使是类别相同的分子,其热解所形成的结果也存在着很大的差异。有时,即使是同一系列的化合物也可能出现不同的结果。然而,一些特定的分子更易于发生热分解（例如重氮、醇等）,在此情况下同系物在热解反应中可能会发生极相似的行为。自由基的形成通常比热解过程中的协同机制更复杂。热解所发生的主要反应类型可分为消除反应、裂解反应、重排及其他反应类型。然而,热解过程中相同种类分子的分解能够通过不同的机制发生,这使得热解产物更加复杂。

（1）消除反应

消除反应由 α-消除、β-消除、1,3-消除和 1,n-消除组成。α-消除是两个与相同的碳所连接的离去基团（α-碳是连接官能团的碳）有关。β-消除所去除的是位于相邻位置的两个基团，属于最常见的消除类型。这种消除通常涉及一些杂原子，但在一定条件下某些烷基-芳烃化合物也能发生 β-消除反应。1,3-消除和 1,n-消除的发生并不是普遍存在的，它们是涉及更远的原子位置离去基团。E_i 机制或自由基机制属于消除反应常见的机制。在 β-消除的 E_i 机制中，位于烷烃骨架上的 2 个邻位取代基会在同一时刻以环状过渡态离去，从而形成顺式消除中的烯烃。循环过渡态可以是四元、五元或六元的。E_i 机制下的 β-消除以及六元过渡态的形成示意如式（9-1）所示：

$$\text{（9-1）}$$

热解消除反应的另一常见的反应为自由基机制。首先，通过热解反应进行引发，然后通过分子片段形成的结果进一步传递和终止。自由基消除的实例如式（9-2）所示：

引发 $\qquad R_2CH-CH_2X \longrightarrow R_2CH-CH_2 \cdot + X \cdot$

传递 $\qquad R_2CH-CH_2X \longrightarrow R_2C \cdot -CH_2X + HX$

$\qquad\qquad R_2C \cdot -CH_2X \longrightarrow R_2 = CH_2 + X \cdot$

终止 $\qquad 2R_2C \cdot -CH_2X \longrightarrow R_2C = CH_2 + R_2CX-CH_2X$

$$2X \cdot \longrightarrow X_2$$

$$R_2CH-CH_2 \cdot + X \cdot \longrightarrow R_2CH-CH_2X \qquad \text{（9-2）}$$

反应的主要结果（不包括终止反应所产生的少量的其他化合物以及较大的分子）如式（9-3）所示：

$$R_2C \cdot -CH_2X \longrightarrow R_2C = CH_2 + HX \qquad \text{（9-3）}$$

温度处于 600～900℃ 时会发生自由基的消除反应。一些能量较低的键通常会发生引发反应。然而，当温度达到更高时将会有更高能量的键发生断裂。反应中所产生的自由基的稳定性也将在引发机制中起到决定性的作用。

传播反应可通过多种途径进行，同时印证了热解产物具有复杂性，简单的分子比如脂肪烃能够形成其他的脂肪烃以及芳香族烃（以及炭）。通常，热解反应的发生可划分为几个阶段，其作用为分解第 1 阶段中所形成的化合物。除发生分子间反应外，具有自由基形成的增长反应也能够进行分子内反应。具有较长链的分子可发生 β-断裂和自由基回咬，从而产生各种异构体。自由基回咬的具体过程如式（9-4）所示：

$$\text{（9-4）}$$

热解过程中某些反应的发生具有比其他反应更高的可能性，这和初始化合物以及产物的分子结构等有关系。此外，自由基机制发生消除反应可以伴随着重排反应的发生。

　　（2）裂解反应

　　裂解反应是将分子 AB 分解成较小分子的反应。因为单个双电子键 AB 的裂解可以形成离子或自由基（在特殊情况下，裂解所产生的碳烯或氮烯通常经历重排），如果没有分子 A 的一部分转移到 B 不可能形成中性新分子 A 和 B（具有完整电子）；反之亦然。式（9-5）～式（9-7）是裂解反应的具体实例：

$$\text{（9-5）}$$

$$\text{（9-6）}$$

$$\text{（9-7）}$$

　　挤出反应也可视为是一种碎裂反应。其反应如式（9-8）所示：

$$X-A-Y \longrightarrow X-Y + A' \tag{9-8}$$

　　β-不饱和酸的脱羧可视为挤出反应，其反应如式（9-9）所示：

$$\text{（9-9）}$$

　　（3）重排反应

　　重排反应也属于常见的热解反应。高温有利于重排反应的进行，而且重排反应所产生的化合物通常比原始化合物更稳定。重排反应可以分为 1,2-迁移［如式（9-10）所示］、具有应变键角的化合物的重排（例如环丙烷、环丁烷）、电子重排、σ 重排和双键迁移等。还有一种特殊的重排反应，其所包括的空间变化可能会影响其几何异构或手性异构。

$$\text{（9-10）}$$

9.2　试验材料与方法

9.2.1　试验污泥来源及其性质

本章试验所用污泥（SS）取自北京某污水处理厂，对污泥样品进行工业分析、元素分析和发热量的测定结果如表 9-1 所列。

表 9-1　污泥工业分析、元素分析与发热量

工业分析				元素分析					$Q_{gr,d}/$（MJ/kg）
$M_{ad}/\%$	$A_{ad}/\%$	$V_{ad}/\%$	$FC_{ad}/\%$	N/%	C/%	H/%	O/%	S/%	
6.82	49.36	39.95	4.16	2.72	19.90	3.28	14.51	3.42	10.31

由表 9-1 分析，污泥中的灰分（A_{ad}）和水分（M_{ad}）是不可燃成分，水分占 6.82%。挥发分（V_{ad}）和固定碳（FC_{ad}）是污泥中的可燃成分，分别占 42.78% 和 4.16%，可燃成分较高，干基热值（$Q_{gr,d}$）为 10.31MJ/kg。元素分析表明：C 百分含量是 19.9%，O 百分含量是 14.51%，C 和 O 的含量较多。

放大不同倍数后污泥颗粒的电镜照片如图 9-1 所示。

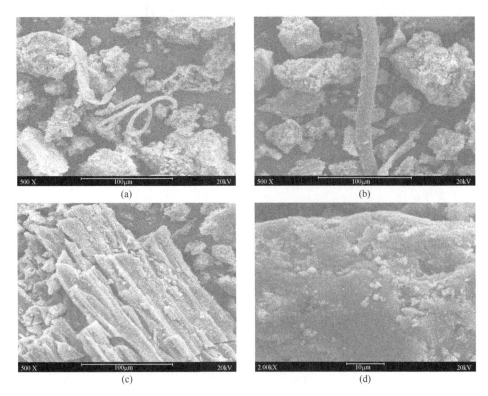

图 9-1　放大不同倍数后污泥颗粒的电镜照片

由图 9-1 所示污泥的 SEM 图中可以看出呈现叶状、螺旋状和枝状的生物体残片，同时可见污泥颗粒的表面较致密，孔隙较少。

由图 9-2 污泥的 FTIR 图谱分析可知，$3331cm^{-1}$ 处吸收峰强且宽阔，是—OH 形成的；$2923cm^{-1}$ 是 CH_2 烷烃反对称伸缩；$2860\sim2850cm^{-1}$ 是 CH_2 烷烃对称伸缩；$1650\sim1635cm^{-1}$ 是仲酰胺 C=O 伸缩，同时在该位置可能还对应存在水峰；$1430\sim1350cm^{-1}$ 伯酰胺 $R—CONH_2$ 的 C—N 伸缩；$1093\sim1044cm^{-1}$ 处各有一明显的吸收峰，这是由 Si—O 键的伸缩振动引起的。

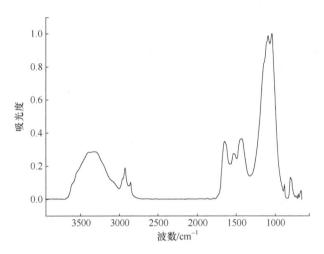

图 9-2　污泥的 FTIR 图谱

9.2.2　试验原料

（1）煤

试验中使用的煤样是甘肃华亭烟煤（HTC）以及青海大通烟煤（DTC），根据《煤的工业分析方法（GB/T 212—2008）》（中华人民共和国国家质量监督检验检疫总局 等，2008）、《煤的发热量测定方法（GB/T 213—2008）》（中华人民共和国国家质量监督检验检疫总局 等，2008）进行了煤样的制备，对煤样进行了工业分析、元素分析及煤样发热量测定，结果如表 9-2 和表 9-3 所列。

表 9-2　煤样的工业分析

样品名称	工业分析			
	$M_{ad}/\%$	$A_{ad}/\%$	$V_{ad}/\%$	FCad/%
DTC	9.98	11.18	25.52	59.23
HTC	7.56	10.26	28.82	57.72

表 9-3　煤样的元素分析与发热量

样品	N/%	C/%	H/%	S/%	O/%	$Q_{gr,ad}$/（MJ/kg）	$Q_{gr,d}$/（MJ/kg）
DTC	0.29	60.12	3.68	0.65	14.11	22.59	25.09
HTC	0.38	64.69	4.32	0.50	12.29	24.80	26.83

通过元素分析可知：煤样的碳、氧含量较高，氢、硫的含量次之。HTC 煤样中 C 元素更高，而 O 元素的含量则是 DTC 煤样中最高。根据我国按照煤中硫的含量对煤炭的评价标准，两种煤的 S 含量均≤1.0/%，因此两种煤均为特低硫煤。

分别对 DTC 和 HTC 进行 FTIR 表征，结果如图 9-3 所示。

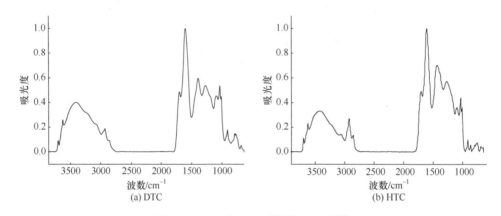

图 9-3　DTC 和 HTC 煤样 FTIR 图谱

由图 9-3（a）可知，DTC 的 FTIR 图谱中 3621cm^{-1} 附近是—OH 伸缩；3407cm^{-1} 处是芳香族仲胺—NH 伸缩；2928cm^{-1} 是 CH$_2$ 烷烃反对称伸缩振动吸收峰；1703cm^{-1} 可能是芳香醛 C=O 伸缩；1603cm^{-1} 是芳环 C=C 伸缩或者是芳香族 C=N 伸缩；1270～1100cm^{-1} 是芳香族的=CF 伸缩；1100～1030cm^{-1} 是醇类 C—OH 伸缩；780～660cm^{-1} 是—COO 变角振动，是短链脂肪酸盐特征。

由图 9-3（b）可知，HTC 的 FTIR 图谱中 3622cm^{-1} 处是—OH 伸缩；3420～3300cm^{-1} 是芳香族仲胺—NH 伸缩；3100～3000cm^{-1} 是芳烃=C—H 伸缩；2926cm^{-1} 是 CH$_2$ 烷烃反对称伸缩；2855cm^{-1} 是 CH$_2$ 烷烃对称伸缩；1710～1630cm^{-1} 是芳香醛 C=O 伸缩；1445～1350cm^{-1} 是芳香族亚硝基 N=O 伸缩；1050～1000cm^{-1} 是脂肪酸酯和内酯 C—O—C 对称伸缩或芳香酸酯 C—O—C 对称伸缩。

（2）石英砂

试验中使用的石英砂主要成分是 SiO$_2$，粒度分别为 0.0075mm、0.45mm 和 1～2mm。

（3）煤矸石

试验中使用的 3 种矸石分别取自峰峰、新柏、山寨。依照《煤灰成分分析方法》（GB/T 1574—2007）（中华人民共和国国家质量监督检验检疫总局 等，2007），对煤矸石样品的化学成分进行了分析，结果如表 9-4 所列。

表 9-4　煤矸石的化学成分　　　　　　　单位：%

样品名	SiO_2	Al_2O_3	Fe_2O_3	TiO_2	CaO	MgO
山寨	54.98	26.43	2.71	0.12	1.42	0.44
新柏	45.23	26.14	5.09	0.09	0.85	0.38
峰峰	60.25	30.04	4.37	0.45	3.67	0.74

由表 9-4 可知，3 种煤矸石中 SiO_2 含量相对较高，CaO 含量均<5%，因此认为 3 种矸石都属于黏土岩煤矸石。

（4）碳酸钙

试验中使用的 $CaCO_3$ 为白色颗粒状固体，产自福建省厦门市，使用的 $CaCO_3$ 粒度分别为 0.4～0.6mm、1mm 和 2～3mm。

9.2.3　试验药品及仪器

试验中所使用的药剂均为分析纯，具体如表 9-5 所列。

表 9-5　试验主要药品表

试剂名称	化学式	生产厂家及来源	试剂名称	化学式	生产厂家及来源
石英砂	SiO_2	天津市津科精细化工研究所	硝酸镧	$La(NO_3)_3 \cdot 6H_2O$	天津市津科精细化工研究所
无水氯化钙	$CaCl_2$	天津市津科精细化工研究所	六水合硝酸锌	$Zn(NO_3)_2 \cdot 6H_2O$	广东汕头市西陇化工厂
氧化钙	CaO	国药集团化学试剂有限公司	硝酸钙	$Ca(NO_3)_2 \cdot 4H_2O$	广东汕头市西陇化工厂
硝酸铁	$Fe(NO_3)_3 \cdot 9H_2O$	北京益利精细化学品有限公司	氧化铁	Fe_2O_3	天津市福晨化学试剂
氧化铝	Al_2O_3	广东汕头市西陇化工厂	硝酸铜	$Cu(NO_3)_2 \cdot 3H_2O$	北京益利精细化学品有限公司
硝酸镁	$Mg(NO_3)_2 \cdot 6H_2O$	广东汕头市西陇化工厂	硝酸镍	$Ni(NO_3)_2 \cdot 6H_2O$	广东汕头市西陇化工厂
硝酸钾	KNO_3	北京红星化工厂	硝酸铬	$Cr(NO_3)_3 \cdot 9H_2O$	北京益利精细化学品有限公司
硝酸银	$AgNO_3$	北京化工厂	碳酸钙	$CaCO_3$	广东汕头市西陇化工厂

试验中用到的仪器如表 9-6 所列。

表 9-6　试验仪器一览表

名称	型号	生产厂家	名称	型号	生产厂家
分析天平	CP114	奥豪斯仪器有限公司	马弗炉	SX-2.5-12	天津市泰斯特仪器有限公司
干燥箱	202	天津市泰斯特仪器有限公司	氮气罐	—	天泽科技有限公司
磁力搅拌器	HZ85-2	郑州市爱博特仪器设备有限公司	空气流量计	LZB-3WB	余姚市齐泉流量仪表有限公司
抽滤机	SHB-Ⅲ	巩义市予华仪器有限责任公司	管式反应炉	GSL1500X	合肥科晶材料技术有限公司

9.2.4　试验装置

热解试验均在固定床热解炉上进行，试验系统主要包括热解炉主体、温度控制系统、气体净化与冷凝系统以及气体监测与分析系统，如图 9-4 所示。

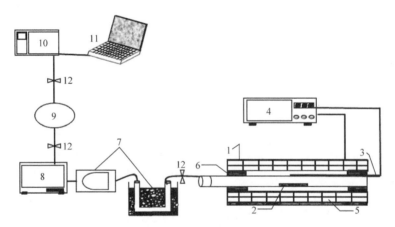

图 9-4　试验装置示意

1—固定床热解炉；2—石英反应器；3—热电偶；4—温控仪；5—耐火衬；6—耐火棉；7—气体分离和冷凝器；
8—数显流量计；9—集气袋；10—气相色谱；11—计算机；12—阀

9.2.5　试验方法

试验总体流程如下：污泥原料经过预干燥并破碎为 2～3mm 颗粒。将样品在室温状态下置入反应管，每升温到 100℃ 的整数倍时分别读取相应热解阶段形成的气体流量，直到热解终温 1000℃ 时停止，并取气进行气体成分分析。分析的气体成分分别为 H_2、CH_4、CO、CO_2、C_2H_4，其中利用 5A 色谱柱分析 H_2、CH_4 和 CO，利用 GDX 色谱柱分析 CO_2 和 C_2H_4。在进行气体分析前，先对色谱仪进行稳定，待基线平稳后进行气体分析，色谱柱在运行一段时间后进行活化。

9.2.5.1　添加煤的污泥热解试验

原污泥取回进行特性分析后开展污泥热解试验，分别研究煤样与污泥热解产 H_2 规律、煤样与污泥热解产 CH_4 规律、煤样与污泥热解产 CO 规律，并在此基础上对煤样与污泥的混合热解动力学参数进行计算，试验流程如图 9-5 所示。

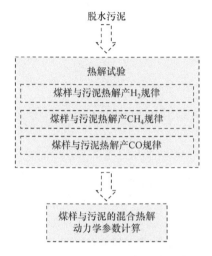

图 9-5　添加煤的污泥热解试验流程

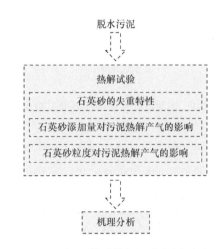

图 9-6　添加石英砂的污泥热解试验流程

9.2.5.2　添加石英砂的污泥热解试验

原污泥取回进行特性分析后开展污泥热解试验，分别研究石英砂的失重特性、石英砂添加量对污泥热解产气的影响和粒度对污泥热解产气的影响，试验流程如图 9-6 所示。

9.2.5.3　添加煤矸石的污泥热解试验

原污泥取回进行特性分析后开展污泥热解试验，分别研究煤矸石的烧失和热解特性、不同煤矸石对污泥热解产气的影响，试验流程如图 9-7 所示。

9.2.5.4　添加碳酸钙的污泥热解试验

原污泥取回进行特性分析后开展污泥热解试验，分别研究碳酸钙粒度和碳酸钙添加量对污泥热解产气的影响，试验流程如图 9-8 所示。

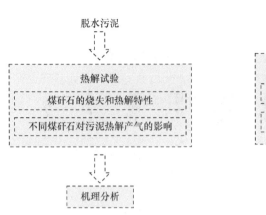

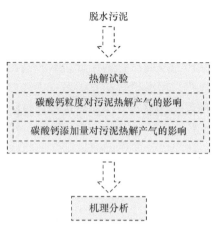

图 9-7　添加煤矸石的污泥热解试验流程　　　图 9-8　添加碳酸钙的污泥热解试验流程

9.3　不同添加剂对污泥热解的影响

我国《煤炭工业发展"十三五"规划》指出：2020 年，新增煤炭查明资源储量 $2×10^{11}$t；煤炭产量由 2015 年的 $3.75×10^9$t 增加到 2020 年的 $3.90×10^9$t；煤炭消耗量由 2015 年的 $3.96×10^9$t 增加至 2020 年的 $4.1×10^9$t。因此，我国能源结构中煤炭的主体地位不会变化。但是，煤炭由于其高碳性以及利用方式粗放，大量煤炭被分散燃烧，污染物排放严重，大气污染等问题突出，目前依然是我国环境的主要污染源。

当前如何对煤炭清洁利用依然是煤炭研究热点，煤的热解也称为干馏，与其他煤转化方法相比，其在常压条件下，不加氢、加氧，即可实现煤的部分气化和液化，制得煤气和焦油。与气化或液化工艺过程相比，热解工艺具有简单、加工条件温和、投资少、成本低等优点。

本节试验笔者选择了烟煤与干化污泥进行混合中温热解（1000℃以下，以生产中煤气热值为主），干化污泥本身具有能源化利用的基础，其转化后的产物也具有高热值、方便存储运输的特点，同时处理后的污泥减容效果明显，试验主要探讨了烟煤混合干化污泥热解气化利用的可行性。

9.3.1　添加煤的污泥热解试验

每次样品试验量均为 40g。管式热解炉采取线性控温，升温速率取 15℃/min，对样品进行中温热解（500～1000℃），每升温 100℃则采用集气袋取气 1 次。采用 SP2100 气相色谱 5A 色谱柱分析 H_2、CH_4 和 CO 气体体积含量。

9.3.1.1　煤样与污泥热解产 H₂ 规律

污泥分别与 DTC、HTC 按照不同比例进行混合热解，产 H₂ 的试验结果如图 9-9 所示。

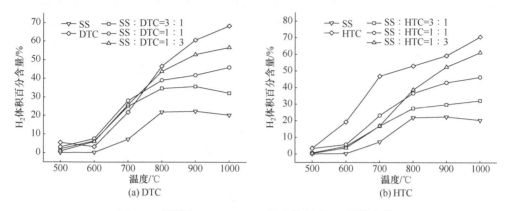

图 9-9　污泥与 DTC、HTC 混合热解产 H₂ 规律变化

由图 9-9 分析可知，两种煤样与 SS 热解产 H₂ 体积百分含量均随热解温度升高而增加。并且 SS 与煤混合物热解产 H₂ 规律也并未因为两种物质掺混比例不同而发生变化，均呈现随着热解温度的升高而增加。但是在相同热解温度下，两种烟煤的掺混比例越高，产生 H₂ 体积百分含量越大，其中 SS 与 DTC、SS 与 HTC 掺混热解在 1000℃时，H₂ 极值含量为 56.76%和 61.08%。

9.3.1.2　煤样与污泥热解产 CH₄ 规律

污泥分别与 DTC、HTC 按照不同比例进行混合热解，产 CH₄ 的试验结果如图 9-10 所示。

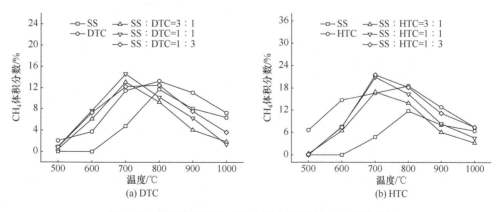

图 9-10　污泥与 DTC、HTC 混合热解产 CH₄ 规律变化

由图 9-10 分析可知，DTC 和 HTC 煤样与 SS 随热解温度升高释放 CH_4 呈现先增加到峰值（800℃）后减小的规律。混合样品热解亦呈现相似规律，但是产生的 CH_4 峰值浓度会较单一物料热解时稍有增大且达到峰值浓度时的热解温度降低到 700℃。

对于污泥单独热解 CH_4 浓度随热解温度呈现先升高后降低的变化规律，目前认为是当热解温度低于 700℃ 或 800℃ 时，进行脱氢反应和氢化反应，CH_4 浓度随温度的升高而增加，当热解温度到达 700～800℃ 时 CH_4 达到析出高峰。当温度进一步升高并超过 700～800℃ 时，CH_4 通过自由基反应生成碳和氢气或者 CH_4 与 CO_2 反应生成 H_2 和 CO，这使得 CH_4 浓度随热解温度的升高而逐渐降低。

在已有研究中，陈冠益等（1999）在生物质固定床热解试验中得出 CH_4 的释放峰值在 800℃，而李爱民等（1999）在生物质的回转窑热解试验中得出 CH_4 的释放峰值在 750℃，本试验在固定床热解污泥中得出的结论与陈冠益、李爱民试验结果是一致的。试验中由于对烟煤与污泥掺混热解，使得混合物料热解活化能降低（常风民 等，2015），所以两者掺混后热解产生 CH_4 峰值温度降低。

9.3.1.3 煤样与污泥热解产 CO 规律

污泥分别与 DTC、HTC 按照不同比例进行混合热解，产 CO 的试验结果如图 9-11 所示。

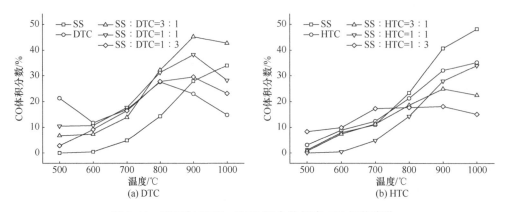

图 9-11 污泥与 DTC、HTC 混合热解产 CO 规律变化

由图 9-11 分析可知，CO 气体体积浓度随着温度的升高而不断增大，其中 SS 与 DTC、SS 与 HTC 按 3∶1 掺混，热解 CO 峰值浓度分别为 45.24% 和 48.15%。

由于污泥与烟煤掺混热解，CO 产量增加。有学者（张号 等，2015）认为主要是因为污泥中金属离子 Me^+ 能与煤表面含氧基团形成表面络合盐 CO-Me^+，它们与芳香性碳和脂肪碳相连，由于金属元素有供电子效应，可使氧传递到碳环或碳链上，迫使其不稳定而破裂，生成 CO 逸出。高温条件下，SS 中 ·OH 等存在可发生如下自由基链式反应：

$$·OH+C \longrightarrow CO·+H· \tag{9-11}$$

$$H·+CO_2 \longrightarrow CO·+·OH \tag{9-12}$$

在高温和还原气氛下，大部分的 CO·转化为 CO。

9.3.1.4　煤样与污泥热解产气机理分析

已有研究结论表明煤热解主要包括以下反应（陈昌国 等，1997）：

首先，发生一次热解，包括：桥键断裂生成自由基，自由基的浓度随加热温度升高而升高；脂肪烃侧链裂解，生成气态烃，如 CH_4、C_2H_6、C_2H_4 等；含氧官能团裂解，其中羟基在 700～800℃以上和有大量氢存在时可生成 H_2O，羰基在 400℃左右裂解生成 CO，含氧杂环在 500℃以上可开环裂解，放出 CO。

温度进一步升高后会发生二次裂解，包括：直接裂解反应 C_2H_6 脱去 H_2 生成 C_2H_4，从

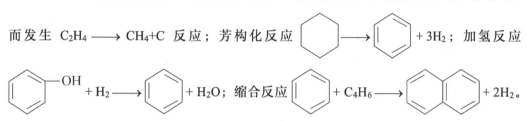

煤热解的后期以缩聚反应为主，从半焦到焦炭的缩聚反应，反应特点是芳香结构脱氢缩聚，芳香层面增加，可能包括苯、萘、联苯和乙烯等小分子与稠环芳香结构的缩合，也可能包括多环芳烃之间缩合等。

因此可见煤热解气主要源自煤的大分子结构中官能团热解断裂。朱学栋等（2000）通过化学手段与 FTIR 光谱分析研究了中国不同地区的 18 种煤后也认为：煤中羟基、羧基及醚键等与热解生成物 H_2O 和 CO 的产率有关，脂肪中—CH 的含量与 CH_4 等相关。

从上述 HTC 和 DTC 两种煤样随温度变化，热解气体体积的变化可以看出，在气体组分中 H_2 的含量逐渐增加，其主要来自碳链上的 H，同时在高温时也有部分来自 CH_4 分解；CO 体积含量随热解温度升高而逐渐增加，这与含氧官能团断裂有关，羰基在 400℃左右裂解生成 CO，含氧杂环在 500℃以上可开环裂解，放出 CO，而 CH_4 多来源于煤中的大分子结构中的大量侧链、支链，而—CH_3 多半在脂肪烃侧链上，由于烃类化合物中支链与—CH_3 相连的 C—C 键能比较弱，所以在较低的温度脂肪烃侧链的—CH_3 就断裂生成 CH_4，随温度继续升高，CH_4 减少，这是源自部分挥发烃类的分解如 $CH_4 \longrightarrow C+H_2$ 和焦炭的自由加氢反应等（王鹏 等，2005）。

干化污泥的加入没有改变 2 种烟煤热解气化生产 H_2、CO 和 CH_4 的产气规律，而且由于协同作用，增加了 CO 和 CH_4 的产量，因此可以考虑污泥与 SS 的共热解综合利用。

9.3.1.5　煤样与 SS 的混合热解动力学参数计算

由于煤的不均一性和分子结构的复杂性，使煤的热解反应非常复杂，考虑本试验的

参数并结合热重试验中获得的相关数据，选择一阶动力学反应方程计算热解动力学参数（A），结果如表 9-7 所列。

表 9-7　煤样与煤混合后的热解反应动力学参数

样品	温度范围/℃	活化能 $E/$（kJ/mol）	A/s^{-1}
DTC	500～1000	62.20	$1.19×10^5$
SS 与 DTC 按 1:3 混合	500～1000	60.07	$1.51×10^5$
SS 与 DTC 按 1:1 混合	500～1000	59.59	$1.63×10^5$
SS 与 DTC 按 3:1 混合	500～1000	59.51	$1.56×10^5$
HTC	500～1000	60.64	$1.43×10^5$
SS 与 HTC 按 1:3 混合	500～1000	58.65	$1.85×10^5$
SS 与 HTC 按 1:1 混合	500～1000	58.94	$1.86×10^5$
SS 与 HTC 按 3:1 混合	500～1000	58.47	$1.70×10^5$
SS	500～1000	56.69	$1.75×10^5$

由表 9-7 中可以看出，随着配入 SS 质量增加，SS 活化能 E＜混合物料活化能 E＜煤样活化能 E，即混入 SS 的质量百分比越高，热解反应需要能量越小。所以，如果进行型煤的热解，可以考虑在烟煤中掺混市政污泥配制型煤。这样做可以降低反应活化能，减少能耗。同时，也达到了改变原料煤特性的目的。

9.3.1.6　小结

① 在两种烟煤热解中掺混加入 SS，不会改变烟煤热解产 H_2、CO 和 CH_4 的规律。在相同热解温度下，两种烟煤的掺混比例越高，产生 H_2 体积百分含量越大。对于 CH_4，由于协同作用，还可以使其产气峰值热解温度降低。

② 通过热重试验，随着样品配入 SS 质量百分数增加，热解反应需要的活化能变小。所以，如果利用型煤的热解制气，可以考虑在烟煤中掺混市政污泥配制型煤。这样做可以降低反应活化能，减少能耗。

9.3.2　添加石英砂的污泥热解试验

石英砂由于其耐磨性能良好、高温性能稳定和廉价易得等特点在生物燃料、生活垃圾以及洗煤泥、水煤浆（Lundberg et al., 2019；孙立 等，2017；姜秀民 等，2006；王佳文 等，2006）的燃烧试验中得到广泛的研究和应用。笔者选择了石英砂与干化污泥进行混合热解试验，重点考察了石英砂的加入对污泥热解的影响。

污泥样品在 105℃烘箱中烘干至恒重备用。样品在室温状态下置入反应管在不同温度条件下分别读取相应热解阶段形成的气体流量，取样后使用 5A 色谱柱进行气体成分分析。主要分析可燃气体 H_2、CH_4 和 CO 的体积百分含量。每次试验前对反应器、冷凝器和相关管道进行清洗干燥并称重，试验结束后再重新称重记录。试验中加入石英砂后，石英砂与干化的污泥颗粒混合得到颗粒大小不等和密度有明显差异的异类颗粒混合物。因此加入石英砂后的污泥混合状态呈现部分混合。试验污泥入料量均为 20g。

9.3.2.1　石英砂的热失重特性

石英砂的热失重分析结果如图 9-12 所示。

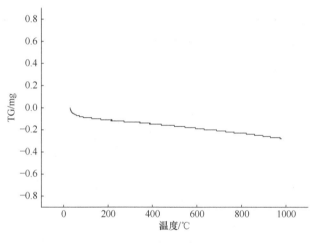

图 9-12　石英砂的 TG 曲线

由图 9-12 中可以看出，石英砂热失重率是 2.75%。分析认为石英砂的热失重与石英砂的原料有关。由于加工石英砂的原料硅石中含有固体杂质矿物、气-液包裹体和密集的气泡（主要是 H_2O、CO_2、CO、C_xC_yOH、H_2、Na^+、K^+、Ca^{2+}等）等，因此在石英砂中这些包裹体或共生的杂质矿物是不可避免存在的。石英砂的主要成分是 SiO_2，SiO_2 晶体在升温过程中会发生同分异构转变（多晶型转变）形成不同的同分异构体，即 α-石英←573℃→β-石英←870℃→β-磷石英。在 α-石英与 β-石英的转化过程中，石英会因为晶型的转变而发生体积膨胀，由于杂质和石英的膨胀系数不同就会产生较大裂纹（刘建国 等，2007）。这些裂纹主要产生在杂质较多的地方，尤其是石英中包裹体多的异矿物，大裂纹往往产生在包裹体与石英基体的交界面，依据石英的晶型转变过程，这种破裂使石英中的杂质能充分暴露。这些杂质包裹体在石英砂受热后逸出，这与既有研究文献（冯可芹 等，2001；张才元，2004）中说明的砂受热后具有发气性也是相一致的。由此可知，石英砂在受热后会出现失重现象。

9.3.2.2　不同石英砂添加量的污泥热解试验

在 20g 污泥中分别添加不同质量的石英砂，对热解产生的气体总量、H_2 产生的百分含量、CH_4 产生的百分含量和 CO 产生的百分含量进行分析，结果如图 9-13 所示。

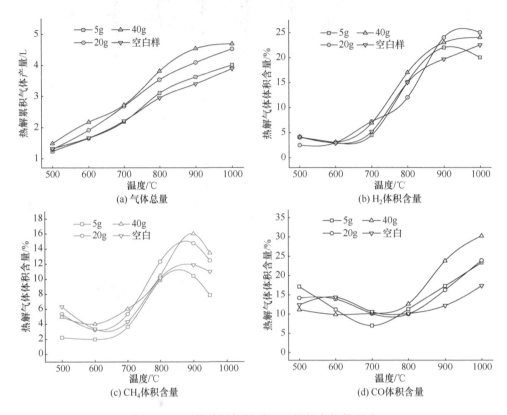

图 9-13　石英砂添加量对污泥热解产气的影响

由图 9-13 分析可知，添加石英砂不会改变污泥热解的产气规律。热解气的总产气量随添加石英砂量的增加而有所增加。H_2 产生随热解温度升高而增加并在热解高温达到峰值；CH_4 先随温度增加而增加，在 900℃达到峰值后，伴随热解温度继续上升，因为 $CH_4 \longrightarrow C+2H_2$ 反应发生而浓度开始降低。石英砂的加入对 CO 在高温段的浓度增加有促进作用，添加 40g 石英砂的污泥热解产生的 CO 在 800℃有一个小幅度的升高并在热解终温达到最大值 32%。

9.3.2.3　不同粒度石英砂的污泥热解试验

在 20g 污泥中按照 1：1 比例混合不同粒度的石英砂，对热解产生的气体总量、H_2 产生的百分含量、CH_4 产生的百分含量和 CO 产生的百分含量进行分析，结果如图 9-14 所示。

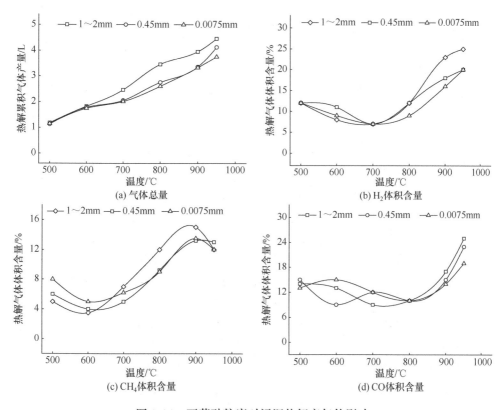

图 9-14　石英砂粒度对污泥热解产气的影响

由图 9-14 分析可知，石英砂粒度越小，则生成的气体产物量减少，3 种可燃气 H_2、CH_4 和 CO 的浓度值亦都随添加石英砂粒度减小而有些许减少。

9.3.2.4　添加石英砂的污泥热解产气机理分析

分别对污泥和按 1∶1 混合石英砂后的污泥进行热重分析，结果如图 9-15 所示。

由图 9-15 分析可知，污泥热解失重分成 3 个阶段：第 1 阶段是温度在 0～200℃之间，污泥出现第 1 次失重的同时 DTA 曲线向下弯曲，分析认为是污泥中的结合水受热分解造成的；第 2 阶段是温度在 200～700℃之间，DTA 曲线向上有 2 个放热峰，分析认为是污泥中的挥发成分在这个温度段分解；第 3 阶段是温度在 700℃之后，并伴随一系列小的放热峰出现，分析认为是固定碳在这个阶段燃烧造成的。试验样品在整个热解温度段内的失重率是 23.27%。将污泥与石英砂按 1∶1 混合均匀后在热天平上进行的热重试验发现，热解反应依然分成 0～150℃、150～700℃和 700～1000℃ 3 个阶段并伴随吸热、放热和放热现象，样品的失重率 19.3%。由于混合石英砂，所以比污泥单独热解失重要小些。但是石英砂的加入并不改变污泥热解反应规律。

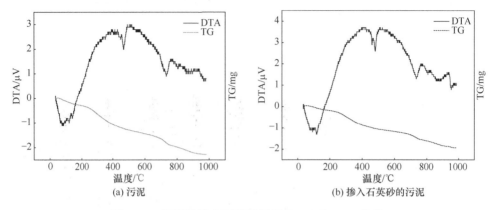

图 9-15　污泥及掺入石英砂污泥的 TG 和 DTA 曲线

在污泥热解时分别添加了 5g、20g 和 40g 的石英砂进行试验，热解后产生的总产气量分别是 3.6L、4.5L 和 4.7L，可见石英砂的加入提高了污泥热解的总产气量。对 3 种可燃气体而言，H_2 的体积含量基本没有变化；CH_4 浓度随着添加石英砂量的增加而在 900℃ 之前有所增加，但是在 900℃ 之后随 CH_4 通过自由基反应发生分解，浓度降低；CO 的含量在添加 40g 石英砂的混合试验中从温度自 800℃ 以后有较明显的提升。在添加不同粒度石英砂的污泥热解试验中发现石英砂的粒度越细，热解产气量越小，生成的可燃气体在热解高温段浓度也相应低些。

为了对试验结果进行解释，首先分析石英砂颗粒的特性。石英砂中主要是 $\alpha\text{-}SiO_2$，按 SiO_2 化学式的 Si/O 应为 1:2，但有文献通过电子探针检测发现（赵中魁 等，2005），未经过高温焙烧（900℃）的石英砂表面的 O/Si 较大地偏离了 SiO_2 的化学式的比例 2，部分为 2.3～2.5，可见石英砂表面存在着 O，这种 O 一般认为是以羟基形式存在，石英砂经过焙烧后，羟基将发生分解使得 O/Si 接近 2，与 SiO_2 的化学成分靠近，并且焙烧次数越多，则表面的 O/Si 越接近 2。也有文献（申晓毅 等，2008）提出通过焙烧（1000℃）可以有效脱除 SiO_2 中的羟基，提高 SiO_2 纯度，这一点可以从石英砂焙烧前后的相貌变化看出，如图 9-16 所示。

因此，推测在混合石英砂的污泥热解试验在升温到 800℃ 之后，CO 含量升高是因为污泥热解的碳与石英砂中的羟基在 H_2 存在的情况下发生自由基链式反应，反应方程为：

$$2Si—OH \xmr{\triangle} H_2O+Si—O—Si \tag{9-13}$$

$$H_2O \xrightarrow{高温} H\cdot+\cdot OH \tag{9-14}$$

$$\cdot OH+C \xrightarrow{高温} CO\cdot+H\cdot \tag{9-15}$$

$$H\cdot+CO_2 \xrightarrow{高温} CO\cdot+\cdot OH \tag{9-16}$$

在高温及还原气氛下大部分的 $CO\cdot \longrightarrow CO$，少部分的 $CO\cdot \longrightarrow CO_2$。加入的石英砂越多则提供的羟基也越多，生成的 CO 也就越多，产气量也相应增加。CH_4 浓度开始随温度升高而增加可能是 $CH_3\cdot+H\cdot \longrightarrow CH_4$ 反应发生造成，在 900℃ 之后由于发生 $CH_4 \longrightarrow CH_3\cdot+H\cdot$ 反应甲烷浓度开始降低。但是石英砂的添加不改变污泥热解生成 3 种可燃性气体的反应规律。

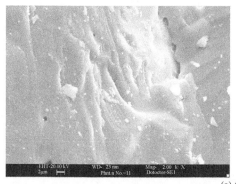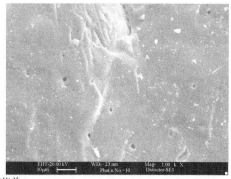

(a) 焙烧前

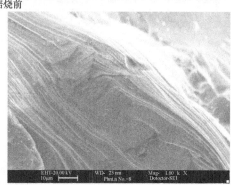

(b) 焙烧后

图 9-16　石英砂焙烧前后的 SEM 图

有学者（申晓毅 等，2007；胡红英 等，2007）研究发现 SiO_2 表面存在大量的羟基，经过研磨破碎后，其表面硅羟基会缩合，表现为失去—OH。例如在催化剂的使用中，一般而言，表面积越大，催化剂活性越高。在个别情况下，甚至还会发生催化剂与表面积成正比的关系，因为表面积大，则发生反应的概率就大。所以经过研磨的石英砂，目数越多，则石英砂颗粒越小，表面所附着的羟基也就越少，因此在混合不同粒度石英砂的污泥热解试验中，混合粒度越细的石英砂，则产气的效果越差，可燃气生成规律没有发生改变，浓度也并没有提高。

9.3.2.5　小结

① 热重试验，添加石英砂后不改变污泥热解失重特性，TG 显示热解失重分成 3 个阶段，室温至 200℃下伴随着吸热发生内部水的析出，200～700℃小分子物质和不稳定物质分解放热，700～1000℃放热即一次热解油的再次分解和化学键进一步断裂分解。

② 通过对干化污泥混合石英砂进行热解试验发现，热解气体的总产气量提高，在本次试验中混合 40g 石英砂的热解气体总体积较混合 5g 石英砂的污泥热解产生的气体提高约 1.1L；同时在热解过程中，伴随石英砂高温煅烧后表面脱羟提供 O，在还原气氛下污泥中的 C 通过自由基链式反应生成了大量的 CO，从而使热解最终产物 CO 浓度在高

温段得到一定的提升。

③ 加入不同粒度石英砂污泥热解试验发现，研磨的粒度越细，石英砂与污泥共同热解的产气效果越差。认为研磨会破坏石英砂颗粒表面存在的羟基，因此粒度细的石英砂在与污泥热解时不能提供足够的 O 原子，但对最终热解气体产物分布不产生影响。

9.3.3 添加煤矸石的污泥热解试验

煤矸石是矿业固体废物中重要的二次资源，是聚煤盆地煤层沉积过程中的产物，是成煤物质与其他沉积物质相结合而成的可燃性矿石，同时也是采煤和洗煤过程中排出的废弃物。在煤炭开采过程中，煤矸石排放量为原煤的 10%～20%。在煤炭洗选加工过程中，煤矸石排放量为原煤入选量的 15%～20%。

我国累计堆存煤矸石约 3.0×10⁹t，目前在煤炭开采区煤矸石山随处可见，这不但是一种资源的浪费，更由于随意露天堆放而成了一种潜在的环境污染源。煤矸石的不当处置会造成对环境的污染，例如在运输、堆放过程中会产生扬尘；自燃排放则会产生有害气体；有时雨水会将煤矸石堆上的细粒冲刷下来，形成黑色淤泥细流进入河道湖泊，导致河道湖泊淤积；淋溶也会导致煤矸石中含有的铅、镉、汞、砷等重金属元素进入地表水或者渗入土壤中，造成水体污染；煤矸石堆还多位于井口附近，紧邻居民区，侵占用地；风化过程中也可分解矸石中部分可溶盐导致土壤盐渍化，影响农作物生长；而大面积开采煤炭，地面塌陷的可能性会增大等。

由于煤矸石蕴涵着有用资源，各国也开始重视煤矸石的处理和利用并开展了一定的工作，英国、波兰和匈牙利都成立了专门的机构从事煤矸石处理和利用。例如，波兰水泥工业采用煤矸石作水泥原料，煤矸石中的可燃物质和氧化铁，在煅烧过程中可以提高煅烧热值，降低熟料烧成温度，并在窑衬上形成玻璃层，延长窑衬寿命。

笔者考虑将污泥与煤矸石进行混合热解，这样使用煤矸石主要是为了利用部分蕴藏在矸石中的热值，试图部分减小污泥热解中能耗的问题。

污泥样品在 105℃烘箱中烘干至恒重备用。样品在室温状态下置入反应管，在不同温度条件下分别读取相应热解阶段形成的气体流量，并取气使用 5A 色谱柱进行气体成分分析。主要分析可燃气体 H₂、CH₄ 和 CO 的体积百分含量。试验污泥入料量均为 20g。

9.3.3.1 煤矸石的烧失量试验

煤矸石样品的预处理根据《煤灰成分分析方法》（GB/T 1574—2007）（中华人民共和国国家质量监督检验检疫总局，2007）中"灰样的制备"要求进行。首先称取一定量的空气干燥样于灰皿中铺平，使其每平方厘米不超过 0.15g，然后将灰皿送入温度不超过100℃的马弗炉中，在自然通风和炉门留有 15mm 缝隙的条件下，缓慢升温到 500℃，在此温度下保温 30min 后升温至（815±10）℃，然后关上炉门灼烧 2h，取出冷却后将灰样研细到 0.1mm 后再置于灰皿中于（815±10）℃下灼烧 30min，直到质量变化不超过灰样质量的千分之一后称重，可得到峰峰煤矸石烧失量为 12.4%，山寨煤矸石烧失量为 13.4%，新柏煤矸石烧失量为 21.8%。可见，煤矸石中具有有机挥发组分。

9.3.3.2　不同产地煤矸石的热解试验

分别对不同产地的煤矸石进行热解试验，结果如图 9-17 所示。

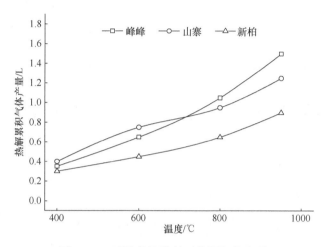

图 9-17　不同产地煤矸石热解气体产量

由图 9-17 3 种产地煤矸石在各温度下热解产气量随温度的变化曲线，可以得出，在试验温度条件下，温度越高，热解气的生成量越大，产气量峰峰煤矸石 1.57L＞山寨煤矸石 1.34L＞新柏煤矸石 0.94L。对于煤矸石热解产气的原因，有文献（冉景煜等，2006）研究表明煤矸石热解产气也要经历加热、挥发分析出、挥发分着火和燃烧及固定碳着火和燃烧 4 个阶段。也有文献（Alonso et al.，2001）认为，煤矸石热解时热解产物的析出不但和挥发分有关，亦和煤矸石中的灰分有关，即与煤矸石中的矿物成分也有关系。

9.3.3.3　不同煤矸石与污泥混合热解试验

在 20g 污泥中按照 1：1 比例混合不同产地的煤矸石，对热解产生的 H_2 百分含量、CH_4 百分含量和 CO 百分含量进行分析，结果如图 9-18 所示。

图 9-18（a）分析，按照 1：1 的污泥与煤矸石比例混合后的样品，H_2 热解的生成规律基本相同，即都随着温度的升高而升高并在 900℃ 达到极大值。分析原因认为都是由污泥与煤矸石中的有机物热分解产生 H_2。氢气在极值处的浓度值依次为新柏煤矸石 31.48%＞山寨煤矸石 30.3%＞峰峰煤矸石 26.49%，而对应 3 种矸石烧失量也是新柏煤矸

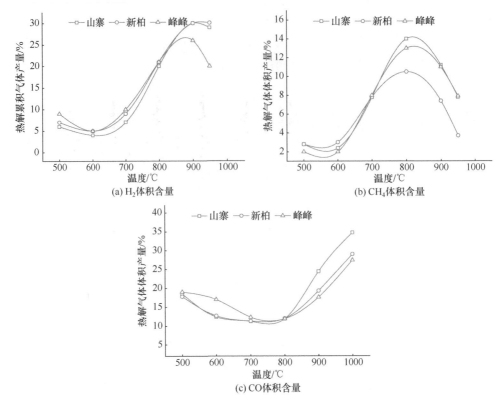

图 9-18　不同煤矸石与污泥混合热解产气率变化曲线

石＞山寨煤矸石＞峰峰煤矸石，所以认为试验中热解 H_2 主要来源是污泥和煤矸石中挥发分的析出分解形成。

图 9-18（b）分析，按照污泥与煤矸石 1:1 的比例混合后的样品，CH_4 热解的生成规律基本相同，即都随着温度的升高而升高并在 800℃ 达到极大值，之后随温度继续上升 CH_4 浓度开始下降，分析原因认为 CH_4 按照自由基反应机理发生分解最终生成 C 和 H_2。CH_4 在极值处的浓度值依次为山寨煤矸石 13.91%＞新柏煤矸石 13.47%＞峰峰煤矸石 10.62%。

图 9-18（c）分析，按照污泥与煤矸石 1:1 的比例混合后的样品，CO 气热解的生成规律基本相同，即都随着温度的升高而升高并在终温 1000℃ 时达到试验区间的极大值。CO 在极值处的浓度值依次为山寨煤矸石 34.22%＞新柏煤矸石 27.86%＞峰峰煤矸石 26.32%。

9.3.3.4　添加煤矸石的污泥热解产气机理分析

根据以上煤矸石与污泥按照 1:1 的比例混合的热解试验并对其总产气量和总可燃气体的浓度进行分析，可得到污泥混合峰峰煤矸石的热解试验效果最好，因此进行了峰峰煤矸石与污泥按照不同比例混合后的热解试验研究，试验进行了 4 组，依次为 20g 污泥分别混合 10g、20g、30g 和 40g 峰峰煤矸石，结果如图 9-19 所示。

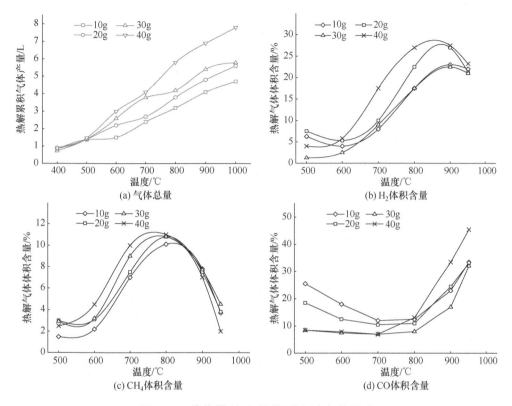

图 9-19　峰峰煤矸石对污泥热解产气的影响

由图 9-19 分析，混入煤矸石后，污泥与煤矸石混合样品热解生成 H_2 和 CH_4，2 种气体无论是变化规律还是峰值浓度都没有发生明显改变。但是 CO 的浓度值在热解的高温段得到了提高，这里通过煤矸石在热处理中高岭石结构变化模型（张智强，1995；郭伟等，2008）来加以解释。该模型认为煤矸石中的高岭石在受热后逐渐会脱去羟基变成偏高岭石，其结构在 600～800℃时高岭石中的 Al(O，OH)八面体的部分外羟基首先脱除，如式（9-17）所示：

$$2OH^- \longrightarrow H_2O + O^{2-} \tag{9-17}$$

这使得高岭石结构中部分 Al 原子的配位方式由六配位转变成五配位[图 9-20（a）]；随温度继续升高，按上式再脱去内羟基上的 H 和剩余的外羟基，则 Al 原子的配位方式变成了四配位[图 9-20（b）]。

最终高岭石转变成偏高岭石的化学方程式为：

$$Al_2O_3 \cdot 2SiO_2 \cdot 2H_2O \longrightarrow Al_2O_3 \cdot 2SiO_2 + 2H_2O \uparrow \tag{9-18}$$

煤矸石中脱出的 H_2O，在高温下通过水煤气转化反应生成了 CO。学者对 3 种煤矸石的化学成分进行分析，结果表明：峰峰煤矸石中的 Al_2O_3 含量是 30.04%，SiO_2 含量是

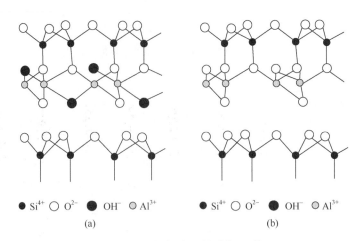

$$\bullet\ Si^{4+}\quad \bigcirc\ O^{2-}\quad \bullet\ OH^-\quad \bigcirc\ Al^{3+}$$

(a)   (b)

图 9-20 铝氧多面体脱羟示意

60.25%，比照山寨和新柏煤矸石的 Al_2O_3 含量要高 4% 左右，SiO_2 含量高出约 5% 和 15%，发现峰峰煤矸石中的高岭石含量在 3 种矸石中是最高的。所以在分别混入 3 种煤矸石与污泥混合热解后，峰峰煤矸石的产气量最大，分析其主要原因在于煤矸石受热分解一方面是其中的挥发分析出，另一方面是其中高岭石转变成偏高岭石分解生成了水，而水在高温下又通过自由基链式反应生成了 CO 可燃气，也即煤矸石中的无机矿物盐在热解过程中与污泥发生反应。

9.3.3.5 小结

① 在污泥热解中分别加入 3 种矸石不会改变污泥热解产气规律，但添加煤矸石后污泥热解产气量会有所增加。

② 加入煤矸石后对污泥热解生成可燃气中 H_2、CH_4 几乎没有影响，而对 CO 浓度提高会有所促进，分析认为部分原因是由煤矸石中挥发分受热分解析出造成；另一原因认为是煤矸石中的高岭石在高温受热后脱水转变成偏高岭石，水分与 CO_2 通过水煤气转化反应生成了 CO，最终提高了混合热解气中的 CO 浓度。

9.3.4 添加碳酸钙的污泥热解试验

碳酸钙（$CaCO_3$）是重要的建材，品种有石灰石、方解石、大理石等。密度 $2.93g/cm^3$，在 800℃ 以上的高温条件下会有 $CaCO_3 \longrightarrow CaO + CO_2$ 的反应发生。另外，碳酸钙也可作膨松剂和混合剂，在造纸、冶金、玻璃、制碱、医药、颜料等领域广泛应用。有学者将碳酸钙加入煤、纤维素、瓷块等材料中，研究其对热解的影响（熊园斌 等，2016；魏琪 等，2017）。

在这一小节中，笔者通过在污泥热解试验中加不同粒度和质量比例的碳酸钙后，考察了碳酸钙对污泥热解产气行为的影响。

污泥样品在 105℃烘箱中烘干至恒重备用。样品在室温状态下置入反应管，在不同温度条件下分别读取相应热解阶段形成的气体流量，并取气使用 5A 色谱柱进行气体成分分析。主要分析可燃气体 H_2、CH_4 和 CO 的体积百分含量。试验污泥入料量均为 20g。

9.3.4.1　不同粒度碳酸钙的污泥热解试验

在 20g 污泥中按照 1∶1 的比例混合不同粒度的碳酸钙，对热解产生的气体总量、H_2 产生的百分含量、CH_4 产生的百分含量和 CO 产生的百分含量进行分析，结果如图 9-21 所示。

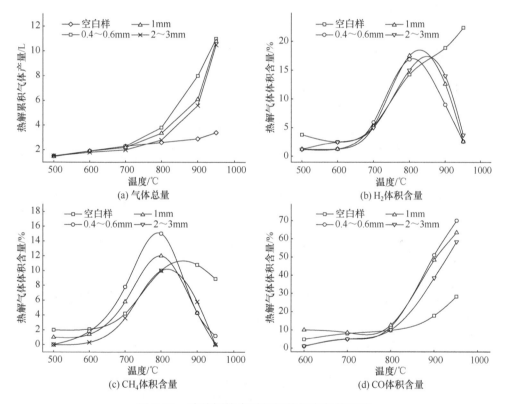

图 9-21　碳酸钙粒度对污泥热解产气的影响

由图 9-21（a）可知，在添加不同粒度碳酸钙后污泥热解产气的规律中，20g 污泥空白样热解终温时产气 3.81L，而按 1∶1 质量比分别加入粒度为 0.4～0.6mm、1mm 和 2～3mm 的碳酸钙混合热解后产气总量分别是 11L、10.8L 和 10.39L，其中以粒度 0.4～0.6mm 的碳酸钙热解产气效果最好。图 9-21（b）和图 9-21（c）分别为污泥混合碳酸钙后热解产 H_2 和 CH_4 试验，加入碳酸钙后改变了污泥热解产 H_2 和 CH_4 的规律，H_2 和 CH_4 的浓度均在 800℃时达到最大值，之后开始迅速下降在热解终温时达到最低。

由图 9-21（d）可以看出，热解温度达到 800℃以后，CO 浓度开始迅速增加，在热解终温达到最大，其中以粒度 0.4～0.6mm 的碳酸钙热解产 CO 最佳，达到 70.34%。分析认为，在混合碳酸钙的污泥热解试验中，在热解温度 800℃之前，表现为污泥单独热解时的产气特性，而在 800℃之后，由于 $CaCO_3 \longrightarrow CaO + CO_2$ 和 $CH_4 \longrightarrow C + 2H_2$ 反应发生，同时在 H_2 等还原性气体大量存在的条件下，碳酸钙分解产生的 CO_2 与 C 和 H_2 又发生如下反应：

$$CO_2 + C \longrightarrow 2CO \tag{9-19}$$

$$CO_2 + H_2 \longrightarrow CO + H_2O \tag{9-20}$$

$$H_2O \longrightarrow \cdot OH + H \cdot \tag{9-21}$$

$$\cdot OH + X \longrightarrow XO + H \cdot \tag{9-22}$$

$$H \cdot + H \cdot \longrightarrow H_2 \tag{9-23}$$

由上述反应可以得出，碳酸钙受热分解生成的 CO_2，被 C、H_2、$\cdot OH$ 等物质所还原，其中大部分生成了 CO，因此使热解气体中 CO 的浓度得到极大提高，而 H_2 和 CH_4 等气体含量在热解终温时就已经很低。

9.3.4.2 不同碳酸钙添加量的污泥热解试验

综合添加不同粒度的碳酸钙污泥热解的试验得出，添加粒度为 0.4～0.6mm 碳酸钙时，污泥热解效果最佳。为了探究碳酸钙与污泥按照不同比例混合后对污泥热解效果的影响，因此又进行了 0.4～0.6mm 碳酸钙与污泥按照不同比例混合后的热解试验研究，试验进行了 4 组，依次为 20g 污泥空白样及混合 10g、20g 和 30g 碳酸钙污泥热解试验，结果如图 9-22 所示。

由图 9-22 可以看出，由于碳酸钙在 800℃以上高温开始分解生成 CO_2，因此混合样品热解产气量得到大幅度的提升，其中混合 30g 碳酸钙的样品热解总产气量达到 13.21L。生成 CO 最高含量的混合试样中碳酸钙与污泥质量比为 3:2，CO 体积浓度是 70.34%。

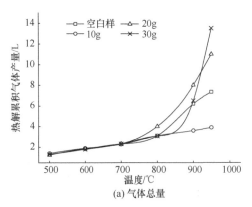
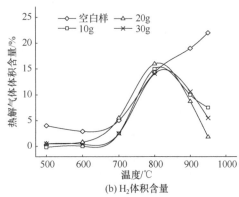

(a) 气体总量　　　　　　　　　　　　(b) H_2 体积含量

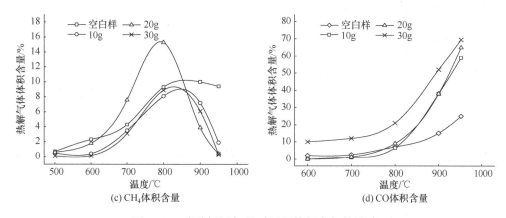

图 9-22　碳酸钙添加量对污泥热解产气的影响

图 9-23 是添加不同质量的碳酸钙污泥热解后 CO_2 体积含量的变化趋势，其中混合 10g 和 20g 碳酸钙样品热解生成 CO_2 的浓度与污泥单独热解基本没有差别，分析原因是碳酸钙在高温分解生成的 CO_2 主要是被 H_2 和 CH_4 还原成 CO，从而提高了热解气中 CO 浓度；添加 30g 碳酸钙混合样品 900℃ 以后 CO_2 浓度上升明显，分析认为由于碳酸钙添加量大，受热分解生成的 CO_2 因为还原性气体已经被大量消耗，而不足以全部被还原成 CO，最终以 CO_2 成分排出造成曲线上扬。

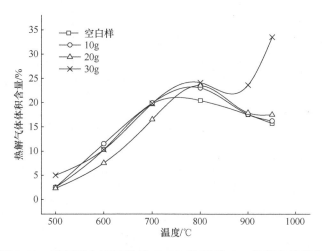

图 9-23　污泥混合不同质量 $CaCO_3$ 热解后 CO_2 体积含量变化

9.3.4.3　混合碳酸钙后的污泥热重试验

对按 1:1 混合碳酸钙后的污泥进行热重分析，结果如图 9-24 所示。

由图 9-24 分析试验样品总失重率是 18.6%，从 TG 曲线发现：在 700℃ 之前，添加碳酸钙的样品失重曲线与污泥单独热解时几乎无差异；在 700~900℃ 之间，TG 曲线变

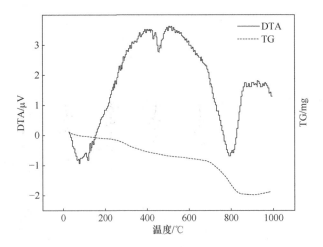

图 9-24　按 1∶1 混合 CaCO₃ 后的污泥热重曲线

得陡直，分析是此时碳酸钙开始发生分解反应，在 900℃后 TG 曲线开始稳定。对应 DTA 曲线，在 800～1000℃出现较明显放热峰。

9.3.4.4　小结

由加入碳酸钙的污泥热解混合试验得出：在高温时 $CaCO_3 \longrightarrow CaO + CO_2$ 和自由基还原反应的发生，使得高温时段污泥热解生成可燃气的规律发生改变，混合热解的最终产气量以及 CO 气体浓度均得到极大提高，但 H_2 和 CH_4 含量在热解高温段 800～950℃迅速降低。

另外，有学者研究对比了在污泥中添加醋酸钙或碳酸钙进行热解，发现在污泥中添加醋酸钙或碳酸钙，均能减少污泥热解过程中蛋白质的分解，促进部分含氮物质转变为腈类，并存留于焦中。并且污泥热解产生的主要含氮气体为 NH_3 与 HCN，碳酸钙的添加几乎不改变这 2 种气体的生成特性，然而醋酸钙在 350℃和更高温度下，能明显减少 NH_3 的生成（成珊 等，2019）。

9.4　不同工况下污泥能量回收的计算比较

9.4.1　污泥热解过程中能耗问题的讨论

污泥热解过程中的能量消耗和转化问题一直是污泥热解中被人关注的焦点。邵立明等（1996）在研究了污泥低温热解过程能量平衡问题后得到的结果：污泥在 270℃热解的能量平衡过程（表 9-8）为能量净输出者。1kg 干污泥热解可回收的燃料油约为 68g/kg 干污泥（33.3MJ/kg）。

但是该结果具有一定的局限性，即所讨论的是污泥在低温热解时的能量平衡问题，而且没有把热解气的热值计算在内。在污泥热解高温段时，热解气的产量是随着热解温度的升高而增加的，所以在污泥高温热解能量平衡时不考虑热解气热值是不合适的。

表 9-8　污泥热解过程能量平衡计算　　　　　　　　　单位：MJ/kg

类别	消耗的能量				产生的能量				能量消耗比
	干燥	热解	燃烧器	合计	气	油	焦	合计	
理论值	7.61	0.54	0.60	8.75	—	4.08	10.81	14.89	1.18
加热损失	0.38	0.08	—	0.46	—	—	—	—	—
锅炉损失	3.42	—		3.42	—	—	—	—	—
小计	11.41	0.62	0.6	12.63	—	4.08	10.81	14.89	—

注：能量消耗比=总能量供给/总能量需求。

污泥干燥的能耗是相当高的，以含水率为 80%的污泥干燥至含水率为 25%的泥饼为例，每吨干污泥干燥需蒸发的水量为 3.65t，而每吨水蒸发的蒸汽能耗为 $3.2×10^3$MJ，锅炉的热效率为 75%，则每吨干污泥所需要的干燥能耗为 $14.6×10^3$MJ，基本相当于 0.5t 标准煤的用量（蒋岭 等，2004）。但是由于通过自然干化可以将污泥的含水率降至 10%以下，所以对污泥脱水干燥过程中的能耗这里暂不考虑。

李海英（2006）认为污泥热解过程中产生各种热损失，主要包括炉子等设备散热损失，系统热容，冷却水带走的热量，热解固、气、液产物带走的显热等。他认为热解终温对能耗的影响是最显著的，并以常规条件下污泥热解为例进行了分析，不同热解终温下能耗的变化如图 9-25 所示。

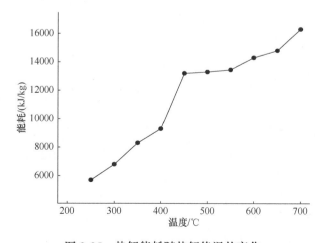

图 9-25　热解能耗随热解终温的变化

由图 9-25 可知，随着热解终温的升高，能耗也随之增大。在低温热解阶段，能耗量是较低的；而热解高温过程中的散热损失是要增加的，这是造成高温段能耗上升的重要原因，该曲线利用最小二乘法计算的回归方程，如式（9-24）所示：

$$y = 24.921x - 277.58, \quad r^2 = 0.949 \tag{9-24}$$

9.4.2　几种工况下污泥热解的能量回收计算比较

污泥热解后的固体、液体和气体产物中都含有较多的 C、H 元素，相应地也都有较高的热值，因热解三相产物都具备可存储性，所以说热解产物均有一定的能源利用价值。这里计算比较了污泥、混合石英砂、混合煤矸石和混合碳酸钙热解 4 种工况条件下气、固和液三相产物的热值（表 9-9 和表 9-10）。其中，热解气的组成用体积含量表示。CO、H_2、CH_4、CH_4 为有效组分，H_2S 等为杂质。

表 9-9　4 种工况下热解产物的分布情况　　　　　　　　单位：%

类别	热解焦产率	热解油产率	H_2	CH_4	CO	C_2H_4
污泥	52	12	6.7	6.7	10.2	0.6
混合石英砂	49	13.5	13.0	8.5	13.4	1.1
混合煤矸石	46.4	12.5	15.7	6.5	17.6	0.9
混合碳酸钙	52	10	6.9	4.2	40.6	0.33

表 9-10　4 种工况下终温热解产物的能值　　　　　　　单位：kJ

类别	产物的能值			总产物能量
	固	气	液	
污泥	2600.0	1015.9	1755.6	5371.5
混合石英砂	2450.0	1543.3	1975.1	5968.4
混合煤矸石	2320.0	1940.4	1828.8	6089.2
混合碳酸钙	3600.0	4168.4	1463	8231.4

以 1kg 污泥为计量单位，那么污泥低位热值为 9.61×10^3kJ，对应热解总能量消耗利用式（9-24）计算终温时的能耗为 2.34×10^4kJ，则热解需要总的能量输入约为 3.3×10^4kJ。

气体燃料的热值是指在标准状态下，其中可燃物热值的总和计算公式如式（9-25）所示：

$$O_{net,d} = \sum r_i Q_{net,d,i} \tag{9-25}$$

式中，r_i 为第 i 种气体成分的容积百分率，%；$Q_{net,d,i}$ 为第 i 种气体成分的低位发热量，kJ/kg。

定义气体燃料的低位热值简化计算公式如式（9-26）所示：

$$Q_g = 126.36\varphi(CO) + 107.43\varphi(H_2) + 357.09\varphi(CH_4) + 629.09\varphi(C_nH_m) \qquad （9-26）$$

式中，Q_g 为热解气体低位热值，kJ/m³（标准状态）；$\varphi(CO)$、$\varphi(H_2)$、$\varphi(CH_4)$、$\varphi(C_nH_m)$ 分别为 CO、H_2、CH_4 以及不饱和烃类化合物总和（以 C_2H_4 代替）的体积含量，%。

热解油以 14630kJ/kg 发热量计算，热解焦的热值估算如下：以烟煤的平均发热量 5000kJ/kg 计算，则终温时热解焦的发热量大致为 5000kJ/kg。

对应 4 种工况下污泥热解回收的能量占总能量输入约 16.3%、18.1%、18.5%和 24.9%；4 种工况下污泥热解回收能量占污泥蕴涵值约 55.9%、62.1%、63.4%和 85.7%。以上计算结果为固定床单次热解试验中获得的能量回收情况，其中热解达到终温时为 950℃，之后以不再产生热解气作为热解终点，所以热解结束后的热量损耗是很大的。但是如果考虑连续热解试验的话，热解能量回收效率应会高于单次热解试验，这样可以部分减少高温时的热损耗。

9.4.3 小结

通过模糊评判决策、二元对比决策和模糊综合决策，在综合考虑热解试验产物分布因子基础上又综合环境的影响效应因子并以污泥单独热解为参照，得出污泥、混合石英砂、混合煤矸石和混合碳酸钙热解的热解焦产率分别为 52%、49%、46.4%和 52%；对应 4 种工况下污泥热解回收的能量占总能量输入约 16.3%、18.1%、18.5%和 24.9%；4 种工况下污泥热解回收能量占污泥蕴涵值约 55.9%、62.1%、63.4%和 85.7%。

9.5 典型应用案例分析

9.5.1 浙江某环保公司污泥干化-热解工艺

浙江某环保有限公司是一家科技型股份制国家高新技术企业，成立于 1999 年 12 月，是一家专业从事固液分离和固废处置的国家高新技术企业，该公司设计的污泥干化-热解工艺流程如图 9-26 所示。

污泥干化热解工艺如下：

① 脱水污泥由运泥车运至污泥接收仓。

② 脱水污泥由提升泵输送至干化器，通过间接加热，在干化器内实现加热和干化；干化后污泥通过气固分离装置，固相进入干料输送机料仓，气相含有大量蒸汽，经冷凝器冷凝脱水后不凝可燃气引至热解炉膛作为热源循环利用。

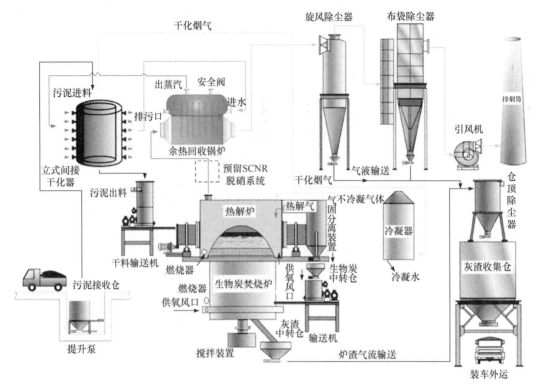

图 9-26　污泥干化-热解工艺流程示意

③ 污泥进入热解炉进行热解，热解后生物炭进入生物炭焚烧炉提取可用热量，混合气进入热解炉燃烧，从热解炉引来的燃烧后热烟气进入余热回收锅炉，产生蒸汽迅速返回至间接干化器夹层，通过间接加热对污泥进行干化，干化后蒸汽变为热水回用，引风机抽出的烟气经尾气处理系统清洁净化后达标排放。

④ 生物炭经脱氢、碳化、冷却处理后集中至灰渣收集仓，装车外运进行综合利用。

经该工艺干化焚烧处理后的污泥，含水率小于 45%，可进入污泥储存仓暂存，且焚烧产生的热量随热烟气经蒸汽锅炉收集，外输供用户使用。由蒸汽锅炉排出的尾气，经尾气处理系统清洁净化后，达标排放，另外还能有效解决污泥黏稠区和有机物分解等问题。

9.5.2　山东某环保公司污泥高温高压密闭热水解工艺

该公司整个污泥处理采取机械过滤+热水解+基肥接种或裂解碳化的具有完全自主知识产权的工艺路线，主要是采用亚临界热水解工艺将污水处理工艺过程产生的含水率约 80%的污泥高温高压密闭热水解处理，根据不同污泥成分添加催化剂或抑制剂，将污泥含有的高分子细胞水快速破壁，达到无害化、减量化的目的。

副产品为含水率不高于 55%的粉状物，有机质含量高的粉状污泥经过无害化、减量化后作为基肥接种生物菌用于园林绿化，有机质含量低的污泥调质后进入碳化装置，添加吸附剂裂解成污泥基生物炭，用于环保废水或废气处理，实现污泥的资源化利用。裂解产生的不可凝燃气经环保处理后作为燃料用于热风循环系统提供能量用于裂解生产，节约外接能源。

针对热解和裂解工艺过程中有害、有毒有机废气的产生采取源头控制，限制产生废气的必要条件，采取离子吸附和络合吸收的工艺设计，容器内密闭反应，定向排放废气经环保处理后无二次污染，符合国家环保政策要求。

此工艺针对市政污泥处理处置中面临的问题以及当前环境现状，提出利用裂解污泥制备污泥基生物炭作为吸附材料这一思路，可以在实现污泥减量无害化的同时开发出廉价的吸附材料，在提供污泥基生物炭产品的同时解决了市政污泥的资源化利用问题，具有显著的社会效益和生态效益，并有良好开发前景。工艺制成的污泥基生物炭，可作为性能优良的吸附材料并用于处理含重金属废水，吸附完成后再次加料调整进行碳化，重新制成吸附材料用来处理重金属废水，多次循环后使重金属富集达到一定限度后将其集中处理，从而实现市政污泥减量化和资源化以及废水重金属的减量化、无害化处理。

9.5.3　郑州某机械设备公司污泥热解工艺

该公司污泥处理工艺为：含水率 96% 左右的污泥加药后经管道加压输送→板框压滤机（污泥含水率降至 70% 左右）→管道加压输送→加压成型机→真空烘干机（污泥含水率降至 25%～30%）→干燥污泥颗粒（各种成分热值检测）→密闭输送系统→污泥中温热解机组→裂解气、生活热水、生物酸和灰渣。污泥中温热解机组如图 9-27 所示。

图 9-27　污泥中温热解机组

裂解气经净化系统净化后一部分经燃气燃烧机输出热能作为污泥干燥热源使用，另一部分作为燃料可用于锅炉系统或燃气发电机发电，生活热水可供周边居民生活使用，生物酸可开发进行有用成分提取产生经济效益，灰渣经成分检测后进行不同处理，其中不含重金属等污染物的灰渣可用于制作道路地砖等建材。

污泥中温裂解机组采用下吸式固定床炉型，中部出气，机械对辊破渣排渣结构，炉体高温区采用耐高温不锈钢材质，外部保温结构；炉体高温出气管路采用不锈钢材质；炉体底部采用全密闭水冷式螺旋出渣机；整套气体净化装置采用不锈钢材质；机组运行安全可靠，生产过程全封闭操作，无"跑、冒、滴、漏"现象，安全连锁智能化程度高；绿色环保，整个过程无臭气排放，避免了高温燃烧法带来的二噁英、氮氧化物等次生污染，无废水排放；彻底无害化和减量化，污泥转化为与天然气一样洁净的燃气和性质稳定的灰渣，减量90%以上；实现资源化，污泥处理产生的可燃气可以作为天然气的替代燃料，冷却系统产生的热水可用于输出生活热水，灰渣可以作为建材原料。

9.5.4 长沙某污水处理厂污泥热水解工艺

长沙某污水处理厂污泥集中处置工程地处长沙市望城县黑糜峰垃圾填埋场内，项目处理规模为500t/d（含水率80%），用来解决长沙市各污水处理厂污泥的最终处置问题。项目设计处理能力为500t/d，其中污泥434t/d，预处理后的餐厨垃圾66t/d。处理后污泥满足《城镇污水处理厂污泥处置 混合填埋用泥质》（GB/T 23485—2009）中污泥用作垃圾填埋场覆盖土添加料的指标要求。项目采用高温高压热水解高温厌氧消化板框脱水+带式干化的污泥处理工艺路线。消化池产生的生物质能源（沼气）一部分供给锅炉产生蒸汽用于热水解系统给污泥加热，另一部分供干化机用来干化污泥，多余的沼气进行沼气发电供项目自身使用。污泥脱水产生的滤液通过厌氧氨氧化+MBR+NF+RO 工艺处理后，分级分质回用。

脱水污泥进入料仓后，由泵输送至污泥螺旋浆化机，再由浆化机进入污泥热水解系统进行热水解预处理，热水解系统反应温度在 70～170℃ 范围内灵活可调，同时采取能量回收措施回收热量，进行循环利用。热水解之后的污泥性质得到了很大程度的改善，流动性大大提高，有机质大量溶出，便于后续消化反应。

反应后的污泥经热交换后，进入储泥罐，与餐厨垃圾一起被送入厌氧消化罐进行反应，进料含固率可高达12%。充分厌氧消化后的污泥经高压板框压滤机脱水，形成含固率约40%的泥饼和高负荷的滤液。泥饼进入带式干化机，以沼气和发电机烟气作为热源对污泥进行干化。干化后的污泥含固率高于60%，然后卡车外运用作填埋场覆盖土。

滤液通过厌氧氨氧化工艺进行脱氮处理，厌氧氨氧化工艺为一种国际上先进的脱氮预处理工艺，可脱除约90%的氨氮、80%的总氮和50%的COD，经过厌氧氨氧化处理后的废水再经过 MBR+NF+RO 工艺处理后进行分级分质回用，回用水主要用途包括污泥稀释水、配药用水和锅炉补水，多余的废水达标后排放。

该工艺具有能量回收率高、污泥充分减量化和资源化的特点。工艺产生的生物质能源（沼气）经净化后可用于锅炉产蒸汽，补给整个系统热源；多余部分通过沼气发电机产生电能供本项目内部使用，发电机的余热通过余热锅炉进一步回收利用，显现出了能量经济性与二次污染可控性的显著优势；加热破坏细胞结构，使污泥中的内部水释放出来而被脱除，污泥含水率降低，实现最大限度的减量化。处理后的城市污泥，一方面通过稳定化处理后可以进行相关的资源化利用，另一方面可以将污泥中的大量有机物转化为可燃的油、气等燃料，符合污泥资源化利用的要求。

参 考 文 献

白润英，陈湛，张伟军，等，2017. 过氧化钙预处理对活性污泥脱水性能影响机制的研究[J]. 环境科学，3：1151-1158.

本莲芳，夏德强，姜红霞，等，2020. 絮凝剂调理对污泥脱水性能的影响研究[J]. 兰州石化职业技术学院学报，20（3）：1-3.

蔡璐，陈同斌，高定，等，2010. 中国大中型城市的城市污泥热值分析[J]. 中国给水排水，26（15）：106-108.

曹艾清，2017. 生物酶-化学试剂联合调理对活性污泥脱水性能的影响[D]. 北京：北京林业大学.

常风民，王启宝，王凯军，2015. 城市污泥与煤混合热解特性及动力学分析[J]. 环境工程学报，9（5）：2412-2418.

常勤学，魏源送，刘俊新，2006. 通风控制方式对动物粪便堆肥过程的影响[J]. 环境科学学报，26（4）：595-600.

陈昌国，张代钧，鲜晓红，等，1997. 煤的微晶结构与煤化度[J]. 煤炭转化，1：45-49.

陈成，司丹丹，李欢，2016. 低温干化床污泥干化特性及优化方案[J]. 四川环境，35（5）：1-6.

陈冠益，方梦祥，骆仲泱，等，1999. 生物质固定床热解特性的试验研究与分析[J]. 太阳能学报，20（2）：122-129.

陈辉，2002. 离心式污泥浓缩脱水一体机在自来水厂的应用[J]. 给水排水，28（11）：75-76.

陈同斌，黄启飞，高定，等，2003. 中国城市污泥的重金属含量及其变化趋势[J]. 环境科学学报，23（5）：561-569.

陈同斌，罗维，高定，等，2004. 混合堆肥过程中自由空域（FAS）的层次效应及动态变化[J]. 环境科学，25（6）：150-153.

陈晓东，王丹凤，陈秋，等，2021.PAM-AA 与金属离子复合絮凝剂的合成及其在污泥脱水中的应用[J]. 吉林大学学报（理学版），59（6）：1569-1576.

成珊，乔慧坡，王泉斌，等，2019. 污泥热解过程中典型钙盐对氮转化的影响[J]. 工程热物理学报，40（7）：1688-1693.

程永高，2012. 邢台市污水处理厂污泥好氧堆肥的研究[D]. 石家庄：河北科技大学.

崔志广，孙体昌，寇珏，等，2007. 脂肪酸捕收剂气浮浓缩不同剩余活性污泥的研究[J]. 矿冶工程，6：24-27.

大连理工大学无机化学教研室，2001. 无机化学[M]. 北京：高等教育出版社.

戴前进，李艺，方先金，2007. 城市污水处理厂不同污泥厌氧消化的产气研究[J]. 给水排水，33（3）：42-45.

戴财胜，彭颖，黄陈宇，等，2021. 基于半焦的城市污泥调质与机械压滤脱水[J]. 环境工程，39（2）：131-135.

邓玉梅，谢敏，鄢恒珍，等，2017. 冰冻调质对活性污泥脱水性能的影响[J]. 环境工程学报，11（7）：4362-4366.

董立文，2012a. 城镇机械脱水污泥的电渗透深度脱水技术研究[D]. 北京：清华大学.

董立文，张鹤清，汪诚文，等，2012b. 造纸污泥的电渗透脱水效果[J]. 环境工程学报，11（6）：4185-4190.

窦昱昊，2020. 水热法联合高级氧化技术对污泥深度脱水性能影响及其作用机理[D]. 南京：南京师范大学.

冯凯丽，马艳，李宁，等，2018. 硝酸铁强化不同浓度污泥自热高温微好氧消化效果[J]. 中国给水排水，34（11）：10-14.

冯可芹，杨屹，蒋玉明，等，2001. 膨润土对型砂发气特性影响的研究[J]. 热加工工艺，4：35-36.

冯磊，李润东，阚宁格，等，2005. 城市污水污泥堆肥处理的实验研究[J]. 沈阳航空工业学院学报，22（5）：75-78.

封盛，相波，邵建颖，等，2005. 改性壳聚糖对处理污泥脱水性能影响的研究[J]. 工业用水与废水，4：62-64.

金儒霖，2017. 污泥处置[M]. 北京：中国建筑工业出版社.

国家环境保护总局，2002. 水和废水监测分析方法[M]. 4 版. 北京：中国环境科学出版社.

国家环境保护总局，2007. 固体废物 浸出毒性浸出方法 硫酸硝酸法：HJ/T 299—2007[S]. 北京：中国环境科学出版社.

国家环境保护总局，国家质量监督检验检疫总局，2007. 危险废物鉴别标准 浸出毒性鉴别：GB 5085.3—2007[S]. 北京：中国环境科学出版社.

国家市场监督管理总局，中国国家标准化管理委员会，2019. 蒸压灰砂实心砖和实心砌块：GB 11945—2019[S]. 北京：中国标准出版社.

国家质量监督检验检疫总局，中国国家标准化管理委员会，2012. 砌墙砖试验方法：GB/T 2542—2012[S]. 北京：中国标准出版社.

甘永平, 饶祎, 姚兵, 等, 2019. 高压脉冲电解-压滤联合实现城市污泥深度脱水[J]. 环境工程, 37（3）: 13-16.

龚卫红, 费逸华, 钱健航, 2013. 污泥离心脱水系统改造为离心浓缩系统的实践[J]. 中国给水排水, 29（13）: 75-78.

巩潇, 韦依伶, 赵方莹, 2017. 园林废弃物与污泥协同堆肥的绿化应用[J]. 中国环保产业, 10: 62-66.

郭伟, 李东旭, 陈建华, 等, 2008. 煤矸石在热活化过程中的相组成和结构变化[J]. 材料科学与工程学报, 26（2）: 204-207.

郭文娟, 郄燕秋, 2013. 净水厂排泥水处理工艺现状及发展方向[J]. 给水排水, 49（8）: 35-40.

韩青青, 林雪君, 李燕敏, 等, 2016. 超声波预处理城市水厂剩余污泥的研究[J]. 工业安全与环保, 42（10）: 96-99.

高德明, 2019. 污泥湿法制砖关键技术研究[D]. 咸阳: 西北农林科技大学.

高文娅, 邓林, 李柱, 等, 2016. 污泥有机肥长期农用污染土壤的伴矿景天吸取修复[J]. 科技导报, 34（2）: 241-246.

韩长安, 马泉, 张东兰, 等, 2019. 污泥用于水泥混合材的探讨试验[J]. 水泥工程, 6: 73-75.

韩芸, 代璐, 卓杨, 等, 2016. 热水解高含固污泥的有机物分布及厌氧消化特性[J]. 环境化学, 35（5）: 964-971.

郝健, 2015. 电渗透法污泥减量技术研究[D]. 大连: 大连海事大学.

何东芹, 2017. Fenton 类高级氧化反应在污泥脱水和污染物降解中的作用机制[D]. 合肥: 中国科学技术大学.

何丕文, 焦李, 肖波, 2013. 水蒸气流量对污水污泥气化产气特性的影响[J]. 湖北农业科学, 52（11）: 2529-2532.

何足道, 王电站, 颜成, 等, 2019. 城市污泥生物沥浸法和化学法调理的效果比较[J]. 中国环境科学, 39（3）: 1019-1025.

洪飞, 孙文全, 朱辉, 等, 2020. Fenton-絮凝联合调理对污泥脱水性能影响[J]. 南京工业大学学报（自然科学版）, 42（2）: 200-206.

胡红英, 胡慧萍, 陈启元, 等, 2007. 球磨作用对改性二氧化硅热行为的影响[J]. 功能材料, 8（4）: 619-622.

胡锋平, 朱自伟, 李伟民, 等, 2004. 城市污水处理厂污泥浓缩工艺的应用与发展趋势[J]. 重庆建筑大学学报, 5: 124-127.

呼庆, 雷西萍, 范海宏, 等, 2010. 分散剂对脱水污泥流动性能的影响[J]. 环境科学与技术, 33（7）: 61-64.

胡祝英, 康泽龙, 2008. 污泥浓缩工艺的应用现状和发展对策[J]. 榆林学院学报, 4: 73-75.

黄晴, 戴文灿, 2016. 超声波-缺氧/好氧消化与传统好氧消化效果的比较研究[J]. 广东化工, 43（11）: 156-157.

黄朋, 叶林, 2014. 壳聚糖/蒙脱土复合絮凝剂的结构及污泥脱水性能[J]. 高分子材料科学与工程, 30（4）: 119-122.

黄秋丽, 2016. 城市污泥处置新技术的探讨[J]. 广东化工, 43（11）: 174-175.

黄玉成, 张维佳, 金秋冬, 等, 2008. 自然冷融法对污泥沉降及脱水性能研究[J]. 安全与环境工程, 15（4）: 43-46.

蒋克彬, 2002. 剩余污泥的好氧消化设计[J]. 中国给水排水, 18（12）: 54-55.

蒋岭, 2004. 深圳特区污泥干化工程方案研究[D]. 重庆: 重庆大学.

姜秀民, 马玉峰, 崔志刚, 等, 2006. 水煤浆流化悬浮高效洁净燃烧技术研究与应用[J]. 化学工程, 34（1）: 62-65.

李爱民, 任远, 李水清, 等, 1999. 木块在回转窑内热解特性的试验研究[J]. 燃烧科学与技术, 2: 121-127.

李兵, 张承龙, 赵由才, 2010. 表征与预处理技术[M]. 北京: 冶金工业出版社.

李铖, 郑军, 李栋, 等, 2014. 混合污泥深度机械脱水的初步研究[J]. 甘肃水利水电, 50（2）: 8-9, 13.

李菲, 2018. 生物炭协同 Fenton 氧化技术对污泥脱水及资源化性能影响研究[D]. 成都: 西南交通大学.

李钢, 崔树军, 舒新前, 等, 2010. 干化污泥热解制备可燃气过程中石英砂的影响[J]. 环境工程学报, 4（10）: 2333-2338.

李钢, 舒新前, 2018. 2 种烟煤掺混干化污泥中温热解制气[J]. 环境工程学报, 12（10）: 2966-2972.

李钢, 舒新前, 2021. 掺混催化剂对干化污泥热解可燃气的影响[J]. 印染助剂, 38（3）: 37-40.

李钢, 舒新前, 李晓翔, 2011. 干化污泥与煤矸石混合热制可燃气的研究[J]. 环境工程学报, 5（7）: 1651-1655.

郦光梅, 金宜英, 李欢, 等, 2006. 无机调理剂对污泥建材化的影响研究[J]. 中国给水排水, 13: 82-86.

李海英, 2006. 生物污泥热解资源化技术研究[D]. 天津: 天津大学.

李会东, 李璟, 张哲歆, 等, 2019. 过氧化钙联合絮凝剂调理污泥改善脱水性能[J]. 环境工程学报, 13（11）: 2736-2742.

李佳丽, 冯丽娟, 王济, 等, 2019. 城市污泥-磷石膏陶粒的制备条件及性能分析[J]. 环境监测管理与技术, 31（4）:

64-67.

李娟，张盼月，曾光明，等，2009. Fenton 氧化破解剩余污泥中的胞外聚合物[J]. 环境科学，30（2）：475-479.

李磊，朱伟，林城，2005. 骨架构建法进行污泥固化处理的试验研究[J]. 中国给水排水，（6）：41-43.

李荣，王东田，魏杰，等，2021. 硅酸钠改性净水污泥吸附剂制备及去除氨氮研究[J]. 水处理技术，47（10）：53-57.

李淑展，施周，谢敏，2006. 污水厂污泥制备垃圾填埋场防渗衬层材料研究[J]. 中国给水排水，22（23）：43-46.

李帅帅，刘玉玲，孙瑞浩，等，2021. 鼠李糖脂-热水解预处理剩余污泥厌氧发酵对脱水性能的影响[J]. 中国环境科学：1-8.

李雅嫔，杨军，雷梅，等，2015. 北京市城市污泥土地利用的重金属污染风险评估[J]. 中国给水排水，31（9）：117-120.

李亚林，刘蕾，侯金金，等，2017a. 电渗透-过硫酸铵氧化协同强化污泥深度脱水[J]. 化工进展，36（5）：1919-1926.

李亚林，刘蕾，李莉莉，等，2016a. 活化过硫酸盐-骨架构建体协同污泥深度脱水研究[J]. 环境工程，34（11）：102-107.

李亚林，刘蕾，尚晓娜，等，2016b. 过硫酸盐氧化-骨架构建体协同污泥脱水研究[J]. 应用化工，45（11）：2110-2114.

李亚林，刘蕾，魏添，等，2017b. 电渗透污泥脱水的影响因素分析及响应曲面优化[J]. 应用化工，46（1）：127-131.

李亚林，刘蕾，张毅，等，2016c. 电渗透/Fe-过硫酸盐氧化协同强化污泥深度脱水[J]. 化工学报，67（9）：4013-4019.

李亚林，杨家宽，杨昌柱，等，2013. 基于骨架构建体脱水污泥填埋长期稳定性研究[J]. 华中科技大学学报，41（9）：76-80.

李洋洋，金宜英，李欢，等，2011. 碱热联合处理对剩余污泥干燥特性影响[J]. 高校化学工程学报，25（5）：877-881.

李洋洋，马姝雅，朱薇，等，2021. 微波耦合 Fe^0/H_2O_2 对剩余污泥脱水性能的影响[J]. 太原理工大学学报，52（1）：53-60.

李宇庆，陈玲，赵建夫，等，2005. 城市污水厂污泥快速高效堆肥技术研究[J]. 农业环境科学学报，24（2）：380-383.

李玉瑛，李冰，2012. 冷融技术对剩余污泥的调理研究[J]. 工业水处理，32（8）：56-58.

李洵，刘景明，周颖，等，2008. 曝气量对自热式高温好氧消化污泥减量的影响[J]. 工业水处理，28（1）：57-60.

梁梅，2009. 基于骨架构建体的污泥脱水及污泥蒸压砖耐久性研究[D]. 武汉：华中科技大学.

廖足良，冉小珊，刘长青，等，2014. 热水解和超声波预处理对污泥厌氧消化效能的影响研究[J]. 环境工程，32（6）：52-56.

林霞亮，周兴求，伍健东，等，2015. 无机混凝剂与壳聚糖联合调理对污泥脱水的影响[J]. 工业水处理，35（10）：38-41.

刘畅，2011. 超声预处理组合技术改善污水污泥厌氧消化的研究[D]. 武汉：华中科技大学.

刘常青，陈琬，曾艺芳，等，2018. SARD 与 CSTR 反应器半连续发酵产氢能力对比[J]. 中国给水排水，34（21）：7-11.

刘福东，2008. 填埋场固化污泥屏障材料的阻滞特性研究[D]. 长沙：中南大学.

刘建国，姜秀民，王辉，等，2007. 石英砂热形态和表面微观结构[J]. 化工学报，58（3）：765-770.

刘军，2017. 二价铁活化过一硫酸盐调理改善污泥脱水性能[D]. 长沙：湖南大学.

刘欢，李亚林，时亚飞，等，2011a. 无机复合调理剂对污泥脱水性能的影响[J]. 环境化学，30（11）：1878-1881.

刘欢，杨家宽，时亚飞，等，2011b. 不同调理方案下污泥脱水性能评价指标的相关性研究[J]. 环境科学，32（11）：3394-3399.

刘蕾，李亚林，刘旭，等，2017. 过硫酸盐-骨架构建体对污泥脱水性能的影响[J]. 广州化工，45（8）：73-76.

刘强，陈晓欢，傅金祥，等，2015. 粉煤灰与生石灰复合调理剂对市政污泥深度脱水性能的影响[J]. 环境工程学报，9（7）：3468-3472.

刘树根，朱南文，2010. 污泥高温好氧消化微生物作用机理的研究进展[J]. 安徽农业科学，38（3）：1392-1394.

刘帅霞，李亚林，曹军，等，2016. 动态仓式好氧堆肥处理城市污泥的技术研究[Z]. 河南省，河南工程学院.

刘卫，2013. 调理剂在高含水率污泥堆肥中的作用研究[D]. 长沙：湖南大学.

刘阳，彭永臻，韩玉伟，等，2015. 游离氨对热水解联合中温厌氧消化处理剩余污泥的影响[J]. 中国环境科学，35（9）：2650-2657.

刘宇寰，王飞，陈文迪，2020. 水平电场下电极转换法对污泥电渗透脱水的影响[J]. 能源工程，3：86-89.

刘振英，朱金波，刘银，等，2020. 氧化钴掺杂对溶胶凝胶法合成莫来石微观结构和烧结性能的影响[J]. 材料导报，34（24）：24005-24009.

卢宁，莫文宁，魏婧娟，2012. 硝酸钠强化污泥电渗透脱水的试验研究[J]. 中国给水排水，28（1）：68-70.

卢淑宇，2013. 城镇污水处理厂污泥堆肥利用实验研究[D]. 西安：西安建筑科技大学.

陆莺，陈应新，2011. 涡凹气浮在污泥浓缩中的应用探讨[J]. 通用机械，8：75-80.

罗金华，2004. 卧式螺旋式污泥好氧动态堆肥装置试验研究[D]. 重庆：重庆大学.

罗立群，王召，魏金明，等，2018. 铁尾矿-煤矸石-污泥复合烧结砖的制备与特性[J]. 中国矿业，3：127-131.

罗维，陈同斌，2004. 湿度对堆肥理化性质的影响[J]. 生态学报，24（11）：2656-2663.

马旭，范海宏，吕梦琪，等，2018. 调理剂对污泥微观结构及脱水性能的影响研究[J]. 环境工程，36（7）：113-116.

马德刚，孟凡怡，林森，等，2020. 间断供电对污泥电脱水效果的影响[J]. 天津大学学报（自然科学与工程技术版），53（3）：284-290.

孟淮玉，2008. 带式压榨过滤脱水机理及其主机架优化设计[D]. 苏州：苏州大学.

莫汝松，戴文灿，孙水裕，等，2015. 氧化剂对氯化铁与石灰联合调理污泥脱水性能的影响[J]. 环境工程学报，38（9）：147-151.

南素芳，贾月珠，2003. 污泥真空过滤脱水的实验研究[J]. 郑州大学学报（理学版），3：83-85.

潘志强，张淑琴，任大军，等，2019. 城市污泥的直接施用对矿区土壤修复的影响[J]. 环境工程，37（11）：189-193.

戚纪勋，刘莹，2011. 超声辐射法与絮凝剂联合作用对污泥脱水性的研究[J]. 环境科学与管理，36（7）：87-90.

钱旭，王毅力，赵丽，2016. 微米 Fe_3O_4 磁粉调理-压力电场污泥脱水工艺过程研究[J]. 环境科学，37（5）：1864-1872.

秦尧，丁路明，田立平，等，2021. 表面改性剂对溶气气浮微气泡特性影响研究[J]. 工业水处理，41（4）：71-77.

全国农业分析标准化技术委员会，1988a. 土壤全钾测定法：NY/T 87—88[S]. 北京：中国标准出版社.

全国农业分析标准化技术委员会，1988b. 土壤全磷测定法：NY/T 88—88[S]. 北京：中国标准出版社.

冉景煜，牛奔，张力，等，2006. 煤矸石热解特性及机理热重法研究[J]. 煤炭学报，31（5）：640-644.

任丽艳，仲航，苏东霞，等，2021. 污水处理厂剩余污泥回流至初沉池的改造设计[J]. 市政技术，39（6）：137-140.

荣亚运，师林丽，张晨，等，2016. 热活化过硫酸盐氧化去除木质素降解产物[J]. 化工学报，67（6）：2618-2624.

邵立明，何品晶，1996. 污水厂污泥低温热解过程能量平衡分析[J]. 上海环境科学，15（6）：19-21.

尚国元，俞锐，冶福森，等，2021. 西部高原地区市政污泥堆肥发酵用调理剂的筛选[J]. 新乡学院学报，38（9）：58-60.

沈怡雯，汪喜生，郑雯佳，等，2021. 污水处理厂剩余污泥杂质分离设备研究与应用现状[J]. 中国市政工程，4：41-44.

申晓毅，翟玉春，2007. 超微二氧化硅粉体的制备及脱除羟基[J]. 硅酸盐通报，26（3）：542-546.

申晓毅，翟玉春，孙杨，2008. 二氧化硅超微粉微波水热法制备及表征[J]. 人工晶体学报，37（4）：973-976.

石琦，黄润垚，王洪涛，等，2020. 酸化/氧化/絮凝联合调理污泥的全过程研究[J]. 环境污染与防治，42（10）：1263-1268.

时亚飞，2014. 活化过硫酸盐-骨架构建体复合调理污泥深度脱水研究[D]. 武汉：华中科技大学.

时亚飞，杨家宽，李亚林，等，2011. 基于骨架构建的污泥脱水/固化研究进展[J]. 环境科学与技术，34（11）：70-75.

时玉龙，王三反，武广，等，2012. 加压溶气气浮微气泡产生机理及工程应用研究[J]. 工业水处理，32（2）：20-23.

宋兴伟，周立祥，2008. 生物沥浸处理对城市污泥脱水性能的影响研究[J]. 环境科学学报，10：2012-2017.

宋宪强，叶泽鹏，周锡武，2019. 低温水热处理改善城市污泥理化性质及脱水性能[J]. 中国给水排水，35（17）：26-30.

孙红杰，崔玉波，王芳，等，2011. 芦苇床与传统干化床污泥脱水和稳定性能比较[J]. 安全与环境学报，11（6）：81-84.

孙红杰，崔玉波，杨少华，等，2013. 污泥干化芦苇床技术述评[J]. 环境工程，31（6）：117-121.

孙立，吴新，刘道洁，等，2017. 基于硅基的垃圾焚烧飞灰中温热处理重金属稳固化实验[J]. 化工进展，36（9）：3514-3522.

孙颖，陈玲，赵建夫，等，2004. 测定城市生活污泥中重金属的酸消解方法研究[J]. 环境污染与防治，26（3）：170-172.

孙玉琦，罗阳春，2011. 超声波对污泥脱水性能的影响及机理探讨[J]. 安徽农业科学，39（28）：17369-17371.

孙西宁，2007. 污泥堆肥过程中重金属形态变化的研究[D]. 杨凌：西北农林科技大学.

台明青，孙涛，黄雪征，等，2021. 超声波 Fenton 协同 PAM 改善污泥脱水性能[J]. 福建师范大学学报（自然科学版），37（2）：66-74.

谭艳霞，李柏村，李冬丽，等，2021. 园林绿化废弃物复合污泥堆制有机肥的试验研究[J]. 中国资源综合利用，39

（5）：1-4.

唐海，沙俊鹏，刘桂中，等，2015. Fe（Ⅱ）活化过硫酸盐氧化破解剩余污泥的实验研究[J]. 化工学报，66（2）：785-792.

汤连生，张龙舰，罗珍贵，2017. 污泥中水分布形式划分及脱水性能研究[J]. 生态环境学报，26（2）：309-314.

唐宁，2020. 污泥基生物炭的制备及其吸附性能研究[D]. 杭州：浙江科技学院.

田倩倩，2019. 铁碳微电解——Fenton对污泥脱水性能影响的研究[D]. 西安：陕西科技大学.

田禹，方琳，黄君礼，2006. 微波辐射预处理对污泥结构及脱水性能的影响[J]. 中国环境科学，4：459-463.

王定美，袁浩然，王跃强，等，2014. 污泥水热炭化中碳氮固定率的影响因素分析[J]. 农业工程学报，30（4）：168-175.

王家宏，何登吉，2016. 多孔污泥炭吸附剂的制备及其表征[J]. 陕西科技大学学报（自然科学版），34（5）：39-43.

王佳文，刘荣厚，2006. 生物质与石英砂组成双组分混合物的流化特性分析[J]. 农机化研究，11：190-193.

王欢，2013. 湿污泥热解影响因素与产氢途径的研究[D]. 武汉：华中科技大学.

王慧子，2014. 以气浮法为核心的水库原水净水工艺设计及应用[D]. 安徽：合肥工业大学.

王坤，钱洁，唐玉朝，2021. 酸-低热联合处理对剩余污泥脱水性能的影响[J]. 环境科学研究，34（7）：1679-1686.

王莉，杨永哲，李林辉，等，2011. 富磷剩余污泥重力浓缩过程中各参数的变化特征[J]. 中国给水排水，27（1）：37-40.

王鹏，文芳，步学朋，等，2005. 煤热解特性研究[J]. 煤炭转化，28（1）：8-13.

王涛，2012. 市政污泥处置中生物干化工艺与翻堆机选择[J]. 中国市政工程，（5）：54-57.

王亚妮，2019. 基于能效提升的污泥高温热水解厌氧消化工艺研究[D]. 青岛：青岛理工大学，

王彦莹，周翠红，吴玉鹏，等，2020. 超声波强及其对污泥脱水特性影响的研究[J]. 环境科技，33（1）：17-22.

王园园，张光明，张盼月，等，2016. 污泥厌氧发酵制氢研究进展[J]. 水资源保护，32（4）：109-116.

王铮，2004. 城市污水处理厂污泥物化发减量试验研究[D]. 重庆：重庆大学.

王治军，王伟，2005. 剩余污泥的热水解试验[J]. 中国环境科学，增刊1：56-60.

魏源送，樊耀波，王敏健，等，2000. 堆肥系统的通风设计[J]. 环境污染治理技术与设备，1（3）：1-9.

魏琪，武书彬，华文，2017. 碳酸钙对纤维热解特性与产物形成规律的研究[J]. 造纸科学与技术，36（6）：45-51.

武海霞，刘永德，赵继红，2010. 污泥好氧消化预处理方法研究进展[J]. 中国资源综合利用，28（11）：38-40.

武升，张俊森，张杰瑜，等，2021. 施用城镇生活污泥对小麦产量和品质及安全性的影响[J]. 中国土壤与肥料，3：324-330.

武舒娅，周涛，赵由才，2020. 市政污泥热解技术及其影响因素研究进展[J]. 山东化工，49（6）：85-87.

武亚军，何心妍，张旭东，等，2021. 冻融预处理填埋污泥的室内真空脱水试验[J]. 哈尔滨工业大学学报，53（11）：154-161.

吴幼权，郑怀礼，张鹏，等，2009. 复合絮凝剂CAM-CPAM的制备及其污泥脱水性能[J]. 环境科学研究，22（5）：535-539.

伍远辉，罗宿星，范莎莎，等，2017. 电化学与高分子复合絮凝剂联用对污泥的调理研究[J]. 化学世界，58（2）：86-90.

吴雪茜，郭中权，毛维东，2017. 生活污水处理厂污泥浓缩技术研究进展[J]. 能源环境保护，31（6）：5-8.

吴学深，胡勇有，陈元彩，等，2019. 热碱解-好氧消化联合工艺处理剩余污泥的效能及抗性基因变化研究[J]. 华南师范大学学报（自然科学版），51（3）：36-46.

肖红霞，李任，杜冬云，2016. 氧化氨浸工艺回收硫化砷渣中的铜[J]. 环境工程学报，10（2）：893-898.

肖秀梅，2017. 动电技术处理城市污水脱水污泥的试验研究[D]. 上海：同济大学.

谢敏，施周，刘小波，等，2008. 净水厂污泥冰冻-解冻调质影响因素研究[J]. 工业用水与废水，39（6）：92-95.

熊园斌，王勤辉，杨玉坤，等，2016. 碳酸钙对煤热解特性影响的实验研究[J]. 热力发电，45（1）：14-19.

许灿，陈贤春，朱芳，2021. 离心脱水机联合重型带式压滤机在含铁废水处理产泥脱水中的应用[J]. 低碳世界，11（5）：1-2，5.

徐慧，管蓓，2017. 污水处理厂污泥用于矿山废弃地生态修复后土壤肥力变化的研究[J]. 绿色科技，14：33-35.

徐琼，2018. 水热法联合竹粉对污泥脱水性能影响的研究[D]. 武汉：武汉纺织大学.

徐荣险，2010. 城市污水污泥高温好氧-中温厌氧二级消化研究[D]. 广州：华南理工大学.

许太明，孙洪娟，曲献伟，等，2013. 污泥低温真空脱水干化成套技术[J]. 中国给水排水，29（2）：106-108.

徐卫民，2020. 城市污水厂污泥浓缩技术讨论——以南京污水厂污泥浓缩改造工程为例[J]. 智能城市，6（23）：117-118.

徐文迪，常沙，傅金祥，2018. 基于过氧化钙（CaO₂）的类芬顿污泥预处理技术研究[J]. 环境工程，36（7）：117-121.

徐鑫，濮文虹，时亚飞，等，2015. 活化过硫酸盐对市政污泥调理效果的影响[J]. 环境科学，36（11）：4202-4207.

荀锐，王伟，乔伟，2009. 水热改性污泥的水分布特征与脱水性能研究[J]. 环境科学，30（3）：851-856.

严子春，杨永超，何前伟，等，2015. 阴阳离子有机絮凝剂对污泥脱水效果的研究[J]. 环境工程，33（8）：110-113.

姚佳璇，俄胜哲，袁金华，等，2021. 城市污泥农用对灌漠土作物产量及土壤质量的影响[J]. 生态学杂志，40（7）：2120-2132.

姚萌，程国淡，谢小青，等，2012. 城市污水厂污泥化学调理深度脱水机理[J]. 环境工程学报，6（8）：2787-2792.

杨斌，2007. 城市污泥资源化制备建材技术研究[D]. 武汉：华中科技大学.

杨德敏，王兵，李永涛，等，2012. 过硫酸铵氧化处理高浓度含硫废水的研究[J]. 石油化工，41（1）：87-91.

杨传玺，王小宁，2019. 城市污泥处理处置技术研究进展[J]. 科技创新与应用，（36）：157-159.

杨世迎，陈友媛，王萍，等，2008. 过硫酸盐活化高级氧化新技术[J]. 化学进展，9：1433-1438.

杨天华，佟瑶，李秉硕，等，2021. SDS 联合亚临界水预处理对污泥水热液化制油的影响[J]. 太阳能学报，42（5）：477-482.

尹娟，伍健威，2016. 低有机质脱水污泥热水解特性研究[J]. 广州化工，44（1）：62-65.

殷绚，阙子龙，吕效平，等，2005. 超声波声强及处理时间对污泥结合水的影响[J]. 化工进展，3：307-310，314.

余锋波，金文杰，聂振皓，2017. 污泥制备陶粒及其性能研究[J]. 辽宁科技大学学报，40（4）：274-280.

于晓艳，王润娟，支苏丽，等，2012. 胞外聚合物对生物污泥电渗透脱水特性的影响[J]. 中国给水排水，28（15）：1-5.

袁园，杨海真，2003. 表面活性剂及酸处理对污泥脱水性能影响的研究[J]. 四川环境，5：1-8.

曾佳楠，2017. 氯化铝对脱水污泥超临界水气化产氢的影响[J]. 科学技术与工程，17（13）：86-90.

翟全德，2020. 城市污泥作为矿山废弃地生态修复基质的筛选与效果研究[D]. 贵阳：贵州大学.

翟君，2014. 污泥的弱超声电渗透脱水技术的研究[D]. 天津：天津大学.

子瑾，杨安幸，杨院琴，等，2018. 污泥农用对盆栽蔬菜农艺性状及重金属富集的影响[J]. 湖南农业科学，（6）：28-32.

张才元，2004. 焙烧石英砂及其应用[J]. 铸造技术，25（6）：422-423.

张冬弛，张悦，金郁，等，2019. 城市污泥与园林落叶复配作为绿化基质在黑麦草上的应用[J]. 磷肥与复肥，34（1）：39-40.

张号，金晶，郭明山，等，2015. 石化污泥与烟煤混合共热解特性实验研究[J]. 太阳能学报，36（2）：280-284.

张浩，刘秀玉，刘影，2019. XRD 与 SEM 的钢渣尾渣物理激发机理研究[J]. 光谱学与光谱分析，39（3）：281-285.

张鹏，吴志超，陈绍伟，等，2002. 污水厂污泥作填埋场覆盖材料的试验研究[J]. 环境科学研究，15（2）：45-47.

张芊，陆海军，李继祥，等，2017. 填埋场改性污泥防渗层渗透与变形特性[J]. 科学技术与工程，17（8）：87-93.

张少强，李小明，杨麒，等，2007. 污泥嗜热菌好氧消化与传统高温好氧消化的效果对比[J]. 中国给水排水，（13）：91-93.

张维宁，肖智华，马彬，等，2017. 过硫酸盐对城市污泥脱水和重金属去除的影响[J]. 中国环境科学，37（12）：4605-4613.

张慕诗，林珍红，2021. 生物沥浸法联合超声波技术在市政厌氧污泥脱水中的可行性研究[J]. 天津化工，35（4）：66-68.

张谊彬，刘腾，吴勇基，等，2017. 污泥化学调理中混凝剂对污泥脱水性能的影响[J]. 广东化工，44（14）：72-73.

张勇，徐智，王宇蕴，等，2021. 有机无机配施体系中有机肥腐熟程度对化肥氮利用率的影响机制[J]. 中国生态农业学报，29（6）：1051-1060.

张峥嵘，黄少斌，蒋然，等，2007. 单级预热式自动升温高温好氧消化工艺处理剩余活性污泥[J]. 化工进展，26（12）：1798-1803.

张智，袁绍春，胡坚，等，2009. 覆膜人工滤层干化床处理城市污泥的试验研究[J]. 中国给水排水，25（3）：28-31，36.

张智强，1995. 高岭石在 680~980℃之间的结构变化及其产物的研究[J]. 硅酸盐通报，（6）：15-20.

赵乐乐，冯伟，缪静，2016. 城镇污泥处理技术应用现状及发展趋势[J]. 广东化工，44（5）：35-36，54.

赵培涛，2014. 污泥水热处理制固体生物燃料及氮转化机理研究[D]. 南京：东南大学.

赵维，牟正平，范海宏，等，2018. 掺加热水解污泥制备水泥熟料的微观机理研究[J]. 硅酸盐通报，37（5）：1538-

1542.

赵中魁, 孙清洲, 张普庆, 等, 2005. 高温焙烧对石英砂表面的影响[J]. 矿物学报, 25（4）: 385-388.

中华人民共和国国家质量监督检验检疫总局, 2008. 煤的工业分析方法: GB/T 212—2008[S]. 北京: 中国标准出版社.

中华人民共和国国家质量监督检验检疫总局, 2003. 煤的发热量测定方法: GB/T 213—2008[S]. 北京: 中国标准出版社.

中华人民共和国国家质量监督检验检疫总局, 2007. 煤灰成分分析方法: GB/T 1574—2007[S]. 北京: 中国标准出版社.

中华人民共和国建设部, 2005. 城市污水处理厂污泥检验方法: CJ/T 221—2005[S]. 北京: 中国标准出版社.

中华人民共和国农牧渔业部, 1987. 土壤全氮测定法（半微量凯氏法）: NY/T 53—87[S]. 北京: 中国标准出版社.

中华人民共和国住房和城乡建设部, 2018. 农用污泥污染物控制标准: GB 4284—2018[S]. 北京: 中国标准出版社.

周春生, 尹春, 1992. 剩余污泥好氧消化处理的效能及机理研究[J]. 中国给水排水, 8（1）: 13-18.

周翠红, 常俊英, 陈家庆, 等, 2013. 微波对污水污泥脱水特性及形态影响[J]. 土木建筑与环境工程, 35（1）: 135-139.

周宏仓, 徐露, 2013. 过量生石灰对污泥含水率和有机物含量的影响[J]. 环境工程学报, 7（2）: 717-721.

周健, 柴宏祥, 龙腾锐, 等, 2005. 活性污泥胞外聚合物 EPS 的影响因素研究[J]. 给水排水, 8: 19-23.

朱盛胜, 陈宁, 李剑华, 2018. 城市污泥处置技术及资源化技术的应用进展[J]. 广东化工, 45（24）: 28-32.

朱师杰, 陈芳芳, 孙林忠, 等, 2015. 带式压滤及离心式脱水机在污泥脱水中的应用比较[J]. 中国给水排水, 31（17）: 69-71.

朱学栋, 朱子彬, 韩崇家, 2000. 煤的热解研究 Ⅲ 煤中官能团与热解生成物[J]. 华东理工大学学报, 26（1）: 14-17.

邹鹏, 宋碧玉, 王琼, 等, 2005. 壳聚糖絮凝剂的投加量对污泥脱水性能的影响[J]. 工业水处理, 5: 35-37.

Al-Asheh S, Jumah R, Banat F, et al, 2004. Direct current electroosmosis dewatering of tomato paste suspension[J]. Food & Bioproducts Processing, 82(3): 193-200.

Alonso M J G, Borrego A G, Alvarez D, et al, 2001. Influence of pyrolysis temperature on char optical texture and reactivity[J]. Journal of Analytical and Applied Pyrolysis, 58(4): 887-909.

Armstrong D L, Hartman R N, Rice C P, et al, 2018. Effect of cambi thermal hydrolysis process-anaerobic digestion treatment on phthalate plasticizers in wastewater sludge[J]. Environmental Engineering Science, 35(3): 210-218.

Amin S K, Hamid E, El-Sherbiny S A, et al, 2018. The use of sewage sludge in the production of ceramic floor tiles[J]. HBRC Journal, 14(3): 309-315.

Ayol A, Dentel S K, Filibeli A, 2010. Rheological characterization of sludges during belt filtration dewatering using an immobilization cell[J]. Journal of Environmental Engineering, 136(9): 992-999.

Bartkowska I, Biedka P, Tałałaj I A, 2020. Production of biosolids by autothermal thermophilic aerobic digestion (ATAD) from a municipal sewage sludge: the polish case study[J]. Energies, 13(23): 6258.

Bing D C, Wei J Z, Qian D W, et al, 2016. Wastewater sludge dewaterability enhancement using hydroxyl aluminum conditioning: role of aluminum speciation[J]. Water Research, 105: 615-624.

Blank A, Hoffmann E, 2011. Upgrading of a co-digestion plant by implementation of a hydrolysis stage[J]. Waste Management & Research, 29(11): 1145-1152.

Bonney G, 1984. Introduction: waste disposal—where are we now?[J]. Quarterly Journal of Engineering Geology and Hydrogeology, 17(1): 1-2.

Borghi A D, Converti A, Palazzi E, et al, 1999. Hydrolysis and thermophilic anaerobic digestion of sewage sludge and organic fraction of municipal solid waste[J]. Bioprocess and Biosystems Engineering, 20(6): 553-560.

Cantré S, Saathoff F, 2011. Design parameters for geosynthetic dewatering tubes derived from pressure filtration tests[J]. Geosynthetics International, 18(3): 90-103.

Carrere H, Antonopoulou G, Affes R, et al, 2016. Review of feedstock pretreatment strategies for improved anaerobic digestion: from lab-scale research to full-scale application[J]. Bioresource Technology, 199: 386-397.

Cesaro A, Naddeo V, Amodio V, et al, 2012. Enhanced biogas production from anaerobic codigestion of solid waste by sonolysis[J]. Ultrasonics Sonochemistry, 19(3): 596-600.

Chang B A, Dg A, Gw A, et al, 2020. Enhancement of waste activated sludge dewaterability by ultrasound-activated persulfate oxidation: Operation condition, sludge properties, and mechanisms[J]. Chemosphere, 262: 128385.

Chen G B, Li J W, Lin H T, et al, 2018. A study of the production and combustion characteristics of pyrolytic oil from sewage sludge using the taguchi method[J]. Energies, 11(9): 2260.

Chen X, Zhao X, Ge J, et al, 2019. Recognition of the neutral sugars conversion induced by bacterial community during lignocellulose wastes composting[J]. Bioresource Technology, 294: 122153.

Chen Y, Yi L, Wei W, et al, 2021. Hydrogen production by sewage sludge gasification in supercritical water with high heating rate batch reactor[J]. Energy, 10: 121740.

Chen Y, Yin Y, Wang J, 2021. Effect of Ni^{2+} concentration on fermentative hydrogen production using waste activated sludge as substrate[J]. International Journal of Hydrogen Energy, 46(42): 21844-21852.

Chen Y C, Shi J W, Rong H, et al, 2020. Adsorption mechanism of lead ions on porous ceramsite prepared by co-combustion ash of sewage sludge and biomass[J]. The Science of the total environment, 702: 135017.

Chen Z, Zhang W, Wang D, et al, 2016. Enhancement of waste activated sludge dewaterability using calcium peroxide pre-oxidation and chemical re-flocculation. Water Research, 103: 170-181.

Cheng Z, Pan Y Z, Hong J W, et al, 2018. Conditioning of sewage sludge via combined ultrasonication-flocculation-skeleton building to improve sludge dewaterability[J]. Ultrasonics Sonochemistry, 40: 353-360.

Chinthamreddy R S, 2003. Effects of initial form of chromium on electrokinetic remediation in clays[J]. Advances in Environmental Research, 7(2): 353-365.

Chu C P, Lee D J, 2001. Experimental analysis of centrifugal dewatering process of polyelectrolyte flocculated waste activated sludge[J]. Water Research, 35(10): 2377-2384.

Citeau M, Larue O, Vorobieu E, 2011. Influence of salt, pH and polyelectrolyte on the pressure electro-dewatering of sewage sludge[J]. Water Research, 45(6): 2167-2180.

Citeau M, Loginov M, Vorobiev E, 2016. Improvement of sludge electrodewatering by anode flushing drying technology[J]. Drying Technology, 34(3): 307-317.

Colin F, Gazbar S, 1995. Distribution of water in sludges in relation to their mechanical dewatering[J]. Water Research, 29(8): 2000-2005.

Dereli R K, Ersahin M E, Gomec C Y, et al, 2010. Co-digestion of the organic fraction of municipal solid waste with primary sludge at a municipal wastewater treatment plant in Turkey[J]. Waste Management & Research, 28(5): 404-410.

Dong X S, Hu X J, Yao S L, et al, 2009. Vacuum filter and direct current electro-osmosis dewatering of fine coal slurry[J]. Procedia Earth and Planetary Science, 1(1): 685-693.

Duan N, Dong B, Bing W, et al, 2012. High-solid anaerobic digestion of sewage sludge under mesophilic conditions: feasibility study[J]. Bioresource Technology, 104: 150-156.

Elisaveta G K, Rayka K V, Natasha G V, 2020. Heat integration of two-stage autothermal thermophilic aerobic digestion system for reducing the impact of uncertainty[J]. Energy, 208: 118329.

Epstein E, 1976. A forced aeration system for composting wastewater sludge[J]. Water Pollution Control Federation, 48(4): 688-694.

Esposito G, Frunzo L, Panico A, et al, 2011. Modelling the effect of the OLR and OFMSW particle size on the performances of an anaerobic co-digestion reactor[J]. Process Biochemistry, 46(2): 557-565.

European Commission, 2000. Working document on sludge. European Commission, DG Environment-B2.

European Commission, 2010. Working document sludge and biowaste, Brussels, 13p, Annex1: comparison of member states requirements relating to the use of sewage sludge in agriculture, 3 p.

Eyser C V, Palmu K, Schmidt T C, et al, 2015. Pharmaceutical load in sewage sludge and biochar produced by hydrothermal carbonization[J]. Science of the Total Environment, 537: 180-186.

Fan S, Wang Y, Wang Z, et al, 2017. Removal of methylene blue from aqueous solution by sewage sludge-derived biochar: adsorption kinetics, equilibrium, thermodynamics and mechanism-ScienceDirect[J]. Journal of Environmental Chemical

Engineering, 5(1): 601-611.

Farno E, Baudez J C, Parthasarathy R, et al, 2014. Rheological characterisation of thermally-treated anaerobic digested sludge: impact of temperature and thermal history[J]. Water Research, 56(1): 156-161.

Ferreira S L C, Bruns R E, Ferreira H S, 2007. Box-Behnken design: an alternative for the optimization of analytical methods[J]. Analytica Chimica Acta, 597(2): 179-186.

Frølund B, Griebe T, Nielsen P H, 1995. Enzymatic activity in the activated sludge sludge floc matrix[J]. Applied Microbiology Biotechnology, 43(4): 755-761.

Fuentes A, Llorens M, Saez J, et al, 2004. Simple and sequential extractions of heavy metals from different sewage sludges[J]. Chemosphere, 54(8): 1039-1047.

Furman O S, Teel A L, Ahmad M, et al, 2011. Effect of basicity on persulfate reactivity[J]. Journal of Environmental Engineering, 137(4): 241-247.

Furman O S, Teel A L, Watts R J, 2010. Mechanism of base activation of persulfate[J]. Environmental Science&Technology, 44(16): 6423-6428.

Gharibi H, Sowlat M H, Mahvi A H, et al, 2013. Performance evaluation of a bipolar electrolysis/electro-coagulation (EL/EC) reactor to enhance the sludge dewaterability[J]. Chemosphere, 90(4): 1487-1494.

Glendinning S, Lamont-Black J, Jones C J, 2007. Treatment of sewage sludge using electrokinetic geosynthetics[J]. Journal of Hazardous Materials, 139(3): 491-499.

Glendinning S, Mok C K, Kalumba D, et al, 2010. Design framework for electrokinetically enhanced dewatering of sludge[J]. Journal of Environmental Engineering-ASCE, 136(4): 417-426.

Gong W, Zhou Z, Liu Y, et al, 2020. Catalytic gasification of sewage sludge in supercritical water: Influence of K_2CO_3 and H_2O_2 on hydrogen production and phosphorus yield[J]. ACS Omega, 5: 3389-3396.

Grim J, Malmros P, A Schnürer, et al, 2015. Comparison of pasteurization and integrated thermophilic sanitation at a full-scale biogas plant-heat demand and biogas production[J]. Energy, 79: 419-427.

Gu Y, Cao H, Liu W, et al, 2021. Impact of co-processing sewage sludge on cement kiln NO_x emissions reduction[J]. Journal of Environmental Chemical Engineering, 9(4): 105511.

Guan B, Yu J, Fu H, et al, 2012. Improvement of activated sludge dewaterability by mild thermal treatment in $CaCl_2$ solution[J]. Water Research, 46(2): 425-432.

Guo J, Jia X, Gao Q, 2020. Insight into the improvement of dewatering performance of waste activated sludge and the corresponding mechanism by biochar-activated persulfate oxidation[J]. Science of The Total Environment, 744: 140912.

Hamzawi N, Kennedy K J, Mclean D D, 1998. Technical feasibility of anaerobic co-digestion of sewage sludge and municipal solid waste[J]. Environment Technology, 19(10): 993-1003.

Han Y, Zhuo Y, Peng D, et al, 2017. Influence of thermal hydrolysis pretreatment on organic transformation characteristics of high solid anaerobic digestion[J]. Bioresource Technology, 244: 836-843.

Hantoko D, Antoni, Kanchanatip E, et al, 2019. Assessment of sewage sludge gasification in supercritical water for H_2-rich syngas production[J]. Process Safety and Environmental Protection, 131: 63-72.

He D Q, Chen J Y, Bao B, et al, 2020. Optimizing sludge dewatering with a combined conditioner of Fenton's reagent and cationic surfactant[J]. Journal of Environmental Sciences, 88: 21-30.

Hidaka T, Wang F, Togari T, et al, 2013. Comparative performance of mesophilic and thermophilic anaerobic digestion for high-solid sewage sludge[J]. Bioresource Technology, 149: 177-183.

Hidalgo D, Sastre E, Gomez M, et al, 2012. Evaluation of pre-treatment processes for increasing biodegradability of agro-food wastes[J]. Environmental Technology, 33(13-15): 1497-1503.

Higgins M J, Novak J T, 1997. Dewatering and settling of activated sludges: The case for using cation analysis[J]. Water Environment Research, 69(2): 225-232.

Ho M Y, Chen G H, 2001. Enhanced electro-osmotic dewatering of fine particle suspension using a rotating anode[J]. Industrial & Engineering Chemistry Research, 40(8): 1859-1863.

Hou F W, Hao H, Hua J W, et al, 2019. Combined use of inorganic coagulants and cationic polyacrylamide for enhancing dewaterability of sewage sludge[J]. Journal of Cleaner Production, 211: 387-395.

House D A, 1962. Kinetics and mechanism of oxidations by peroxydisulfate. Chemical Reviews, 62(3): 185-203.

Hu K, Jiang J Q, Zhao Q L, et al, 2011. Conditioning of wastewater sludge using freezing and thawing: Role of curing[J]. Water Research, 45(18): 5969-5976.

Hu J, Guo B, Li Z, et al, 2021. Freezing pretreatment assists potassium ferrate to promote hydrogen production from anaerobic fermentation of waste activated sludge[J]. Science of The Total Environment, 781: 146685.

Huang J, Liang J, Yang X, et al, 2020. Ultrasonic coupled bioleaching pretreatment for enhancing sewage sludge dewatering: Simultaneously mitigating antibiotic resistant genes and changing microbial communities[J]. Ecotoxicology and Environmental Safety, 193: 110349.

Huang J J, Li Y H, Sun J M, et al, 2012. Municipal River sediment remediation with calcium nitrate, polyaluminium chloride and calcium peroxide compound[J]. Advanced Materials Research, 396-398: 1899-1904.

Huo M, Zheng G, Zhou L, 2014. Enhancement of the dewaterability of sludge during bioleaching mainly controlled by microbial quantity change and the decrease of slime extracellular polymeric substances content[J]. Bioresource Technology, 168: 190-197.

Ibrahim A H, Bakar M Y A, Abidin C Z A, et al, 2021. Physical and mechanical properties of clay sludge brick[J]. IOP Conference Series: Earth and Environmental Science, 646(1): 012022.

Ja M, Inguanzo M, Pis J J, 2002. Microwave-induced pyrolysis of sewage sludge[J]. Water Research, 36(13): 3261-3264.

Ji B L, Yuan S W, Kun L, et al, 2016. Microwave-acid pretreatment: a potential process for enhancing sludge dewaterability[J]. Water Research, 90: 225-234.

Jin L Y , Zhang P Y , Zhang G M, et al, 2016. Study of sludge moisture distribution and dewatering characteristic after cationic polyacrylamide (C-PAM) conditioning[J]. Desalination and Water Treatment, 57(60): 29377-29383.

Jing A, Zhang W, Chen F, et al, 2019. Catalytic pyrolysis coupling to enhanced dewatering of waste activated sludge using $KMnO_4$ $Fe(II)$ conditioning for preparing multi-functional material to treat groundwater containing combined pollutants[J]. Water Research, 158: 424-437.

Jing Y C, Bo B, Xiang L P, et al, 2020. Optimizing sludge dewatering with a combined conditioner of Fenton's reagent and cationic surfactant[J]. Journal of Environmental Sciences, 88(2): 21-30.

Johnson R L, Tratnyek P G, Johnson R O, 2008. Persulfate persistence under thermal activation conditions[J]. Environmental Science & Technology, 42(24): 9350-9356.

Karr P R, Keinath T M, 1978. Influence of particle size on sludge dewaterability[J]. Journal (Water Pollution Control Federation) , 50(8): 1911-1930.

Kambhu K, Andrews J F, 1969. Aerobic thermophilic process for the biological treatment of wastes: Simulation studies[J]. Water Pollution Control Federation, 41(5): 127-141.

Kawasaki K, Matsuda A, Ide T, et al, 1990. Conditioning of excess activated sludge by freezing and thawing process: the change of settling characteristics of sludge floc[J]. Kagaku Kogaku Ronbunshu, 16(1): 16-22.

Kayhanian M, 1999. Ammonia inhibition in high-solids biogasification: an overview and practical solutions[J]. Environmental Technology Letters, 20(4): 355-365.

Kayhanian M, Hardy S, 1994. The impact of four design parameters on the performance of a high-solids anaerobic digestion of municipal solid waste for fuel gas production[J]. Environment Technology, 15: 557–567.

Kim B J, Smith E D, 1997. Evaluation of sludge dewatering reed beds: a niche for small systems[J]. Water Science & Technology, 35(6): 21-28.

Kim E, Cho J, Yim S, 2005. Digested sewage sludge solidification by converter slag for landfill cover[J]. Chemosphere, 59(3): 387-395.

Kopp J, Dichtl N, 2001. Influence of the free water content on the dewaterability of sewage sludges[J]. Water Science and Technology, 44(10): 177-83.

Kuosa M, Kopra R, 2019. Novel methods for monitoring the sludge dewatering operation of a belt filter: a mill study[J]. Nordic Pulp and Paper Research Journal, 34(4): 550-557.

Larue O, Wakeman R J, Tarleton E S, et al, 2006. Pressure electroosmotic dewatering with continuous of electrolysis products[J]. Chemical Engineering Science, 61(14): 4732-4740.

Latha K, Velraj R, Shanmugam P, et al, 2019. Mixing strategies of high solids anaerobic co-digestion using food waste with sewage sludge for enhanced biogas production[J]. Journal of Cleaner Production, 210: 388-400.

Leblanc R J, Richard R P , B Ee Cher N, 2009. A review of "global atlas of excreta, wastewater sludge, and biosolids management: moving forward the sustainable and welcome uses of a global resource"[J]. Proceedings of the Water Environment Federation, 3: 1202-1208.

Lee D J, 2010. Structure evolution of wastewater sludge during electroosmotic dewatering[J]. Drying Technology: An International Journal, 28(7): 890-900.

Lee D Y, Jing S R, Lin Y F, 2001. Using seafood waste as sludge conditioners[J]. Water Science & Technology, 44(10): 301-307.

Lee J K, Shin H S, Park C J, et al, 2002. Performance evaluation of electrodewatering system for sewage sludges[J]. Korean Journal of Chemical Engineering, 19(1): 41-45.

Li C, Wang X, Zhang G, et al, 2017. Hydrothermal and alkaline hydrothermal pretreatments plus anaerobic digestion of sewage sludge for dewatering and biogasproduction: Bench-scale research and pilot-scale verification[J]. Water Research, 117: 49-57.

Li W, Zhang B, Ds A, 2021. Preparation of sludge-based activated carbon for adsorption of dimethyl sulfide and dimethyl disulfide during sludge aerobic composting-ScienceDirect[J]. Chemosphere, 279: 130924.

Li Y, Yuan X, Wu Z, et al, 2016. Enhancing the sludge dewaterability by electrolysis/ electrocoagulation combined with zero-valent iron activated persulfate process[J]. Chemical Engineering Journal, 303: 636-645.

Li Y L, Liu J W, Chen J Y, et al, 2014. Reuse of dewatered sewage sludge conditioned with skeleton builders as landfill cover material[J]. International Journal of Environmental Science and Technology, 11(1): 233-240.

Li X Y, Yang S F, 2007. Influence of loosely bound extracellular polymeric substances(EPS)on the flocculation, sedimentation and dewaterability of activated sludge[J]. Water Research, 41(5): 1022-1030.

Liang C, Bruell C J, Marley M C, et al, 2004. Persulfate oxidation for in situ remediation of TCE. Ⅰ. Activated by ferrous ion with and without a persulfate-thiosulfate redox couple[J]. Chemosphere, 55(9): 1213-1223.

Liang C, Lee I L, Hsu I Y, et al, 2008. Persulfate oxidation of trichloroethylene with and without iron activation in porous media. [J] Chemosphere, 70(3): 426-435.

Liang C, Wang Z S, Bruell C J, 2007. Influence of pH on persulfate oxidation of TCE at ambient temperatures[J]. Chemosphere, 66(1): 106-113.

Liang Q, Shi C W, Jian H, et al, 2017. The effects of physicochemical properties of sludge on dewaterability under chemical conditioning with amphoteric polymer[J]. Journal of Polymers and the Environment, 25(4): 1262-1272.

Liao B Q, Allen D G, Droppo I G, et al, 2001. Surface properties of sludge and their role in bioflocculation and settleability[J]. Water Research, 35(2): 339-350.

Lim S, Jeon W, Lee J, et al, 2002. Engineering properties of water/wastewater-treatment sludge modified by hydrated lime, fly ash and loess[J]. Water Research, 36(17): 4177-4184.

Liu C G, 2019. Enhancement of dewaterability and heavy metals solubilization of waste activated sludge conditioned by natural vanadium-titanium magnetite-activated peroxymonosulfate oxidation with rice husk[J]. Chemical Engineering Journal, 359: 217-224.

Liu H, Yang J, Shi Y, et al, 2012. Conditioning of sewage sludge by Fenton's reagent combined with skeleton builders[J]. Chemosphere, 88(2): 235-239.

Liu X, Wang W, Shi Y, et al, 2012. Pilot-scale anaerobic co-digestion of municipal biomass waste and waste activated sludge in China: effect of organic loading rate[J]. Waste Management, 32(11): 2056-2060.

Loginov M, 2013. Electro-dewatering of drilling sludge with liming and electrode heating[J]. Separation and Purification Technology, 104: 89-99.

Lu M C, Lin C J, Liao C H, et al, 2003. Dewatering of activated sludge by Fenton's reagent[J]. Advances in Environmental Research, 7(3): 667-670.

Ma D G, Lin S, Cui C Y, et al, 2018. Application of weak ultrasonic treatment on sludge electro-osmosis dewatering[J]. Environmental Technology, 39(10): 1340-1349.

Maeseneer J, 1997. Constructed wetlands for sludge dewatering[J]. Water Science & Technology, 35(5): 279-285.

Mahmoud A, Oliver J, Vaxelaire J, et al, 2011. Electro-dewatering of wastewater sludge: influence of the operating conditions and their interactions effects[J]. Water Research, 45(9): 2795-2810.

Mahmoud A, Olivier J, Vaxelaire J, et al, 2013. Advances in mechanical dewatering of wastewater sludge treatment[M]. Springer Netherlands.

Malmstead M J, Bonistall D F, Maltby C V, 1999. Closure of a nine-acre industrial landfill using pulp and paper mill residuals[J]. Tappi Journal, 82(2): 153-160.

Malik A A, Puissant J, Buckeridge K M, et al, 2018. Land use driven change in soil pH affects microbial carbon cycling processes[J]. Nature Communications. 9(1): 3591.

Mao C, Feng Y, Wang X, et al, 2015. Review on research achievements of biogas from anaerobic digestion[J]. Renewable & Sustainable Energy Reviews, 45: 540-555.

Marañon E, Castrillon L, Quiroga G, et al, 2012. Co-digestion of cattle manure with food waste and sludge to increase biogas production[J]. Waste Management, 32(10): 1821-1825.

Mata-Alvarez J, Dosta J, Romero-Gueiza M S, et al, 2014. A critical review on anaerobic co-digestion achievements between 2010 and 2013[J]. Renewable and Sustainable Energy Reviews, 36: 412-427.

Mei Q N, Niu, Weijun Z, Dong S, et al, 2013. Correlation of physicochemical properties and sludge dewaterability under chemical conditioning using inorganic coagulants[J]. Bioresource Technology, 144: 337-343.

Meknassi Y F, Tyagi R D, Narasiah S, 2000. Simutaneous sewage sludge digestion and metal leaching: effect of aeration[J]. Process Biochemistry, 36(3): 263-273.

Menon U, Suresh N, George G, et al, 2020. A study on combined effect of fenton and free nitrous acid treatment on sludge dewaterability with ultrasonic assistance: Preliminary investigation on improved calorific value [J]. Chemical Engineering Journal, 382: 123035.

Messenger J R. de Villiers H A. et al, 1993. Evaluation of the dual digestion system: Part 1, 2, 3 and 4[J]. Water S A, 19(3): 185-216.

Midilli A, Dogru M, Akay G, et al, 2002. Hydrogen production from sewage sludge via a fixed bed gasifier product gas[J]. International Journal of Hydrogen Energy, 27(10): 1035-1041.

Millieu, WRc, RPA, 2010. Environmental, economic and social impacts of the use of sewage sludge on land[DB/OL]. http://ec. europa. eu/environment/waste/sludge/pdf/partireport. pdf.

Mitsuhiko K, Norio N, Fadhil S, et al, 2018. Effect of temperature on thermophilic composting of aquaculture sludge: NH_3 recovery, nitrogen mass balance, and microbial community dynamics[J]. Bioresource Technology, 265: 207-213.

Mojtaba M, R. Scott Semken, Aki M, et al, 2018. Enhanced sludge dewatering based on the application of high-power ultrasonic vibration[J]. Ultrasonics, 84: 438-445.

Montgomery D C, 1976. Design and Analysis of Experiments[M]. New York: Wiley.

Na S, Kim Y U, Khim J, 2007. Physiochemical properties of digested sewage sludge with ultrasonic treatment[J]. Ultrasonics Sonochemistry, 14(3): 281-285.

Na S, Kim Y U, Min J, et al, 2014. An economic assessment of the enhanced dewaterability of municipal wastewater sludge following ultrasonic treatment[J]. Japanese journal of applied physics, 53(7S): 07KE11.

Nahar N, Hossen M S, 2021. Influence of sewage sludge application on soil properties carrot growth and heavy metal uptake[J]. Communications in Soil Science and Plant Analysis, 52(1): 1-10.

Ndjou'ou A C, Cassidy D, 2006. Surfactant production accompanying the modified Fenton oxidation of hydrocarbons in soil. Chemosphere, 65(9): 1610-1615.

Neyens E, Baeyens J, 2003a. A review of thermal sludge pre-treatment processes to improve dewaterability[J]. Journal of Hazardous Materials, 98(1/3): 51-67.

Neyens E, Baeyens J, Creemers C, 2003b. Alkaline thermal sludge hydrolysis[J]. Jounal of Hazardous Materials, 97(1): 295-314.

Neyens E, Baeyens J, Weemaes M, et al, 2003c. Pilot-scale peroxidation (H_2O_2) of sewage sludge[J]. Journal of Hazardous Materials, 98(1): 91-106.

Nielfa A, Cano M, Fdz P, 2015. Theoretical methane production generated by the co-digestion of organic fraction municipal solid waste and biological sludge[J]. Biotechnology Reports, 5: 14-21

Niu Q, Xu Q, Wang Y, et al, 2019. Enhanced hydrogen accumulation from waste activated sludge by combining ultrasonic and free nitrous acid pretreatment: performance, mechanism, and implication[J]. Bioresource Technology, 285: 121363.

Northup A, Cassidy D, 2008. Calcium peroxide (CaO_2) for use in modified Fenton chemistry[J]. Journal of Hazardous Materials, 152(3): 1164-1170.

Oh S Y, Kim H W, Park J M, et al, 2009. Oxidation of polyvinyl alcohol by persulfate activated with heat, Fe^{2+}, and zero-valent iron[J]. Journal of Hazardous Materials, 168(1): 346-351.

Olivier J, Mahmoud A, Vaxelaire J, et al, 2014. Electro-dewatering of anaerobically digested and activated sludges: an energy aspect analysis[J]. Drying Technology, 32(9): 1091-1103.

Oncu N B, Mercan N, Balcioglu I A, 2015. The impact of ferrous iron/heat-activated persulfate treatment on waste sewage sludge constituents and sorbed antimicrobial micropollutants[J]. Chemical Engineering Journal, 259: 972-980.

Park C, Hong S, Lee S et al, 2006. Thickening Characteristics of Activated Sludge by Air Flotation Process[J]. Journal of Korean Society of Water and Wastewater, 20(5): 747-753.

Pei H Y, Hu W R, Liu Q H, 2010. Effect of protease and cellulase on the characteristic of activated sludge[J]. Journal of Hazardous Materials, 178(1): 397-403.

Pembroke J Tony, Ryan M P, 2019. Autothermal thermophilic aerobic digestion (ATAD) for heat, gas, and production of a class a biosolids with fertilizer potential[J]. Microorganisms, 7(8): 215.

Pere J, Alen R, Viikari L, et al, 1993. Characterization and dewatering of activated sludge from the pulp and paper industry[J]. Water Science and Technology, 1993, 28(1): 193-201.

Phuong T, Vinh N T, Saravanamuthu V, et al, 2018. Novel methodologies for determining a suitable polymer for effective sludge dewatering[J]. Journal of Environmental Chemical Engineering, 6(4): 4206-4214.

Qian X, Wang H, Wang Y, 2015. Characterization of the structure and interaction of sludge biosolids during the conditioning-electro-dewatering process[J]. Colloids and Surfaces A Physicochemical and Engineering Aspects, 484: 108-117.

Rabie H R, 1993. Continuous and interrupted electroosmotic dewatering of clay suspensions[J]. Drying Technology, 11(4): 855-856.

Rao B Q, Su X Y, Lu X L, et al, 2019. Ultrahigh pressure filtration dewatering of municipal sludge based on microwave pretreatment[J]. Journal of Environmental Management, 247: 588-595.

Reddy K R, Urbanek A, Khodadoust A P, 2006. Electroosmotic dewatering of dredged sediments: Bench-scale investigation[J]. Journal of Environmental Management, 78(2): 200-208.

Rivard C J, Himmel M E, Vinzant T B, et al, 1990. Anaerobic digestion of processed municipal solid waste using a novel high solids reactor: Maximum solids levels and mixing requirements[J]. Biotechnology Letters, 12(3): 235-240.

Romero A, Santos A, Vicente F, et al, 2010. Diuron abatement using activated persulphate: effect of pH, Fe (II) and oxidant dosage[J]. Chemical Engineering Journal, 162(1): 257-265.

Ruiz-Hernando M, Labanda J, Llorens J, 2015. Structural model to study the influence of thermal treatment on the thixotropic behaviour of waste activated sludge[J]. Chemical Engineering Journal, 262: 242-249.

Saveyn H, Curvers D, Pel L, et al, 2006. In situ determination of solidosity profiles during activated sludge electrodewatering[J]. Water Research, 40(11): 2135-2142.

Sede, Arthur Andersen, 2002. Disposal and recycling routes for sewage sludge[DB/OL]. https://ec.europa.eu/environment/archives/waste/sludge/pdf/synthesisreport020222.pdf.

Shang J Q, Lo K Y, 1997. Electrokinetic dewatering of a phosphate clay[J]. Journal of Hazardous Materials, 55(1): 117-133.

Shen K L, Xu H, Ding M M, et al, 2016. Dewatering of drinking water treatment sludge by vacuum electro-osmosis[J]. Separation Science and Technology, 51(13): 2255-2266.

Sheng G P, Yu H Q, Li X Y, 2010. Extracellular polymeric substances(EPS)of microbial aggregates in biological wastewater treatment systems: a review[J]. Biotechnology Advances, 28(6): 882-894.

Shi C J, 1998. Pozzolanic reaction and microstructure of chemical activated lime-fly ash pastes[J]. Aci Materials Journal, 95(5): 537-545.

Shi Y F, Yang J K, Mao W, et al, 2015. Influence of Fe^{2+}-sodium persulfate on extracellular polymeric substances and dewaterability of sewage sludge[J]. Desalination and Water Treatment, 53(10): 2655-2663.

Silvestre G, Bonmati A, Fernandez B, 2015. Optimisation of sewage sludge anaerobic digestion through co-digestion with OFMSW: effect of collection system and particle size[J]. Waste Management, 43: 137-143.

Simão, L, Jiusti, J, Loh, N, et al, 2017. Waste-containing clinkers: valorization of alternative mineral sources from pulp and paper mills[J]. Process Safety and Environmental Protection, 109: 106-116.

Simeoni L A, Barbarick K A, Sabey B R, 1984. Effect of small-scale composting of sewage sludge on heavy metal availability to plants[J]. Journal of Environmental Quality, 13(2): 264-268.

Simona C, Wase C et al, 1992. Thicking of waste activated sludge by biological floatation[J]. Water Research, 26(2): 139-144.

Smollen M, 1990. Evaluation of municipal sludge drying and dewatering with respect to sludge volume reduction[J]. Waterence & Technology, 22(12): 153-161.

Sonnleitner B, Fiechter A, 1985. Microbial flora studies in thermophilic aerobic sludge treatment[J]. Conservation & Recycling, 8(1-2): 303-313.

Stefanakis A I, Tsihrintzis V A, 2012. Effect of various design and operation parameters on performance of pilot-scale sludge drying reed beds[J]. Ecological Engineering, 38(1): 65-78.

Sugahara M, Oku S, 1993. Parameters influencing sludge thickening by dissolved air flotation[J]. Water Science and Technology, 28(1): 87-90.

Sun W, Tang M, Sun Y, et al, 2018. Effective sludge dewatering technique using the combination of fenton's reagent and CPAM[J]. The Canadian Journal of Chemical Engineering, 96(6): 1-8.

Supaporn P, Ly H V, Kim S S, et al, 2019. Bio-oil production using residual sewage sludge after lipid and carbohydrate extraction[J]. Environmental engineering research, 24(2): 202-210.

Tao B, Donnelly J, Oliveira I, et al, 2017. Enhancement of microbial density and methane production in advanced anaerobic digestion of secondary sewage sludge by continuous removal of ammonia[J]. Bioresource Technology, 232: 380-388.

Tan C, Gao N, Deng Y, et al, 2012. Heat-activated persulfate oxidation of diuron in water[J]. Chemical Engineering Journal, 203: 294-300.

Taylor W, Weiss J, 2004. The rate constant of the reaction between hydrogen peroxide and ferrous ions[J]. The Journal of Chemical Physics, 21(8): 1419.

Tena M, Luque B, Perez M, et al, 2020. Enhanced hydrogen production from sewage sludge by cofermentation with wine vinasse[J]. International Journal of Hydrogen Energy, 45(32): 15977-15984.

Tiehm A, Nickel K, Zellhorn M, et al, 2001. Ultrasonic waste activated sludge disintegration for improving anaerobic stabilization[J]. Water Research, 35(8): 2003-2009.

Thipkhunthod P, Meeyoo V, Rangsunvigit P, 2005. Predicting the heating value of sewage sludges in Thailand from proximate and ultimate analyses[J]. Fuel, 84 (7): 849-857.

Thomsen T P, Hauggaard-Nielsen H, Gobel B, et al, 2017. Low temperature circulating fluidized bed gasification and co-gasification of municipal sewage sludge. Part 2: evaluation of ash materials as phosphorus fertilizer[J]. Waste Management, 66: 145-154.

Tony M A, Zhao Y Q, Tayeb A M, 2009. Exploitation of fenton and fenton-like reagents as alternative conditioners for alum sludge conditioning[J]. Journal of Environmental Sciences, 21(1): 101-105.

Trzcinski A P, Tian X, Wang C, et al, 2015. Combined ultrasonication and thermal pre-treatment of sewage sludge for increasing methane production[J]. Journal of Environmental Science and Health, 50(2): 213-223.

Tuan P A, Jurate V, Mika S, 2008. Electro-dewatering of sludge under pressure and non-pressure conditions[J]. Environmental Technology, 29(10): 1075-1084.

Tuan P A, Mika S, 2010a. Effect of freeze/thaw conditions, polyelectrolyte addition, and sludge loading on sludge electro-dewatering process-ScienceDirect[J]. Chemical Engineering Journal, 164(1): 85-91.

Tuan P A, Mika S, 2010b. Fractionation of macro and trace metals due to off-time interrupted electrodewatering[J]. Drying Technology, 28(6): 762-772.

Tuan P A, Mika S, 2010c. Migration of ions and organic matter during electro-dewatering of anaerobic sludge[J]. Journal of Hazardous Materials, 173(1-3): 54-61.

Urrea J L, Sergio C, Amanda L, et al, 2015. Rheological behaviour of activated sludge treated by thermal hydrolysis[J]. Journal of Water Process Engineering, 5: 153-159.

Vesilind P A, Hsu C C, 1997. Limits of sludge dewaterability[J]. Water Science and Technology, 36(11): 87-91.

Wang L, Li A, 2015. Hydrothermal treatment coupled with mechanical expression at increased temperature for excess sludge dewatering: the dewatering performance and the characteristics of products[J]. Water Research, 68: 291-303.

Wang L, Li A, Chang Y, 2017. Relationship between enhanced dewaterability and structural properties of hydrothermal sludge after hydrothermal treatment of excess sludge[J]. Water Research, 112: 72-82.

Weber K, Stahl W, 2002. Improvement of filtration kinetics by pressure electrofiltration. Separation and Purification Technology, 26(1): 69-80.

Wei L, Na J W Yu, An R F, et al, 2018. Co-treatment of potassium ferrate and ultrasonication enhances degradability and dewaterability of waste activated sludge[J]. Chemical Engineering Journal, 361: 148-155.

Wei Y, Houten R V, Borger A R, et al, 2003. Comparison performances of membrane bioreactor and conventional activated sludge prcesses on sludge reduction induced by Oligochaete[J]. Environmental Science & Technology, 37(14): 3171-80.

William J. J, Randolph M, Kabrick, 1980. Autoheated aerobic thermophilic digestion with aeration[J]. Water Pollution Control Federation, 52(3): 512-523.

Wojciechowska E, 2005. Application of microwaves for sewage sludge conditioning[J]. Water Research, 39(19): 4749-4754.

Wu B, Chai X, 2016. Novel insights into enhanced dewatering of waste activated sludge based on the durable and efficacious radical generating[J]. Journal of the Air & Waste Management Association, 66(11): 1151-1163.

Wu C C, Wu J J, Huang R Y, 2003. Effect of floc strength on sludge dewatering by vacuum filtration[J]. Colloids & Surfaces A Physicochemical & Engineering Aspects, 221(1-3): 141-147.

Xue Y, Liu H, Chen S, et al, 2015. Effects of thermal hydrolysis on organic matter solubilization and anaerobic digestion of high solid sludge[J]. The Chemical Engineering Journal, 264: 174-180.

Yan A, Li J, Liu L, et al, 2018. Centrifugal dewatering of blended sludge from drinking water treatment plant and wastewater treatment plant[J]. Journal of Material Cycles and Waste Management, 20: 421-430.

Yan J, Lei M, Zhu L, et al, 2011. Degradation of sulfamonomethoxine with Fe_3O_4 magnetic nanoparticles as heterogeneous activator of persulfate[J]. Journal of Hazardous Materials, 186(2/3): 1398-1404.

Yang L, Nakhla G, Bassi A, 2005. Electro-kinetic dewatering of oily sludges[J]. Journal of Hazardous Materials, 125(1): 130-140.

Yang P, Li D D, Zhang W J, et al, 2019. Flocculation-dewatering behavior of waste activated sludge particles under chemical conditioning with inorganic polymer flocculant: effects of typical sludge properties[J]. Chemosphere, 218: 930-940.

Yang Z, Lee D J, 2010. Structure Evolution of Wastewater Sludge During Electroosmotic Dewatering[J]. Drying Technology, 28(7): 890-900.

Yao Y, Yu L, Ghogare R, et al, 2017. Simultaneous ammonia stripping and anaerobic digestion for efficient thermophilic conversion of dairy manure at high solids concentration[J]. Energy, 141: 179-188.

Yen C, Chen K, Kao C, et al, 2011. Application of persulfate to remediate petroleum hydrocarbon-contaminated soil: feasibility and comparison with common oxidants[J]. Journal of Hazardous Materials, 186(2-3): 2097-2102.

Yu W B, Yang J K, Xu W, et al, 2017. Study on dewaterability limit and energy consumption in sewage sludge electro-dewatering by in-situ linear sweep voltammetry analysis[J]. Chemical Engineering Journal, 317: 980-987.

Yu X, Zhang S, Xu H, et al, 2010. Influence of filter cloth on the cathode on the electroosmotic dewatering of activated sludge[J]. Chinese Journal of Chemical Engineering, 18(4): 562-568.

Zemmouri H, Mameri N, Lounici H, et al, 2015. Chitosan use in chemical conditioning for dewatering municipal-activated sludge[J]. Water Science and Technology, 71(6): 810-816.

Zhan T L, Zhan X, Lin W, et al, 2014. Field and laboratory investigation on geotechnical properties of sewage sludge disposed in a pit at Changan landfill, Chengdu, China[J]. Engineering Geology, 170: 24-32.

Zhang A, Wang J, Li Y, 2015. Performance of calcium peroxide for removal of endocrine-disrupting compounds in waste activated sludge and promotion of sludge solubilization[J]. Water Research, 71: 125-139.

Zhang J, Xue Y, Eshtiaghi N, et al, 2017. Evaluation of thermal hydrolysis efficiency of mechanically dewatered sewage sludge via rheological measurement[J]. Water Research, 116: 34-43.

Zhang L, Lee Y W, Jahng D, 2012. Ammonia stripping for enhanced biomethanization of piggery wastewater[J]. Journal of Hazardous Materials, 199(15): 36-42.

Zhang P, Zeng G, Zhang G, et al, 2008. Anaerobic co-digestion of biosolids and organic fraction of municipal solid waste by sequencing batch process[J]. Fuel Processing Technology, 89(4): 485-489.

Zhao J Y, Zhang Y B, Quan X, et al, 2010. Enhanced oxidation of 4-chlorophenol using sulfate radicals generated from zerovalent iron and peroxydisulfate at ambient temperature[J]. Separation and Purification Technology, 71(3): 302-307.

Zhao Z, Xu Y, Wang T, et al, 2020. Effects of sludge properties in a combined process of mesophilic anaerobic digestion and thermophilic aerobic digestion[J]. E3S Web of Conferences, 194(11): 04015.

Zhen G, Lu X, Li Y, et al, 2013. Innovative combination of electrolysis and Fe(Ⅱ)-activatedpersulfate oxidation for improving the dewaterability of waste activated sludge[J]. Bioresource Technology, 136: 654-663.

Zhen G, Lu X, Wang B, et al, 2012a. Synergetic pretreatment of waste activated sludge by Fe(Ⅱ)-activated persulfate oxidation under mild temperature for enhanced dewaterability[J]. Bioresource Technology, 124: 29-36.

Zhen G, Lu X, Zhao Y, et al, 2012b. Enhanced dewaterability of sewage sludge in the presence of Fe(Ⅱ)-activated persulfate oxidation[J]. Bioresource Technology, 116: 259-265.

Zhou Y, Takaoka M, Wang W, et al, 2013. Effect of thermal hydrolysis pre-treatment on anaerobic digestion of municipal biowaste: a pilot scale study in China[J]. Journal of Bioscience & Bioengineering, 116(1): 101-105.

Zhu J, Peng Y, Li X, et al, 2013. Change and mechanism of sludge dewaterability during alkaline fermentation[J]. Ciesc Journal, 64(11): 4210-4215.

Benítez, A Rodríguez, A Suárez, 1994. Optimization technique for sewage sludge conditioning with polymer and skeleton builders[J]. Water Research, 28(10): 2067-2073.

Chiara Z, Eduardo D, Claudio I, et al, 2019. Recycling of residual boron muds into ceramic tiles[J]. Boletín de la Sociedad Española de Cerámicay Vidrio, 58(5): 199-210.

Dieudé-Fauvel E , Dentel S K, 2011. Sludge conditioning: Impact of polymers on floc structure[J]. Journal of Residuals Science & Technology, 8(3): 101-108.

Fdez-Güelfo L A , Álvarez-Gallego C, Sales D, et al, 2011. The use of thermochemical and biological pretreatments to

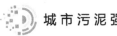

enhance organic matter hydrolysis and solubilization from organic fraction of municipal solid waste (OFMSW)[J]. Chemical Engineering Journal, 168(1): 249-254.

Füreder K, Svardal K, Krampe J, et al, 2017. Rheology and friction loss of raw and digested sewage sludge with high TSS concentrations: a case study[J]. Water Science & Technology, 1: 276-286.

Lundberg L, Tchoffor P A, Pallarès, David, et al, 2019. Impacts of bed material activation and fuel moisture content on the gasification rate of biomass char in a fluidized bed[J]. Industrial & Engineering Chemistry Research, 58(12): 4802-4809.

Raats M H M, Diemen A J G V, Lavèn J, et al, 2002. Full scale electrokinetic dewatering of waste sludge[J]. Colloids & Surfaces A Physicochemical & Engineering Aspects, 210(2): 231-241.

Rauret G, López-Sánchez J F, Sahuquillo A, et al, 1999. Improvement of the BCR three step sequential extraction procedure prior to the certification of new sediment and soil reference materials[J]. Journal of Environmental Monitoring, 1(1): 57-61.

Trémier A, Teglia C, Barrington S, 2009. Effect of initial physical characteristics on sludge compost performance[J]. Bioresource Technology, 100(15): 3751-3758.